中国水泥行业节能环保知识问答丛书

固体废物协同处置与综合利用

 固废资源化利用与节能建材国家重点实验室
STATE KEY LABORATORY OF SOLID WASTE REUSE FOR BUILDING MATERIALS

战佳宇　李春萍　杨飞华等　编著

中国建材工业出版社

图书在版编目（CIP）数据

固体废物协同处置与综合利用/战佳宇，李春萍．
杨飞华等编著．—北京：中国建材工业出版社，2014.12
ISBN 978-7-5160-1040-2

Ⅰ．①固… Ⅱ．①战… ②李… ③杨… Ⅲ．①固体废
物处理②固体废物利用 Ⅳ．①X705

中国版本图书馆 CIP 数据核字（2014）第 278069 号

内 容 简 介

　　本书是"中国水泥行业节能环保知识问答丛书"的一个分册，详细介绍了固体废物基本知识，国内外固体废物处置法规、标准和有关政策，固体废物水泥窑协同处置和综合利用技术，系统地讲述了近年来受到业内普遍关注的生活垃圾、市政污泥、危险废物、污染土壤以及工业固废的水泥窑协同处置技术。本书在内容上既有必要的理论阐述，也有实践经验的总结，可供相关领域的技术人员、科研工作者及管理人员参考。

固体废物协同处置与综合利用

战佳宇　李春萍　杨飞华等　编著

出版发行：中国建材工业出版社
地　　址：北京市海淀区三里河路 1 号
邮　　编：100044
经　　销：全国各地新华书店
印　　刷：北京雁林吉兆印刷有限公司
开　　本：787mm×1092mm　1/16
印　　张：18.25
字　　数：450 千字
版　　次：2014 年 12 月第 1 版
印　　次：2014 年 12 月第 1 次
定　　价：68.80 元

───────────────────────────────

本社网址：www.jccbs.com.cn　　微信公众号：zgjcgycbs
广告经营许可证号：京海工商广字第 8293 号
本书如出现印装质量问题，由我社发行部负责调换。联系电话：(010) 88386906

本书编委会

主　编：战佳宇　李春萍　杨飞华

副主编：郝利炜　罗　宁　熊运贵　陈晓东

主　审：王肇嘉

副　审：徐永模　王郁涛　何光明　范永斌

职业阅读之于产业升级的价值
——为《中国水泥行业节能环保知识问答丛书》出版而作

"千秋邈矣独留我，百战归来再读书"。百余年前曾国藩写下的名联，除了告诫之意，一个"再"字更体现了一代伟人的情怀：保持一颗冷静的心去读书，修身养性，报效社会。

李克强总理认为，"在快速变革的时代仍需一种内在的定力和沉静的品格。阅读能使人常思常新。好读书，读好书，既可提升个人能力、眼界及综合素质，也会潜移默化影响一个人的文明素养，使人保持宁静致远的心境、砥砺奋发有为的情怀"。李克强总理倡导读书，其语言沉静而质朴。现实生活中的成功人士，好读书正是他们的共同特征。

不管是电子阅读，还是手机阅读，亦或是纸质阅读，阅读是获取知识与力量的有效捷径。说是捷径，是因为图书，尤其是专业读物，本身就是经过作者千转百回、反复打磨过的，是一种精神、知识、见解、经验的聚集和结晶。阅读这些好的读物，就好比是站在了他人的肩膀上，你可以看得更远，从中吸取到营养和力量。作为职业人，除了要阅读社会生活类读物外，还要多读职业图书。职业阅读的价值，不仅仅在于具有功利需求的职称考试、职业资格考试等，更重要的价值在于系统、全面地研究你所从事职业的专业知识、技术、技能等。通过职业阅读，结合自身的工作实践，去吸取营养，发现和思考问题，从而更好地应用于职业工作中去。

如果把职业阅读放大到企业层面，其意义对于企业的发展就更为重要而长远了。企业竞争力的关键在于是否具有高素质、高素养的职业工作者，尤其是在新型工业化和信息化日趋强化的未来，是否具备一支少而精的高素质人才队伍，成为许多行业企业能否应对挑战和谋求发展的关键因素。

新常态下的中国经济有着太多与过去不同的地方，新常态对于绝大多数产业经济而言，去浮躁、求稳健、重质量、可持续、抓效益等应当成为一种新的常态追求。国内房地产和基建投资的辉煌时期已经成为过去，我国水泥需求市场的天花板数量已经有了答案，国内水泥产业的今后之路一是沉下去推动自身的转型升级，二是走出去寻求外面的世界和市场。

所谓水泥产业的转型升级，其中的重要内容即是如何解决节约资源、能源，控制人力成本和制造成本，提高运转效率和质量，减少排放和保护环境，与社会协同发展等问题。解决这些问题，都离不开职业阅读，离不开知识、智力和技术的支撑。从这个角度而言，中国建材工业出版社水泥建材图书编辑部的同志组织出版的"中国水泥行业节能环保知识问答丛书"，是为我国水泥产业的转型升级做了一份贡献，出了一份力量。

这套丛书的作者都是相关领域里的权威和专家，我们感谢他们为推动和服务水泥产业的节能环保事业所付出的无私的智力劳动。更多高质量的专业读物的出版，对于产业和企业的进步而言，无疑是一个福音。关注、参与、支持专业读物的出版和职业阅读，既是个人的社会责任，也是重要的企业社会责任。

中国建材工业出版社作为建设工程、建筑材料、园林古建和教材教辅领域的专业出版机构，长期以来致力于服务产业经济发展，这些专业读物突出了实用性、专业性、权威性和前瞻性，受到了广大专业读者的普遍欢迎和喜爱。秉承"以出版为平台，以图书为抓手，建设综合文化服务机构"的追求和理念，相信凝聚诸多智慧和心血的专业读物，一定会为我们的经济、社会发展做出更多贡献。

中国建材工业出版社社长

2015 年 1 月

序

在中国共产党的十八大报告中，生态文明建设与经济建设、政治建设、文化建设、社会建设五位一体，形成了中国特色社会主义建设的总布局。生态文明建设正在融入制造业发展的各个方面。作为重要基础原材料产业的水泥工业，其自身的节能、降耗、减排往往成为社会关注的重点。水泥工业应在生态文明建设中提供"正能量"，这是水泥工作者的社会责任和历史使命。如果说前者是压在水泥工业头上的一顶黑帽子，那么水泥工作者的职责就是要为水泥工业换上绿色环保的新装，在生态文明建设和经济社会可持续健康发展中都起到不可或缺的支撑作用。

所幸，由于科技创新发展，今天我们能够通过利用水泥工业协同处置各种废弃物，包括城市污泥、生活垃圾、工业危废，以及对各种工业固体废物的无害化处置和资源化综合利用，并已取得良好的社会效益、环境效益。水泥工业正在以环保产业的新业态和新定位，在我国工业化和城镇化进程中、在环境保护和生态文明建设中发挥着重要作用。

这本书的作者们总结了国内外水泥工业在固体废弃物处置和综合利用领域的理论与实践，以问答的形式，分门别类，由浅入深，详细梳理论述了水泥工业在协同处置和综合利用固体废弃物过程中的共性问题，包括水泥生产工艺参数调控、装备改进、污染物产生及控制等。同时，本书还全面系统地介绍了生活垃圾、市政污泥、污染土壤、危险废物、工业固废等典型废弃物的协同处置和综合利用技术，既包括了基本理论、概念，又涵盖了目前先进技术的要点，内容丰富全面，易读易懂，具有科普意义，这是本书的一大亮点。此外，本书还汇集了国内外固体废物处置的法规、标准、有关政策以及水泥窑协同处置废弃物的典型案例，可供政府主管部门和同行业工作者参考。

从2000年开始，笔者就开始对国内外水泥窑协同处置废弃物技术和实践进行考察，后来在行业层面又组织实施了多个相关的国家支撑项目和产业化专项，开发了金隅集团、中材集团、华新水泥和海螺水泥等各有特色的自主创新技术。不久前，全国政协组织的"双周座谈会"专题研讨并充分肯定了水泥窑协同处置技术。可以说，水泥窑协同处置废弃物作为中国水泥工业转型升级和可持续发展的道路已经得到明确和认可。目前，许多企业正在积极实施协同处置工程，但在认识和知识方面亟需提高。因此，这本书的出版恰逢其时，将对我国水泥窑协同处置技术的推广应用起到积极的促进作用。还需要指出的是，科技创新永远在路上，这本书只是对既有的创新发展的总结梳理。相信不用多久，本书的第二版将向读者呈现更加丰富的、具有中国特色和优势的水泥窑协同处置技术。

中国硅酸盐学会理事长　徐永模

2015 年 1 月

前　言

2013 年，中国水泥产量达到 24.2 亿吨，占到全球总产量的 58.6%，中国成为世界上最大的水泥生产和消费大国。水泥工业作为我国基础性原材料工业的支柱性产业，为我国经济、社会可持续发展和改善人们生活质量提供了强大的物质基础，对我国社会进步和经济发展做出了巨大贡献。然而，当前资源和能源消耗与环境保护之间日益突出的矛盾严重制约了水泥工业的健康发展，甚至威胁到了水泥企业的生存。我国水泥工业科技工作者们一直在为实现水泥工业从高污染、高能耗和资源型行业向资源节约型、环境友好型行业转型升级进行不懈的努力与奋斗：从综合利用大宗固体废弃物作为水泥生产原料、混合材到利用水泥窑协同处置生活垃圾、污泥、危险废弃物等固体废弃物，从余热发电广泛应用到污染物排放全面控制。当今我国水泥工业正处于转型升级的关键时期，水泥生产全过程的资源节约与环境友好体现了水泥行业工作者为建设生态文明社会贡献力量的决心。

我国工业固体废物如粉煤灰、矿渣、煤矸石等替代传统水泥原料和燃料已在水泥行业实践多年，生产应用技术、工艺、装备成熟，并取得了良好的社会效益、经济效益与环境效益。当前我国水泥产业在国内已有合理的布局，充分利用现有水泥企业来处置大宗固体废弃物，可以节省固体废弃物处置用的土地和固定资产投资，同时有利于化解我国当前水泥产能过剩的局面，因此水泥窑协同处置固废这项技术无疑是我国当前处置固体废弃物最重要、最有效的途径之一。

水泥窑协同处置固体废弃物自发达国家从 20 世纪 70 年代开始研究以来，至今已有四十多年的历史，在国际上已经得到广泛的认可和应用。近年来，我国也开展了利用水泥窑协同处置城市生活垃圾、污泥、污染土壤、危险废物的研究和实践工作，取得了可喜的成绩。一些大型水泥生产企业建立了示范线，使用了水泥窑协同处置固体废弃物关键装备，具备了综合处置多种固体废弃物的能力，成为了支撑我国城市正常运营关键的基础设施。

固废资源化利用与节能建材国家重点实验室依托北京建筑材料科学研究总院有限公司，近年来一直致力于固体废弃物建材化利用技术研究与科技成果转化工作，承担了多项国家和省部级的科研项目，在水泥窑协同处置固体废弃物方面积累了多项研究成果。

本书共分为十章，内容包括了固体废弃物概述、水泥窑协同处置固体废物和水泥工业固体废物综合利用三部分。本书的编者为从事水泥环保领域的科技工作者。第一章由李春萍博士撰写，从固体废弃物的基本概念入手，阐述了固体废物的组成、危害、我国固废排放现状、管理体系及处理技术。第二章由罗宁工程师撰写，汇集了国内外关于固体废弃物处置的法规、政策和标准，并对水泥窑协同处置固体废物相关标准进行了详细解读。第三章由陈晓东高工和战佳宇博士撰写，着重探讨了水泥窑协同处置固废的工艺、系统优化、污染物控制技术。第四章至第八章由战佳宇博士、李春萍博士和郝利炜工程师撰写，分别介绍了我国学者在水泥窑协同处置生活垃圾、市政污泥、工业固废、危险废物及污染土壤热点问题的研究经验及固废资源化利用与节能建材国家重点实验近年来承担国家课题的相关研究成果，内容涵盖了废弃物的预处理技术、替代燃料技术、替代原料技术等方面。第九章由战佳宇博士和熊运贵总工撰写，介绍了国内外水泥窑协同处置固废典型案例。第十章由郝利炜工程师和杨飞华教授级高工撰写，重点阐述了大宗固体废物水泥工业综合利用技术。

在本书的编辑整理过程中得到了中国水泥协会王郁涛副秘书长、范永斌主任及众多专家的大力支持和精心指导。在此谨向他们致以诚挚的谢意。中国建材工业出版社的编辑人员为本书的编辑和出版工作付出大量劳动，在此一并表示感谢。最后，特别感谢中国硅酸盐学会徐永模理事长为本书作序，使所有编者备受鼓舞。

由于作者水平有限，编著疏漏之处，敬请读者同行不吝赐教。

编者

2014 年 11 月 26 日

目　录

第一章　固体废物基本知识⋯⋯⋯⋯⋯⋯⋯⋯⋯⋯⋯⋯⋯⋯⋯⋯⋯⋯ 1

　第一节　固体废物概念⋯⋯⋯⋯⋯⋯⋯⋯⋯⋯⋯⋯⋯⋯⋯⋯⋯⋯ 3

　　1. 什么是固体废物？⋯⋯⋯⋯⋯⋯⋯⋯⋯⋯⋯⋯⋯⋯⋯⋯⋯⋯ 3

　　2. 固体废物应该包括哪些基本点？⋯⋯⋯⋯⋯⋯⋯⋯⋯⋯⋯ 3

　　3. 什么是固体废物的二重性？⋯⋯⋯⋯⋯⋯⋯⋯⋯⋯⋯⋯⋯ 3

　　4. 固体废物有哪些分类方法？⋯⋯⋯⋯⋯⋯⋯⋯⋯⋯⋯⋯⋯ 4

　　5. 什么是城市固体废物？⋯⋯⋯⋯⋯⋯⋯⋯⋯⋯⋯⋯⋯⋯⋯ 4

　　6. 城市固体废物主要包括哪些？⋯⋯⋯⋯⋯⋯⋯⋯⋯⋯⋯⋯ 4

　　7. 什么是有机废物？有机废物包括哪些？⋯⋯⋯⋯⋯⋯⋯ 4

　　8. 什么是无机废物？无机废物包括哪些？⋯⋯⋯⋯⋯⋯⋯ 4

　　9. 什么是生活垃圾？⋯⋯⋯⋯⋯⋯⋯⋯⋯⋯⋯⋯⋯⋯⋯⋯⋯ 5

　　10. 城市生活垃圾包括哪些种类？⋯⋯⋯⋯⋯⋯⋯⋯⋯⋯⋯ 5

　　11. 我国城市生活垃圾有哪些特点？⋯⋯⋯⋯⋯⋯⋯⋯⋯⋯ 5

　　12. 什么是餐厨垃圾？⋯⋯⋯⋯⋯⋯⋯⋯⋯⋯⋯⋯⋯⋯⋯⋯⋯ 6

　　13. 与生活垃圾相比，餐厨垃圾有哪些特点？⋯⋯⋯⋯⋯ 6

　　14. 什么是农业固体废物？⋯⋯⋯⋯⋯⋯⋯⋯⋯⋯⋯⋯⋯⋯⋯ 6

　　15. 农业固体废弃物包括哪些？⋯⋯⋯⋯⋯⋯⋯⋯⋯⋯⋯⋯ 6

　　16. 什么是工业固体废物？主要的工业固废来源于哪些行业？⋯⋯ 7

　　17. 工业固体废物主要包括哪些？⋯⋯⋯⋯⋯⋯⋯⋯⋯⋯⋯ 7

　　18. 什么是放射性废物？⋯⋯⋯⋯⋯⋯⋯⋯⋯⋯⋯⋯⋯⋯⋯⋯ 7

　　19. 放射性废物包括哪些？⋯⋯⋯⋯⋯⋯⋯⋯⋯⋯⋯⋯⋯⋯⋯ 7

　　20. 什么是灾害性废物？⋯⋯⋯⋯⋯⋯⋯⋯⋯⋯⋯⋯⋯⋯⋯⋯ 8

　　21. 灾害性废物的主要特点是什么？⋯⋯⋯⋯⋯⋯⋯⋯⋯⋯ 8

　第二节　固体废物的组成⋯⋯⋯⋯⋯⋯⋯⋯⋯⋯⋯⋯⋯⋯⋯ 8

　　22. 固体废物的组成受哪些因素影响？⋯⋯⋯⋯⋯⋯⋯⋯⋯ 8

　　23. 从固体废物的产生源分析其组成有哪些？⋯⋯⋯⋯⋯ 8

　　24. 城市生活垃圾由哪几部分组成？⋯⋯⋯⋯⋯⋯⋯⋯⋯⋯ 9

　　25. 国内外市政废物在组成上有何区别？⋯⋯⋯⋯⋯⋯⋯⋯ 9

　　26. 国外城市生活垃圾组分有何特点？⋯⋯⋯⋯⋯⋯⋯⋯⋯ 9

　　27. 国内城市生活垃圾组分有哪些特点？⋯⋯⋯⋯⋯⋯⋯ 10

　　28. 城市生活垃圾产量和组分受哪些因素影响？⋯⋯⋯⋯ 11

　　29. 人口对城市生活垃圾组分有哪些影响？⋯⋯⋯⋯⋯⋯ 11

　　30. 居民生活和消费水平对城市生活垃圾组分有哪些影响？⋯⋯ 12

　　31. 城市能源结构对城市生活垃圾组分有哪些影响？⋯⋯⋯⋯⋯ 12

32. 地域差异对城市生活垃圾组分有哪些影响？ ⋯⋯⋯⋯⋯⋯ 12

33. 季节因素对城市生活垃圾组分有哪些影响？ ⋯⋯⋯⋯⋯⋯ 13

34. 建筑垃圾的组成有什么特点？ ⋯⋯⋯⋯⋯⋯⋯⋯⋯⋯⋯ 13

35. 建筑垃圾的主要组分有哪些？ ⋯⋯⋯⋯⋯⋯⋯⋯⋯⋯⋯ 13

第三节　固体废物的环境危害 ⋯⋯⋯⋯⋯⋯⋯⋯⋯⋯⋯⋯⋯ 13

36. 固体废物对环境的潜在污染特点有哪些？ ⋯⋯⋯⋯⋯⋯⋯ 13

37. 固体废物对哪些环境主体会产生影响？ ⋯⋯⋯⋯⋯⋯⋯ 14

38. 固体废物对土地会产生什么影响？ ⋯⋯⋯⋯⋯⋯⋯⋯⋯ 14

39. 固体废物对土壤会产生什么影响？ ⋯⋯⋯⋯⋯⋯⋯⋯⋯ 14

40. 固体废物对大气会产生什么影响？ ⋯⋯⋯⋯⋯⋯⋯⋯⋯ 14

41. 固体废物对水体会产生什么影响？ ⋯⋯⋯⋯⋯⋯⋯⋯⋯ 15

42. 固体废物对人类健康会产生什么影响？ ⋯⋯⋯⋯⋯⋯⋯ 15

43. 固体废物对生物群落会产生什么影响？ ⋯⋯⋯⋯⋯⋯⋯ 15

44. 垃圾处理过程挥发的恶臭气体有哪些？ ⋯⋯⋯⋯⋯⋯⋯ 16

45. 固废渗滤液中的污染物有哪些？ ⋯⋯⋯⋯⋯⋯⋯⋯⋯⋯ 16

46. 城市固废中含有哪些病原体微生物？ ⋯⋯⋯⋯⋯⋯⋯⋯ 16

47. 重金属污染物有哪些特点？ ⋯⋯⋯⋯⋯⋯⋯⋯⋯⋯⋯⋯ 16

48. 重金属污染物有哪些危害途径？ ⋯⋯⋯⋯⋯⋯⋯⋯⋯⋯ 17

49. 铅来源于哪些废弃物？有哪些危害？ ⋯⋯⋯⋯⋯⋯⋯⋯ 17

50. 汞来源于哪些废弃物？有哪些危害？ ⋯⋯⋯⋯⋯⋯⋯⋯ 17

51. 镉来源于哪些废弃物？有哪些危害？ ⋯⋯⋯⋯⋯⋯⋯⋯ 18

52. 铬来源于哪些废弃物？有哪些危害？ ⋯⋯⋯⋯⋯⋯⋯⋯ 18

53. 砷来源于哪些废弃物？有哪些危害？ ⋯⋯⋯⋯⋯⋯⋯⋯ 18

第四节　国内固体废物排放现状 ⋯⋯⋯⋯⋯⋯⋯⋯⋯⋯⋯⋯ 19

54. 我国工业固废的排放现状如何？ ⋯⋯⋯⋯⋯⋯⋯⋯⋯⋯ 19

55. 我国工业固废的排放地域特点如何？ ⋯⋯⋯⋯⋯⋯⋯⋯ 19

56. 我国城市生活垃圾的排放现状如何？ ⋯⋯⋯⋯⋯⋯⋯⋯ 19

57. 我国市政污泥的排放现状如何？ ⋯⋯⋯⋯⋯⋯⋯⋯⋯⋯ 19

58. 我国危险废物的排放现状如何？ ⋯⋯⋯⋯⋯⋯⋯⋯⋯⋯ 20

59. 我国建筑垃圾的排放现状如何？ ⋯⋯⋯⋯⋯⋯⋯⋯⋯⋯ 20

第五节　固体废物管理体系 ⋯⋯⋯⋯⋯⋯⋯⋯⋯⋯⋯⋯⋯⋯ 21

60. 什么是固体废物管理的三化原则？ ⋯⋯⋯⋯⋯⋯⋯⋯⋯ 21

61. 什么是固体废物管理的"3R"策略？ ⋯⋯⋯⋯⋯⋯⋯⋯ 21

62. 什么是固体废物管理的"3C"体系？ ⋯⋯⋯⋯⋯⋯⋯⋯ 21

63. 什么是固体废物处理的"减量"？ ⋯⋯⋯⋯⋯⋯⋯⋯⋯ 21

64. 为什么要从源头减少固体废物的产生量？ ⋯⋯⋯⋯⋯⋯⋯ 21

65. 什么是固体废物处理的"重复利用"？ ⋯⋯⋯⋯⋯⋯⋯ 21

66. 什么是固体废物处理的"资源化"？ ⋯⋯⋯⋯⋯⋯⋯⋯ 22

67. 什么是固体废物分类管理制度？ ⋯⋯⋯⋯⋯⋯⋯⋯⋯⋯ 22

68. 什么是工业固体废物申报登记制度？ •••••••••••••••••••••••••••• 23

69. 什么是"三同时"制度？ ••• 23

70. 什么是"排污收费"制度？ •••••••••••••••••••••••••••••••••••••• 23

71. 什么是"限期治理"制度？ •••••••••••••••••••••••••••••••••••••• 23

72. 我国关于进口废物的管理制度有哪些？ •••••••••••••••••••••• 23

73. 什么是"危险废物行政代执行"制度？ •••••••••••••••••••••• 23

74. 什么是危险废物经营许可证？ •••••••••••••••••••••••••••••••• 24

75. 什么是危险废物流向报告单？ •••••••••••••••••••••••••••••••• 24

76. 什么是固体废物的全过程管理？ •••••••••••••••••••••••••••••• 24

77. 什么是固体废物的综合管理概念？ •••••••••••••••••••••••••• 24

78. 固体废物综合管理有哪些基本特征？ •••••••••••••••••••••• 24

79. 固体废物综合管理体系范畴是什么？ •••••••••••••••••••••• 25

第六节　固体废物处理技术 •••••••••••••••••••••••••••••••••••••• 25

80. 固体废物处理技术包括哪些？ •••••••••••••••••••••••••••••••• 25

81. 固体废物预处理技术包括哪些？ •••••••••••••••••••••••••••••• 25

82. 什么是固体废物的压实？ •••••••••••••••••••••••••••••••••••••• 26

83. 固体废物的压实程度用什么度量？ •••••••••••••••••••••••••• 26

84. 如何计算空隙比与空隙率？ •••••••••••••••••••••••••••••••••• 26

85. 如何计算实密度与干密度？ •••••••••••••••••••••••••••••••••• 26

86. 如何计算体积减少百分比？ •••••••••••••••••••••••••••••••••• 27

87. 如何计算压缩比与压缩倍数？ •••••••••••••••••••••••••••••••• 27

88. 举例说明固废的压实流程？ •••••••••••••••••••••••••••••••••• 27

89. 什么是固体废物的破碎？ •••••••••••••••••••••••••••••••••••••• 28

90. 影响固体废物破碎效果的因素有哪些？ •••••••••••••••••••• 28

91. 固体废物的破碎方法有哪些？如何选择？ •••••••••••••••••• 28

92. 固体废物的破碎效果用什么度量？ •••••••••••••••••••••••••• 28

93. 什么是破碎比？如何计算？ •••••••••••••••••••••••••••••••••• 28

94. 什么是破碎段？ •• 29

95. 什么是粒径和粒径分布？ •••••••••••••••••••••••••••••••••••••• 29

96. 什么是低温破碎和湿式破碎？ •••••••••••••••••••••••••••••••• 29

97. 举例说明固废的破碎工艺流程？ •••••••••••••••••••••••••••••• 29

98. 什么是固体废物的分选？ •••••••••••••••••••••••••••••••••••••• 30

99. 分选效果用什么指标评价？ •••••••••••••••••••••••••••••••••• 30

100. 筛分原理是什么？影响筛分的因素有哪些？ •••••••••••••• 30

101. 筛分作业可分为几类？ •••••••••••••••••••••••••••••••••••••• 30

102. 重力分选原理是什么？影响重力分选的因素有哪些？ •••• 31

103. 重力分选的工艺特点是什么？ •••••••••••••••••••••••••••••• 31

104. 如何判断物料重力分选的适宜性？ •••••••••••••••••••••••• 31

105. 磁力分选原理是什么？影响磁力分选的因素有哪些？ •••• 31

106. 磁力分选的分离条件是什么? ⋯⋯⋯⋯⋯⋯⋯⋯⋯⋯⋯⋯⋯⋯⋯⋯⋯⋯⋯ 32

107. 电力分选原理是什么? ⋯⋯⋯⋯⋯⋯⋯⋯⋯⋯⋯⋯⋯⋯⋯⋯⋯⋯⋯⋯⋯ 32

108. 什么是光电分选? ⋯⋯⋯⋯⋯⋯⋯⋯⋯⋯⋯⋯⋯⋯⋯⋯⋯⋯⋯⋯⋯⋯⋯ 32

109. 什么是浮选? 浮选的原理是什么? ⋯⋯⋯⋯⋯⋯⋯⋯⋯⋯⋯⋯⋯⋯⋯⋯ 32

110. 固体废弃物中的水分分为几部分? 如何脱除? ⋯⋯⋯⋯⋯⋯⋯⋯⋯⋯ 32

111. 什么是固体废弃物的固化技术? ⋯⋯⋯⋯⋯⋯⋯⋯⋯⋯⋯⋯⋯⋯⋯⋯⋯ 32

112. 固体废弃物固化技术有哪些? ⋯⋯⋯⋯⋯⋯⋯⋯⋯⋯⋯⋯⋯⋯⋯⋯⋯⋯ 33

113. 水泥固化的优缺点有哪些? ⋯⋯⋯⋯⋯⋯⋯⋯⋯⋯⋯⋯⋯⋯⋯⋯⋯⋯⋯ 33

114. 沥青固化的优缺点有哪些? ⋯⋯⋯⋯⋯⋯⋯⋯⋯⋯⋯⋯⋯⋯⋯⋯⋯⋯⋯ 33

115. 自胶结固化的优缺点有哪些? ⋯⋯⋯⋯⋯⋯⋯⋯⋯⋯⋯⋯⋯⋯⋯⋯⋯⋯ 33

116. 玻璃固化的优缺点有哪些? ⋯⋯⋯⋯⋯⋯⋯⋯⋯⋯⋯⋯⋯⋯⋯⋯⋯⋯⋯ 34

117. 简述固体废弃物固化处理的基本步骤? ⋯⋯⋯⋯⋯⋯⋯⋯⋯⋯⋯⋯⋯⋯ 34

118. 如何评价固体废弃物的固化效果? ⋯⋯⋯⋯⋯⋯⋯⋯⋯⋯⋯⋯⋯⋯⋯⋯ 34

119. 什么是固体废弃物的焚烧处理? ⋯⋯⋯⋯⋯⋯⋯⋯⋯⋯⋯⋯⋯⋯⋯⋯⋯ 35

120. 影响固体废物焚烧处理的主要因素有哪些? 这些因素对固体废物焚烧处理有何重要影响?

为什么? ⋯⋯⋯⋯⋯⋯⋯⋯⋯⋯⋯⋯⋯⋯⋯⋯⋯⋯⋯⋯⋯⋯⋯⋯⋯⋯⋯ 35

121. 什么是固体废弃物的生物处理? ⋯⋯⋯⋯⋯⋯⋯⋯⋯⋯⋯⋯⋯⋯⋯⋯⋯ 35

122. 什么是固体废弃物的填埋处理? ⋯⋯⋯⋯⋯⋯⋯⋯⋯⋯⋯⋯⋯⋯⋯⋯⋯ 35

第二章 国内外固体废物处置法规、标准和有关政策 ⋯⋯⋯⋯⋯⋯⋯⋯⋯⋯⋯ 37

第一节 我国有关法律、法规和政策 ⋯⋯⋯⋯⋯⋯⋯⋯⋯⋯⋯⋯⋯⋯⋯⋯⋯ 39

123. 我国固体废物处置相关法律、法规有哪些? ⋯⋯⋯⋯⋯⋯⋯⋯⋯⋯⋯⋯ 39

124. 我国关于固体废物资源综合利用相关政策有哪些? ⋯⋯⋯⋯⋯⋯⋯⋯⋯ 39

125. 固体废物资源综合利用现行税收优惠政策有哪些? ⋯⋯⋯⋯⋯⋯⋯⋯⋯ 40

126. 我国生活垃圾处置相关政策有哪些? ⋯⋯⋯⋯⋯⋯⋯⋯⋯⋯⋯⋯⋯⋯⋯ 40

127. 我国污泥处置相关政策有哪些? ⋯⋯⋯⋯⋯⋯⋯⋯⋯⋯⋯⋯⋯⋯⋯⋯⋯ 40

128. 我国危险废物处置相关政策有哪些? ⋯⋯⋯⋯⋯⋯⋯⋯⋯⋯⋯⋯⋯⋯⋯ 41

129. 我国工业固废处置相关政策有哪些? ⋯⋯⋯⋯⋯⋯⋯⋯⋯⋯⋯⋯⋯⋯⋯ 42

130. 我国水泥窑协同处置及综合利用固体废物相关政策有哪些? ⋯⋯⋯⋯⋯ 42

第二节 地方政策规划 ⋯⋯⋯⋯⋯⋯⋯⋯⋯⋯⋯⋯⋯⋯⋯⋯⋯⋯⋯⋯⋯⋯⋯ 43

131. 固体废物处置地方总体政策规划有哪些? ⋯⋯⋯⋯⋯⋯⋯⋯⋯⋯⋯⋯⋯ 43

132. 污泥处置相关地方政策规划有哪些? ⋯⋯⋯⋯⋯⋯⋯⋯⋯⋯⋯⋯⋯⋯⋯ 44

133. 垃圾处置相关地方政策规划有哪些? ⋯⋯⋯⋯⋯⋯⋯⋯⋯⋯⋯⋯⋯⋯⋯ 44

134. 危险废物处置相关地方政策规划有哪些? ⋯⋯⋯⋯⋯⋯⋯⋯⋯⋯⋯⋯⋯ 44

135. 水泥工业协同处置固废相关地方政策规划有哪些? ⋯⋯⋯⋯⋯⋯⋯⋯⋯ 44

第三节 标准规范 ⋯⋯⋯⋯⋯⋯⋯⋯⋯⋯⋯⋯⋯⋯⋯⋯⋯⋯⋯⋯⋯⋯⋯⋯⋯ 45

136. 固体废物分类标准有哪些? ⋯⋯⋯⋯⋯⋯⋯⋯⋯⋯⋯⋯⋯⋯⋯⋯⋯⋯⋯ 45

137. 固体废物鉴别方法标准有哪些? ⋯⋯⋯⋯⋯⋯⋯⋯⋯⋯⋯⋯⋯⋯⋯⋯⋯ 45

138. 我国污泥处置与资源化利用相关标准规范有哪些? ⋯⋯⋯⋯⋯⋯⋯⋯⋯ 45

139. 生活垃圾处置与资源化利用相关标准规范有哪些? ⋯⋯⋯⋯⋯⋯⋯⋯⋯ 45

140. 我国大宗工业固体废物处置与资源化利用相关标准规范有哪些？ ············· 46

141. 危险废物处置相关标准规范有哪些？ ··············· 47

142. 放射性固体废物处置相关标准规范有哪些？ ··············· 47

143. 固体废物处置其他标准规范有哪些？ ··············· 47

144. 固体废物用于水泥工业原料的相关标准规范主要有哪些？ ········· 47

145. 工业废渣用于水泥混合材相关标准规范有哪些？ ·············· 48

146. 水泥窑协同处置固体废物相关标准规范有哪些？ ·············· 51

第四节　国外固体废物处置的法规、标准和有关政策 ·············· 54

147. 欧盟固体废物处置相关法规、标准和有关政策有哪些？ ········· 54

148. 日本固体废物处置相关法规、标准和有关政策有哪些？ ········· 55

149. 美国固体废物处置相关法规、标准和有关政策有哪些？ ········· 56

第三章　固体废物水泥窑协同处置技术 ·············· 57

第一节　水泥窑协同处置固体废物的种类及处理方式 ·············· 59

150. 什么是水泥窑协同处置废弃物？ ··············· 59

151. 水泥窑可以协同处置哪些固体废物？ ··············· 59

152. 固体废物在水泥生产过程中有哪些用途？ ··············· 59

153. 什么是替代燃料？ ··············· 59

154. 替代燃料的使用应符合哪些原则？ ··············· 59

155. 哪些固体废物可以作为水泥生产原料？ ··············· 60

156. 哪些废物可以作为水泥生产替代燃料？ ··············· 60

157. 按照固液体分类，水泥窑替代燃料有哪些？ ··············· 60

158. 欧洲水泥窑替代燃料种类及比例如何？ ··············· 61

159. 哪些固体废物禁止进入水泥窑？ ··············· 61

160. 水泥窑协同处置废弃物要遵循哪些原则？ ··············· 61

第二节　水泥窑协同处置固体废物的特点与优势 ·············· 62

161. 水泥窑协同处置固体废物有哪些特点？ ··············· 62

162. 什么是焚毁去除率和焚毁率？ ··············· 63

163. 什么是燃烧效率（CE）？ ··············· 64

164. 什么是热灼减率？ ··············· 64

165. 水泥窑与垃圾焚烧炉、危险废物焚烧炉的技术指标有何差别？ ····· 64

166. 利用水泥窑协同处置固体废物的关键是什么？ ·············· 64

第三节　水泥窑协同处置固体废物工艺 ·············· 65

167. 废弃物可以从哪些投加点进入水泥生产过程？ ·············· 65

168. 水泥窑替代燃料加入方式有哪几种？ ··············· 65

169. 用于协同处置固体废物的水泥窑应满足哪些条件？ ·············· 65

170. 固体废物中硫、氯、碱金属的来源有哪些？ ··············· 66

171. 固体废物中的硫、氯、碱金属成分对煅烧有什么不利影响？ ······ 66

172. 固体废物中硫、氯、碱金属对水泥熟料质量有哪些影响？ ········ 67

173. 固体废物中硫、氯、碱金属对耐火材料有哪些影响？ ··········· 67

174. 使用替代燃料时耐火材料应如何选择? ·································· 67

175. 硫、氯、碱在水泥烧成系统内的有哪些循环特性? ····················· 68

176. 如何控制水泥窑协同处置工艺中的硫、氯、碱金属? ················· 69

177. 固体废物中的重金属对熟料烧成有哪些影响? ····················· 69

178. 固体废物中的重金属在水泥熟料烧成过程中的挥发性如何? ········· 70

179. 为什么水泥窑协同处置固废应对水泥窑系统进行工艺优化设计和技术改造? ·· 71

180. 水泥窑工艺优化设计需要考虑哪些因素? ························· 71

181. 水泥窑协同处置固废主要有哪些技术方案可供选择? ··············· 72

182. 水泥窑技术改造方案设计步骤有哪些? ··························· 72

183. 利用固废做替代原料时生料的配方设计应考虑哪些因素? ············ 73

184. 为什么使用固废替代燃料后窑系统产生的烟气量会发生变化? ········ 73

185. 为什么使用固废替代燃料后需要对水泥窑系统热工参数进行反求计算? ·· 73

186. 常用的适用于水泥窑协同处置的工艺系统技术改造方案有哪些? ······ 74

187. 处置固废时如何确定预热器的级数? ····························· 74

188. 为什么说分解炉系统是处置可燃固废的主要系统? ················· 75

189. 处置可燃固废对分解炉选型的要求是什么? ······················· 76

190. 如何合理确定替代燃料进入分解炉的位置? ······················· 76

191. 为什么协同处置固废时,二次风量与三次风量的比例关系调整至关重要? ·· 76

192. 如何通过操作和技术改造来调整二次风量与三次风量比例关系? ······ 77

193. 为什么说提高窑尾分解炉燃料比例可进一步提高固废的处置量? ······ 77

194. 为什么借助窑系统富氧燃烧可以提高固废的处置量? ··············· 77

195. 为什么在处置固废时应尽可能降低分解炉出口的CO浓度? ········· 77

196. 为什么分解炉处置固废时需要增设空气分级燃烧系统? ············· 78

197. 处置固废时空气分级燃烧的设计原则是什么? ····················· 78

198. 如何确定空气分级燃烧的设计方案? ····························· 78

199. 为什么在处置固废时容易造成分解炉内及出口CO浓度偏高? ······· 78

200. 处置固废时分解炉内及出口CO浓度偏高的工艺原因有哪些? ······· 80

201. 为什么在处置固废时应尽可能降低分解炉出口的CO浓度? ········· 31

202. 处置固废时如何降低分解炉内CO的浓度? ······················· 81

203. 为什么分解炉内CO浓度偏高对选择性非催化还原(SNCR)脱硝效率会产生影响? ·· 82

204. 什么是水泥窑协同处置废弃物气化炉系统? ······················· 84

205. 固废气化与水泥窑系统协同关系如何? ··························· 85

206. 固废气化的工艺流程是什么? ··································· 86

207. 为什么固废在气化炉内气化效果越好,对水泥窑系统的影响越小? ···· 86

208. 什么是水泥窑协同处置固废三路入窑技术? ······················· 87

209. 典型水泥窑旁路放风系统的工艺流程是什么? ····················· 87

210. 固废气化气体入分解炉对环境的影响如何? ······················· 88

211. 为什么高热值固废入分解炉技术与低热值固废气化气体入分解炉技术的进行可以提高

协同处置量? ·· 89

212. 水泥窑系统结皮堵塞产生的原因有哪些? ………… 92

213. 形成化学性堵塞的因素有哪些? ………… 92

214. 为什么当水泥窑协同处置废弃物时氯元素是造成水泥窑系统堵塞的最主要因素? ………… 93

215. 水泥窑的旁路技术有哪些? ………… 94

216. 针对氯离子旁路放风的系统与传统的旁路放风系统有何不同? ………… 94

217. 国外及国内氯离子旁路放风系统的建设和运行情况如何? ………… 94

218. 氯离子旁路放风技术的实施对窑系统的运行会带来哪些有利因素? ………… 95

219. 确定是否增设氯离子旁路放风的原则是什么? ………… 95

220. 设计旁路放风系统需考虑哪些关键因素? ………… 96

221. 如何确定氯离子旁路放风的比例? ………… 97

222. 氯离子旁路放风的取风工艺有哪些? ………… 98

223. 如何确定旁路放风在烟室最佳取风位置? ………… 100

224. 旁路放风烟气的冷却方式有几种? 各有什么优缺点? ………… 100

225. 如何进行氯离子旁路放风系统的热工计算? ………… 103

226. 为什么氯离子旁路放风烟气急冷后需增设一个分离器? ………… 103

227. 如何对外排的旁路放风窑灰进行处理? ………… 103

228. 如何对旁路放风系统排放的烟气进行处理? ………… 104

第四节　水泥窑协同处置固体废物的污染控制 ………… 105

229. 协同处置固体废物水泥窑大气污染物最高允许排放浓度是多少? ………… 105

230. 协同处置固体废物的水泥窑生产的水泥产品中污染物的浓度应控制在什么范围? ………… 106

231. 协同处置固体废物的水泥厂厂界恶臭污染物浓度应控制在什么范围? ………… 106

232. 固体废物中的重金属在水泥窑协同处置过程中的流向是什么? ………… 107

233. 固体废物中的重金属含量应控制在什么范围? ………… 107

234. 什么是二恶英? 二恶英有哪些危害? ………… 107

235. 二恶英的来源有哪些? ………… 108

236. 二恶英是如何产生的? ………… 108

237. 水泥窑协同处置废弃物二恶英排放情况如何? ………… 109

238. 如何减少水泥窑窑尾烟气中二恶英类的排放? ………… 109

第四章　工业固体废物水泥窑协同处置技术 ………… 113

239. 水泥窑协同处置工业废物有哪些? ………… 115

240. 废轮胎在水泥行业的应用现状? ………… 115

241. 废旧轮胎在水泥窑中的加入方式有几种? ………… 115

242. 我国行业废塑料产生现状如何? ………… 115

243. 我国工业废塑料用作水泥窑替代燃料的优点有哪些? ………… 115

244. 哪些废塑料可以做水泥窑替代燃料的使用? ………… 115

245. 液体状的工业废物作为水泥窑替代燃料,可以分为哪几类? ………… 116

246. 液体状的工业废物作为水泥窑替代燃料应该如何处置? ………… 116

247. 液体状的工业废物作为水泥窑替代燃料,其混配工艺有哪些? ………… 116

第五章　生活垃圾水泥窑协同处置技术 ………… 119

第一节　生活垃圾替代水泥生产燃料······ 121

248. 我国垃圾常规处理方法有哪些？各自占的比例如何？····· 121

249. 与水泥窑相比，垃圾焚烧处理存在哪些缺点？····· 121

250. 为什么水泥窑协同处置垃圾技术是有效解决城市生活垃圾的新途径？····· 121

251. 水泥窑协同处置垃圾的可行性如何？····· 122

252. 水泥窑处理垃圾应注意哪些问题？····· 122

253. 适合于水泥窑处理的垃圾包括哪些？····· 123

254. 矿化垃圾的定义？····· 123

255. 矿化垃圾组成与生活垃圾有何不同？····· 123

256. 举例说明垃圾堆肥筛上物的来源及所占比例？····· 124

257. 垃圾堆肥筛上物组成与原生垃圾有何不同？····· 124

258. 确定垃圾进入水泥窑处理方案之前，要进行哪些前期准备？····· 124

259. 垃圾应如何采样？····· 124

260. 垃圾的物理指标包括哪些？····· 125

261. 垃圾的物理组分如何测定？····· 125

262. 垃圾含水率如何测定？····· 125

263. 垃圾容重如何测定？····· 125

264. 垃圾的化学指标包括哪些？如何测定？····· 125

265. 垃圾中的氯主要存在于哪些组分中？如何测定？····· 126

266. 如何测定垃圾热值？垃圾热值与含水率的相关性怎样？····· 126

267. 为何要降低垃圾含水率？如何降低？····· 126

268. 什么是生物干化？····· 127

269. 影响生物干化的因素有哪些？如何提高生物干化的效果？····· 127

270. 垃圾中的重金属来源有哪些？分布如何？····· 127

271. 不同重金属单质及其化合物的熔沸点特性是怎样的？····· 128

272. 垃圾中的重金属挥发特性与重金属单质有何不同？····· 128

273. 垃圾中的氯源对重金属挥发有何影响？····· 128

274. 垃圾中的氯源对重金属挥发有何影响？····· 129

275. 氯对重金属挥发影响的机理是什么？····· 130

276. 水分对重金属挥发有什么影响？····· 130

277. 水泥窑钙环境对重金属挥发有什么影响？····· 130

278. 水泥窑协同处置垃圾可采用哪些技术路线？····· 131

279. 概述垃圾替代水泥窑原燃料的技术有哪些？····· 131

280. 什么是垃圾衍生燃料（RDF）？····· 131

281. 国外如何制备 RDF？····· 132

282. 按照美国 ASTM 分类，我国水泥窑处理垃圾 RDF 有几种形式？····· 132

283. 如何将垃圾制备成 RDF-3？····· 133

284. 如何将垃圾制备成 RDF-5？····· 133

285. RDF-5 的添加剂包括哪些？····· 133

286. 如何评价 RDF-5？ ……………………………………………… 134

287. 影响垃圾 RDF-5 成型的因素有哪些？ ………………………… 134

288. 垃圾 RDF-5 成型的最佳粒径是多少？ ………………………… 134

289. 垃圾 RDF-5 成型的最佳含水率是多少？ ……………………… 135

290. 垃圾 RDF-5 成型的最佳添加剂含量是多少？ ………………… 135

291. 如何将垃圾制备成 RDF-7？ …………………………………… 136

292. 什么是热解气化？ ……………………………………………… 136

293. 与垃圾焚烧相比，热解气化有何优点？ ……………………… 136

294. 热解与气化有何区别？ ………………………………………… 136

295. 热解气化反应可分为几个阶段？ ……………………………… 136

296. 温度对热解气化产物有何影响？ ……………………………… 137

297. 热解气化产生的可燃气体包括哪些成分？ …………………… 137

298. 热解气化产生的可燃气体中，烃类组分的特性如何？ ……… 138

299. 如何计算热解气化产生的可燃气体热值？ …………………… 138

300. 热解气化产生焦油，其化学组分有哪些？ …………………… 139

301. 热解产生的残炭，其化学组分有哪些？ ……………………… 139

302. 气化产生无机底渣，其化学组分有哪些？ …………………… 139

303. 水泥窑协同处置垃圾技术有何主要原则？ …………………… 139

304. 垃圾作为水泥窑替代燃料时，应如何选择投料口？ ………… 140

305. 水泥窑协同处置固废 RDF-3 可分几种情形？ ………………… 140

306. 为什么说分解炉是替代燃料的主要投入区域？ ……………… 140

307. 举例说明 RDF-3 进入分解炉的工艺？ ………………………… 140

308. 垃圾以 RDF-3 的方式进入分解炉，会对烟气系统产生什么影响？ …… 141

309. 垃圾以 RDF-3 的方式进入分解炉，会对窑系统产生什么影响？ …… 141

310. 垃圾以 RDF-3 的方式进入分解炉，会对熟料产生什么影响？ …… 141

311. 举例说明 RDF-5 进入分解炉的工艺？ ………………………… 141

312. 举例说明水泥窑如何利用 RDF-7？ …………………………… 142

313. 垃圾以 RDF-7 的方式进入水泥窑，一般会对窑系统产生什么影响？ …… 143

314. 当垃圾中的氯含量超标时，可采用什么补救措施？ ………… 143

315. 当垃圾中的重金属含量较高时，对水泥窑烟气排放有什么影响？ …… 143

316. 当垃圾中的重金属含量较高时，对水泥窑烧成系统有什么影响？ …… 143

317. 当垃圾中的水分含量较高时，对水泥窑烧成系统有什么影响？ …… 143

318. 水泥窑协同处置垃圾，对烟气量有什么影响？ ……………… 144

319. 水泥窑协同处置垃圾，对回转窑耐火材料有什么影响？ …… 144

320. 水泥窑协同处置垃圾，对水泥质量有什么影响？ …………… 144

321. 水泥窑协同处置垃圾，对水泥窑烧成系统操作有什么影响？ …… 145

322. 水泥窑协同处置垃圾，垃圾成分波动会对水泥窑有什么影响？ …… 145

323. 用于水泥窑协同处理生活垃圾的焚烧炉主要有哪几种？ …… 145

324. 水泥窑协同处置垃圾，应主要关注哪些环境因素？ ………… 146

325. 国内外水泥窑协同消纳城市垃圾工程的现状如何? ·········· 147

第二节　生活垃圾替代水泥生产原料 ························ 147

326. 垃圾中哪些组分可以替代水泥窑原料? ·················· 147

327. 垃圾中灰土的主要成分是什么? 如何替代水泥窑原料? ···· 147

328. 垃圾中煤渣的主要成分是什么? 如何替代水泥窑原料? ···· 148

329. 垃圾中的废金属主要有哪些? 如何替代水泥窑原料? ······ 148

330. 垃圾焚烧后残渣的主要成分是什么? 如何替代水泥窑原料? ·· 148

331. 垃圾焚烧后飞灰的主要成分是什么? 如何替代水泥窑原料? ·· 149

332. 举例说明飞灰水洗预处理工艺流程是怎样的? ············ 149

333. 举例说明飞灰水洗后的污水处理工艺是怎样的? ·········· 150

334. 举例说明水洗后飞灰的水泥煅烧工艺是怎样的? ·········· 150

第三节　生活垃圾替代水泥混合材料 ······················ 151

335. 垃圾中哪些组分可以作为水泥混合材料? ················ 151

336. 垃圾中的煤渣如何作为水泥混合材料? ·················· 151

337. 垃圾焚烧后的残渣如何作为水泥混合材料? ·············· 151

338. 垃圾焚烧后的残渣作为水泥混合材料对水泥强度有何影响? ·· 151

339. 垃圾焚烧后的残渣作为水泥混合材料对水泥与外加剂的相容性有何影响? ·· 151

340. 垃圾焚烧后的残渣作为水泥混合材料对水泥胶砂体积稳定性有何影响? ·· 151

341. 垃圾焚烧后的飞灰能否作为水泥混合材料? ·············· 152

第四节　生活垃圾及替代水泥生产工艺材料 ················ 152

342. 垃圾中哪些组分可以作为水泥工艺材料? ················ 152

343. 垃圾渗滤液的特性如何? ······························ 152

344. 水泥窑协同处置垃圾时, 垃圾渗滤液的特性如何? ········ 152

345. 垃圾渗滤液如何作为水泥工艺材料? ···················· 152

346. 采用什么技术浓缩垃圾渗滤液? ························ 153

347. 垃圾热解后的底渣特性如何? ·························· 153

348. 垃圾热解后的底渣如何作为水泥工艺材料? ·············· 153

349. 制备中孔活性炭的最佳工艺条件是什么? ················ 153

第六章　市政污泥水泥窑协同处置技术 ···················· 155

第一节　污泥的基本概况 ································ 157

350. 什么是污泥? 污泥是如何产生的? ······················ 157

351. 污泥的来源是什么? ·································· 157

352. 污泥如何分类? ·· 157

353. 污泥有哪些物理特性? ································ 158

354. 污泥有哪些化学特性? ································ 158

355. 污泥有什么危害? ······································ 159

356. 我国污泥的处理处置方法有哪些? ······················ 159

357. 市政污泥与工业电镀污泥有何区别? ···················· 160

第二节　市政污泥替代水泥生产原料 ······················ 160

358. 水泥窑协同处置污泥的类型有哪些? ·················· 160

359. 水泥窑协同处置污泥的方式有哪些? ·················· 160

360. 应用水泥窑协同处置污泥应遵循哪些原则? ·············· 160

361. 运输到水泥厂的污泥应如何储存? ··················· 161

362. 为什么污泥可以作为替代原料使用? ················· 161

363. 为什么未经预处理的污泥不宜作为原料配料直接使用? ······· 161

364. 利用污泥焚烧灰渣替代水泥生产原料应注意什么? ·········· 162

365. 用于水泥窑协同处置的污泥应进行哪些特性分析鉴别? ······· 162

366. 污泥中重金属的来源主要有哪些? ·················· 162

367. 污泥中重金属的存在形态是什么? ·················· 162

368. 入窑的污泥中重金属含量应如何控制? ··············· 163

369. 水泥窑协同处置污泥对熟料有哪些影响? ·············· 163

第三节　市政污泥替代水泥生产燃料 ··················· 164

370. 为什么污泥可以作为替代燃料使用? ················· 164

371. 污泥对一次燃料的取代量取决于哪些因素? ············· 164

372. 什么是污泥预处理? 为什么污泥要进行预处理? ·········· 164

373. 用于水泥窑协同处置的污泥预处理技术有哪些? ·········· 165

374. 什么是污泥含水率? ························· 165

375. 污泥含水率如何测量? ························ 165

376. 污泥黏度对后续处理会有哪些影响? ················· 165

377. 常规污泥干化分为哪几类? 各有何优缺点? ············· 166

378. 污泥干化效果可用哪些指标表征? ·················· 166

379. 污泥热干化的原理是什么? ····················· 166

380. 污泥热干化的技术主要有哪些? ··················· 167

381. 污泥热干化的热源可以取自哪里? ·················· 167

382. 协同处置污泥工艺中污泥热干化的热源可以取自哪里? 各有哪些优缺点? ·· 167

383. 如何计算污泥的热值? ························ 168

384. 如何计算干化后的污泥量? ····················· 168

385. 如何计算热干化的耗热量? ····················· 169

386. 污泥调理的方法有哪些? ······················ 169

387. 什么是污泥化学调理? ························ 169

388. 污泥化学调理剂的种类有哪些? ··················· 169

389. 污泥机械脱水的方法有哪些? ···················· 170

390. 污泥调理和机械脱水结合技术的脱水效果如何? ··········· 170

391. 污泥调理和机械脱水结合技术的关键是什么? ············ 171

392. 简述污泥碱式干化技术的原理? ··················· 171

393. 简述污泥碱式干化技术的应用现状? ················· 171

394. 污泥碱式干化的关键在哪里? ···················· 172

395. 什么是污泥稳定化? ························· 173

396. 为什么说污泥碱式干化可以同时实现污泥稳定化? ·············· 173

397. 为什么说污泥碱式干化可以同时实现污泥除臭? ·············· 173

398. 为什么说污泥碱式干化可以同时实现重金属钝化? ·············· 174

399. 什么是恶臭? ·············· 174

400. 恶臭气体都有哪些? ·············· 174

401. 恶臭气体的处理技术有哪些? ·············· 174

402. 水泥窑协同处置污泥中恶臭气体的来源及主要成分是什么? ·············· 175

403. 水泥厂应如何控制恶臭气体排放? ·············· 175

404. 水泥窑协同处置污泥对生料磨有哪些影响? ·············· 175

405. 污泥作为替代燃料对窑系统有哪些影响? ·············· 175

406. 水泥窑协同处置污泥应控制哪些因素? ·············· 176

407. 国外水泥窑协同处置污泥的现状如何? ·············· 176

408. 污泥中氨的来源及主要存在形式是什么? ·············· 177

409. 水泥窑氮氧化物的生成形式有哪些? ·············· 177

410. 水泥窑协同处置污泥对氮氧化物排放有哪些影响? ·············· 177

411. 水泥窑协同处置污泥工艺新增废水及处理要求主要有哪些? ·············· 178

第七章　危险废物水泥窑协同处置技术 ·············· 179

第一节　危险废物的基本概况 ·············· 181

112. 什么是危险废物? ·············· 181

413. 各国对危险废物定义有何特点? ·············· 181

414. 危险废物特性有哪些? ·············· 181

415. 我国法律法规中规定的危险废物有多少种? ·············· 181

416. 危险废物的处置方法有哪些? ·············· 181

417. 利用新型干法水泥生产技术热解处理危险废弃物的可分为哪几类? ·············· 182

第二节　危险废物替代水泥生产原料 ·············· 183

418. 垃圾飞灰如何产生的? ·············· 183

419. 国内外针对垃圾飞灰的处置方法有哪些? ·············· 183

420. 垃圾飞灰的物理性质是什么? ·············· 184

421. 什么是垃圾飞灰水洗预处理工艺? ·············· 185

422. 水泥窑协同处置危险废物的工艺有哪些? ·············· 186

423. 水泥窑协同处置危险废物应注意哪些问题? ·············· 187

424. 危险废物的浸出毒性检测方法有哪些? ·············· 187

第三节　危险废物替代水泥生产燃料 ·············· 188

425. 利用危险废物做水泥窑的替代燃料主要技术路线有哪些? ·············· 188

426. 有机危险废物在水泥窑中的如何实现无害化处置? ·············· 188

427. 医疗废弃物的定义及来源? ·············· 189

428. 医疗废物的主要处置方式有哪些? ·············· 190

429. 干法焚烧医疗废弃物的工艺流程图? ·············· 190

430. 水泥窑协同处置的农药种类有哪些? ·············· 191

431. 利用水泥窑协同处置废弃的农药工艺流程是什么？ ………………………… 191

432. 什么是废弃滴滴涕农药？ ………………………………………………… 192

433. 水泥窑协同处置滴滴涕（DDT）的工艺是什么？ …………………… 193

第八章　污染土壤水泥窑协同处置技术 ………………………………… 195

第一节　污染土壤概述 ……………………………………………………… 197

434. 什么是污染场地？ ………………………………………………………… 197

435. 污染场地的环境要素包括哪些？ ……………………………………… 197

436. 我国污染场地是如何产生的？ ………………………………………… 197

437. 中国污染场地大致可分哪几类？ ……………………………………… 197

438. 简述中国污染场地的修复进程？ ……………………………………… 197

439. 从环保角度来看，污染场地修复包括哪几方面的内容？ ………… 199

440. 什么是土壤污染？ ………………………………………………………… 199

441. 土壤中的污染物来源有哪些？ ………………………………………… 200

442. 进入土壤中的污染物去向有哪些？ …………………………………… 201

443. 土壤污染的特点有哪些？ ……………………………………………… 201

444. 土壤污染发生的基本过程包括哪几个阶段？ …………………… 202

445. 简述人类因土壤污染而遭受的危害？ ……………………………… 202

446. 简述我国土壤污染现状？ ……………………………………………… 203

447. 从技术层面上讲，土壤污染的修复技术有哪几大类？ ………… 203

448. 植物修复技术适用于哪些污染土壤？ ……………………………… 203

449. 微生物修复技术适用于哪些污染土壤？ …………………………… 203

450. 微生物修复技术的特点是什么？ …………………………………… 204

451. 热脱附修复技术适用于哪些污染土壤？ …………………………… 204

452. 污染土热解析处理有哪几种方式？ ………………………………… 204

453. 污染土热解析处理的应用现状如何？ ……………………………… 205

454. 蒸气浸提修复技术适用于哪些污染土壤？ ……………………… 205

455. 固化—稳定化技术修复技术适用于哪些污染土壤？ …………… 205

456. 土壤淋洗修复技术适用于哪些污染土壤？ ……………………… 206

457. 化学氧化—还原修复技术适用于哪些污染土壤？ ……………… 206

458. 光催化降解修复技术适用于哪些污染土壤？ …………………… 206

459. 电动力学修复技术适用于哪些污染土壤？ ……………………… 206

460. 从治理位置来分，土壤污染的修复技术有哪几大类？ ………… 206

461. 简述水泥窑处置污染土壤的可行性？ ……………………………… 206

462. 适合于水泥窑协同处置的污染土壤类型有哪些？ ……………… 207

463. 水泥窑协同处置污染土壤有哪些要求？ …………………………… 207

464. 水泥窑协同处置污染土壤有哪些有点？ …………………………… 207

第二节　污染土壤替代水泥生产燃料 …………………………………… 208

465. 哪些污染土可以作为水泥窑的替代燃料？ ……………………… 208

466. 简述石油烃类污染现状？ ……………………………………………… 208

467. 石油烃类污染土有哪些主要来源? ························· 208

468. 哪些石油烃类污染土可以作为水泥窑的替代燃料? ··········· 209

469. 其他类别的污染土如何作为水泥窑的替代燃料? ············· 209

470. 设计水泥窑协同处置有机污染土壤投料方案的原则是什么? ···· 209

471. 简述有机污染土直接替代水泥窑燃料的工艺流程? ·········· 209

472. 简述有机污染土与其他固废联合替代水泥窑燃料的工艺流程? ·· 209

473. 有机污染土在水泥厂储存过程中应该注意什么? ············· 210

474. 有机污染土在进入水泥窑处理之前为何要进行筛分预处理? ··· 210

475. 有机污染土在进入水泥窑处理之前为何要进行粉磨处理? ····· 210

476. 有机污染土粉磨处理时应该注意什么? ··················· 210

477. 利用余热烘干有机污染土时应注意什么? ················· 210

478. 有机污染土壤可从哪些部位进入水泥窑? ················· 210

479. 污染土与其他固废混合有何优点? ······················ 210

480. 污染土与其他固废混合的关键要素有哪些? ··············· 211

481. 污染土替代水泥窑燃料时, 物料平衡应该考虑哪些因素? ····· 211

第三节　污染土壤替代水泥生产替代原料 ····················· 211

482. 哪些污染土可以作为水泥窑的替代原料? ················· 211

483. 简述重金属污染土来源及特点? ························· 211

184. 哪些重金属污染土可以直接作为水泥窑的替代原料? 为什么? ·· 212

485. 简述重金属污染土直接替代水泥窑原料的工艺流程? ········ 212

486. 水泥窑的物料特性对重金属污染土处理有何优点? ·········· 212

487. 重金属污染土对水泥熟料烧成有何影响? ················· 212

488. 如何测定重金属的固化效果? ··························· 212

489. 重金属是如何被固化在水泥熟料中的? ··················· 213

490. 国内外是如何确定重金属在水泥窑中最大添加量的? ········ 214

491. 为什么有机物污染土需要经过前处理后才能作为水泥窑的替代原料? ·· 215

492. 从挥发特性来分, 有机污染土可以分为几类? ············· 215

493. 与纯有机物的挥发特性相比, 污染土中、水泥生料中的有机物挥发特性有何不同? ·· 215

494. 如何根据有机污染土的挥发特性, 选择合适的处理工艺? ····· 216

495. 根据有机污染土的挥发特性, 适合于水泥窑的污染土前处理工艺及其参数是什么? ·· 216

496. 举例说明水泥窑处理有机污染土的具体步骤? ············· 216

第四节　污染土壤替代水泥生产工艺材料 ····················· 217

497. 哪些污染土可以作为水泥窑的工艺材料? ················· 217

498. 举例说明含有重金属的污染土的特性? ··················· 217

499. 石油烃类污染土在分布上有哪些特性? ··················· 217

500. 为什么含有重金属的污染土可以作为水泥窑的矿化剂? ······ 218

501. 为什么含有重金属的污染土如何作为水泥工艺材料? ········ 218

502. 含有石油烃类的污染土如何作为水泥工艺材料? ············ 218

第九章　水泥窑协同处置固体废物技术典型案例介绍 ············ 219

503. 我国水泥窑协同处置固体废物现状如何? ……………………………… 221

504. 我国水泥窑协同处置固废的典型实例有哪些? …………………………… 221

505. 美国水泥窑协同处置固废的现状如何? …………………………………… 228

506. 日本水泥窑协同处置废物的现状如何? …………………………………… 228

507. 欧洲水泥窑协同处置废物的现状如何? …………………………………… 229

508. 国外水泥窑协同处置固废典型技术有哪些? ……………………………… 230

第十章　水泥行业固体废物综合利用 ………………………………………… 233

第一节　水泥行业固体废物综合利用概述 …………………………………… 235

509. 水泥行业综合利用废弃物的途径有哪些? ………………………………… 235

510. 什么是水泥混合材? ………………………………………………………… 235

511. 水泥行业综合利用的废弃物种类有哪些? ………………………………… 235

512. 哪些固体废物不能作为混合材原料? ……………………………………… 235

513. 水泥中常用的混合材可以分为哪几类? …………………………………… 235

514. 大宗工业固体废弃物综合利用现状如何? ………………………………… 236

第二节　工业固废替代水泥窑原料 …………………………………………… 236

515. 什么是尾矿? ………………………………………………………………… 236

516. 什么是煤矸石? ……………………………………………………………… 236

517. 什么是粉煤灰? ……………………………………………………………… 237

518. 什么是冶炼渣? ……………………………………………………………… 237

519. 什么是副产石膏? …………………………………………………………… 237

520. 什么是赤泥? ………………………………………………………………… 237

521. 什么是电石渣? ……………………………………………………………… 237

522. 电石渣主要含有什么成分? ………………………………………………… 238

523. 电石渣与石灰石的烧结性能有何区别? …………………………………… 238

524. 以电石渣为原料生产水泥熟料经历了哪几个阶段? ……………………… 239

525. 什么是湿磨干烧与干磨干烧（干湿法）工艺? …………………………… 239

526. 以电石渣为原料的干湿法水泥熟料生产工艺有何优缺点? ……………… 240

527. 湿法水泥窑处理电石渣,应采用何种除尘方式? ………………………… 240

528. 简述干磨干烧生产水泥熟料的生产工艺流程? …………………………… 240

529. 电石渣脱水有哪些方法? …………………………………………………… 241

530. 举例说明电石渣干磨干烧生产水泥熟料生产工艺? ……………………… 242

531. 煤矸石做水泥原料的技术难点及解决措施? ……………………………… 242

532. 什么是磷渣? 磷渣在我国的分布情况如何? ……………………………… 242

533. 磷渣可用做水泥的哪类替代原料? ………………………………………… 243

534. 磷渣作为水泥替代原料有哪些优点? ……………………………………… 243

535. 磷渣在水泥熟料中的烧成作用机理是什么? ……………………………… 243

536. 用于混合材的固体废物中的硫、氯、碱金属对水泥成品有哪些危害? …… 244

第三节　工业固废替代水泥生产燃料 ………………………………………… 244

537. 煤矸石在形成过程中有何特点? …………………………………………… 244

538. 煤矸石的主要化学成分是什么？ ·········· 245
539. 按照岩石的矿物成分，煤矸石可分为几类？ ·········· 245
540. 按照硅铝比例，煤矸石可分为几类？ ·········· 245
541. 按照碳含量多少，煤矸石可分为几类？ ·········· 245
542. 按照硫含量多少，煤矸石可分为几类？ ·········· 245
543. 煤矸石在水泥企业上已经有哪些应用？ ·········· 246
544. 什么是石油焦？ ·········· 247
545. 石油焦的产生量如何？ ·········· 247
546. 石油焦有哪些分类方法？ ·········· 247
547. 石油焦作为水泥窑燃料，在粉磨时应该注意哪些问题？ ·········· 247
548. 石油焦作为水泥窑燃料，分解炉用燃烧器应如何调整？ ·········· 247
549. 石油焦作为水泥窑燃料，窑用燃烧器应如何调整？ ·········· 248
550. 石油焦作为水泥窑燃料，旋风预热器应如何调整？ ·········· 248
551. 石油焦作为水泥窑燃料，窑尾烟室应如何调整？ ·········· 248
552. 与正常水泥生产线相比，烧高硫石油焦的生产线需要注意哪些问题？ ·········· 248

第四节　工业固废替代水泥混合材料·········· 249
553. 矿渣粉的主要化学成分是什么？ ·········· 249
554. 影响矿渣活性的因素主要有哪些？ ·········· 249
555. 矿渣的活性激发方式有哪些？ ·········· 249
556. 碱激活剂有哪些类？ ·········· 250
557. 矿渣粉的粉磨的工艺有哪几种？ ·········· 250
558. 煤矸石如何作为水泥混合材？ ·········· 250
559. 如何激发煤矸石的活性？ ·········· 250
560. 煅烧煤矸石主要作用是什么？ ·········· 251
561. 煅烧煤矸石时，温度和组分对活性有哪些影响？ ·········· 251
562. 冷却方式对煤矸石活性的影响？ ·········· 251
563. 什么是磷渣？ ·········· 251
564. 磷渣的化学成分是什么？ ·········· 251
565. 磷渣作为水泥窑替代原料有哪些优点？ ·········· 251
566. 磷渣在水泥行业的应用有哪些方面？ ·········· 252
567. 什么是低热水泥？低热水泥有哪些特点？ ·········· 252
568. 掺入磷渣生产的低热水泥性能的优缺点？ ·········· 252
569. 什么是粉煤灰水泥？ ·········· 252
570. 粉煤灰水泥有哪些独特性能？ ·········· 252
571. 粉煤灰在水泥中的作用有哪些？ ·········· 253
572. 粉煤灰的活化途径？ ·········· 253
573. 粉煤灰常用的激发剂有哪些？ ·········· 253
574. 如何解决粉煤灰的在磨头冲灰现象？ ·········· 253
575. 铬铁渣与掺粒化高炉矿渣作为水泥混合材的性能差别有哪些？ ·········· 253

576. 石灰石粉作水泥混合材，对水泥性能有什么影响？ ·············· 254

577. 什么是复合水泥？ ·· 254

578. 复合水泥有什么特点？ ·· 254

579. 水泥中掺入多种混合材的作用？ ·································· 255

580. 常见的复合水泥有哪些？ ·· 255

581. 什么是烧页岩？ ·· 256

582. 烧页岩活性的来源有哪几个方面？ ································ 257

583. 烧页岩作为水泥混合材有哪些优点？ ······························ 257

584. 什么是镁渣？ ·· 257

585. 镁渣在水泥行业中的应用有哪几个方面？ ·························· 257

586. 镁渣作为水泥混合材有哪些优点？ ································ 257

587. 什么是钛渣？ ·· 258

588. 钛渣的特性有哪些？ ·· 258

589. 钛渣可分为哪几类？ ·· 258

590. 水泥中常用哪类钛渣？ ·· 258

591. 什么是镍渣？ ·· 258

592. 镍渣在水泥行业的应用有哪些？ ·································· 259

593. 什么是锰渣？ ·· 259

591. 锰渣在水泥上有哪些应用？ ······································ 259

595. 如何激发锰渣的活性？ ·· 259

596. 什么是铅锌渣？ ·· 260

597. 铅锌渣在水泥行业的应用有哪些？ ································ 260

598. 铅锌渣作为水泥混合材有哪些特点？ ······························ 260

599. 什么是增钙液态渣？ ·· 260

600. 增钙液态渣在水泥行业有哪些应用？ ······························ 260

601. 增钙液态渣作为水泥混合材及混凝土掺合料有哪些优点？ ············ 260

602. 什么是多种混合材复掺？ ·· 261

603. 确定多种混合材复掺的原则是什么？ ······························ 261

参考文献 ·· 262

第一章
固体废物基本知识

第一节　固体废物概念

1. 什么是固体废物？

《中华人民共和国固体废物污染环境保护法》中对固体废物的法律定义是：固体废物是指在生产、生活和其他活动中产生的、丧失原有利用价值或者虽未丧失利用价值但被抛弃或者放弃的固态、半固态和置于容器中的气态物品、物质以及法律、行政法规规定纳入固体废物管理的物品、物质。

美国对固体废物的法定定义不是基于物质的物理形态（无论是否是固态、液态或气态），而是基于物质是废物的这一事实。例如，美国《资源保护和回收法》（RCRA）对固体废物的定义如下：任何来自废水处理厂、水供给处理厂或者污染大气控制设施产生的垃圾、废渣、污泥，以及来自工业、商业、矿业和农业生产以及团体活动产生的其他丢弃的物质，包括固态、液态、半固态或装在容器内的气态物质。

《日本促进建立循环型社会基本法》中"废物"是指使用过的物品，没有使用过的废料（目前正在使用中的除外），或在产品的生产、加工、维修和销售过程中，能源供应，民用工程和建筑业，农业和畜牧业产品的生产和其他人类活动中产生的残次品。

2. 固体废物应该包括哪些基本点？

固体废物至少应该包括以下基本点：（1）固体废物是已经失去原有使用价值的、被消费者或拥有者丢弃的物品（材料），这个特点意味着废物不再具有原来物品的使用价值，只能被用来再循环，处置，填埋、燃烧或焚化，贮存或作为其他用途；（2）在生产、生活过程中产生的、无法直接被用作其他产品原料的副产物，这个特点意味着废物来自社会的各个方面，不能直接作为其他产品的原料来使用，如果是间接地作为其他产品的原料来使用，那么，没有使用或无法使用的部分不能产生二次环境污染；（3）固体废物包含多种形态、多种特征和多种特性，表现出复杂性；（4）固体废物具有错位性，意味着在特定的范围、时间和技术条件下，固体废物在丢弃或最终处置前有可能成为其他产品的资源或被其他消费者进行利用，也就具有了废物利用的价值；（5）固体废物具有经济性，其经济性取决于废物利用价值的大小和对废物利用的经济鼓励政策，当固体废物能获得价值时，就比较容易进行利用，经济性是固体废物利用的主要动力；（6）固体废物具有危害性，不论是什么形式和种类的固体废物，总会对人们的生产和生活以及环境产生或多或少的不利影响，尤其是危害性大的废物就属于危险废物。

3. 什么是固体废物的二重性？

固体废物具有鲜明的时间和空间特征，它同时具有"废物"和"资源"的二重特性。从时间角度看，固体废物仅指相对于目前的科学技术和经济条件而无法利用的物质或物品，随着科学技术的飞速发展，矿物资源的日趋枯竭，自然资源滞后于人类需求，昨天的废物势必又将成为明天的资源。从空间角度看，废物仅仅相对于某一过程或某一方面没有使用价值，而并非在一切过程或一切方面都没有使用价值，某一过程的废物，往往是另一过程的原料。

例如：高炉渣可以作为水泥生产的原料，电镀污泥可以回收高附加值的重金属产品，城市生活垃圾中的可燃部分经过焚烧后可以发电，废旧塑料通过热解可以制造柴油，有机垃圾经过厌氧发酵可以生产甲烷气体进行再利用等。故固体废物有"放错地方的资源"之称。

4. 固体废物有哪些分类方法？

固体废弃物有多种分类方法，既可根据其组分、形态、来源等进行划分，也可根据其危险性、燃烧特性等进行划分，目前主要的分类方法有：

（1）按废物来源可分为城市固体废物、工业固体废物和农业固体废物；

（2）按其化学组成可分为有机废物和无机废物；

（3）按其形态可分为固态废物、半固态废物和液态废物等；

（4）按污染特性可分为一般废物和危险废物；

（5）按其燃烧特性可分为可燃废物和不可燃废物。

依据《中华人民共和国固体废物污染环境保护法》对固体废物的分类，将其分为生活垃圾、工业固体废物和危险废物等三类进行管理，2005 年修订后的《中华人民共和国固体废物污染环境保护法》还对农业废物进行了专门要求。

5. 什么是城市固体废物？

城市固体废物是指居民生活、商业活动、市政建设与维护、机关办公等过程中产生的固体废物。

6. 城市固体废物主要包括哪些？

城市固体废物主要包括以下几类：

（1）生活垃圾，指在日常生活中或者为日常生活提供服务的活动中产生的固体废物以及法律、行政法规规定视为生活垃圾的固体废物。

（2）城建渣土，指在城市建设中产生的废弃土渣、石块、水泥块等固体废物。

（3）商业固体废物，包括废纸、各种废旧的包装材料、丢弃的主副食品等。

（4）城市粪便。

7. 什么是有机废物？有机废物包括哪些？

有机废物是指可生化降解的废物。

有机废物包括厨房垃圾、剩余的食品、腐烂的水果和蔬菜、削剩的皮、麦秸、干草、树叶、花园里的装饰物、谷物的剩余、破布、纸、动物粪便、骨头和皮革等。典型的工业有机废物包括咖啡壳、椰子壳和木屑。

8. 什么是无机废物？无机废物包括哪些？

无机废物是指不可生化降解的废物。

无机固体废物包括泥土（灰尘、石头、砖块等）、煤渣、陶瓷、玻璃、含铁的和不含铁的金属等。

9. 什么是生活垃圾？

生活垃圾是指在日常生活中或者为日常生活提供服务的活动中产生的固体废物以及法律、行政法规规定视为生活垃圾的固体废物。在该定义中，生活垃圾包括了城市生活垃圾和农村生活垃圾。

10. 城市生活垃圾包括哪些种类？

根据我国环卫部门的工作范围，城市生活垃圾包括：居民生活垃圾、园林废物、机关单位排放的办公垃圾、街道清扫废物、公共场所产生的废物等。在实际收集过程中，还可能包括部分小型企业产生的工业固体废物和少量危险废物等。此外，在城市维护和建设过程中，会产生大量的建筑垃圾和渣土，一般由环卫部门的淤泥渣土（或者建筑垃圾）办公室按相关规定单独收运和处置。

从上述分析可以看出，城市生活垃圾包括的废物种类很多，我国目前还没有明确的分类方法，以美国的分类方法为例对其进行介绍。

（1）街道垃圾。是经由人工从街道、人行道或公共场所等地所扫集的废物，最常见的组成是落叶、灰土、纸张、塑料等。

（2）一般垃圾。泛指城市垃圾中含水分少的固体废物，分为可燃性垃圾与不可燃性垃圾，大部分来自商店、学校、办公室或机关。

① 可燃垃圾：其组成大部分为纸张、木材、木屑、破布、橡胶类、花草、树叶等含有有机化学成分的废物。此种废物虽然为有机物，但因水分少且稳定性高，不易腐烂，可放置较长时间，另外其发热量较高，通常不需要其他辅助燃料即可燃烧，这两点是该类垃圾有别于厨余垃圾的特点。

② 不可燃垃圾：其组成大部分为金属类、铁罐、陶瓷、玻璃等，其成分大多为无机物，在小于 $1000℃$ 的普通焚烧炉内无法燃烧。

（3）厨余垃圾。其组成大多为菜肴与泔水等易于腐败的有机物，主要来源于家庭厨房。组成特点是含有极高的水分与有机物，容易腐败并产生恶臭。

（4）废弃车辆。组成大多为不可燃的金属或玻璃物，另有少量的塑料与橡胶类。该类废物因其体积庞大且来源极其分散，需靠政府有关单位负责清理。

（5）工程拆除垃圾。其组成主要为工程或建筑物拆除的废料，如混凝土块、废木材、废管道、砖石等。

（6）建筑垃圾。此类废物指住宅、大厦、铺路等施工过程中产生的残余废料，包括泥土、石子、混凝土、砖块、瓦片及电线等。

11. 我国城市生活垃圾有哪些特点？

我国城市生活垃圾成分复杂，含有大量有机质，产生大量细菌及恶臭，有机酸溶解金属产生重金属污染物，还有大量不易分解的有机物，如塑料、橡胶。

我国城市生活垃圾的物理组成成分与城市化程度相关，越是经济发达的城市，城市垃圾中可燃物以及可堆腐物所占比例越高。对于生活垃圾中可燃物含量，发达城市通常高于3％，而发展中城市却不到2％。生活垃圾中的可堆腐物发达城市与发展中城市之间差值更大，发达城市高于 30%，发展中城市不到 20%。发展中城市生活垃圾中无机物含量偏高，发达城市无机物只有 50% 左右。

城市生活垃圾组成还与城市所在地的燃料结构相关。根据我国国情，对于发展中的城镇，居民住宅不能完全实现"双气"（煤气、暖气），致使生活垃圾中煤渣含量很高，甚至有些地区达 50%，垃圾热值较低，再利用可能性小，利用价值不高。

12. 什么是餐厨垃圾？

餐厨垃圾是食物垃圾中最主要的一种，包括学校、食堂及餐饮行业等产生的食物加工下脚料和食用残余（泔脚）。其成分复杂，主要是油、水、果皮、蔬菜、米面、鱼、肉、骨头以及废餐具、塑料、纸巾等多种物质的混合物。

13. 与生活垃圾相比，餐厨垃圾有哪些特点？

与生活垃圾相比，餐厨垃圾含水率高（可达 80%～95%）、盐分含量高、有机物含量高，富含氮、磷、钾、钙及各种微量元素。此外，餐厨垃圾比生活垃圾更易腐烂、变质、发臭、滋生蚊蝇等。

14. 什么是农业固体废物？

农业固体废物是指来自农业生产、畜禽养殖、农副产品加工所产生的废物，如农作物秸秆、农用薄膜及禽畜排泄物等。

15. 农业固体废弃物包括哪些？

(1) 第一生产废弃物：指农田和果园残留物，如作物的秸秆、果树的枝条、杂草、落叶、果实外壳等。这些废弃物中含有丰富的有机质、纤维素、半纤维素、粗蛋白、粗脂肪和氮、磷、钾、钙、镁、硫等各种营养成分，可广泛用于饲料、燃料、肥料、造纸、轻工食品、养殖、建材、编织等各个领域。

(2) 第二生产废弃物：畜禽类粪便和栏圈垫物等。主要的畜禽有：猪、牛、羊、马、驴、骡、骆驼和鸡、鸭、鹅、兔等，其粪便中含有丰富的有机质，含有较高的氮、磷、钾及微量元素，是很好的制肥原料，有机质在积肥、施肥过程中经过微生物的加工分解及重新合成，最后形成腐殖质贮存在土壤中。腐殖质对于改良土壤，培肥地力的作用是多方面的：能调节土壤的水分、温度、空气及肥效，适时满足作物生长发育的需求，能调节土壤的酸碱度，形成土壤团颗粒结构，能延长和增进肥效，促进水分迅速进入植物体内，并有催芽、促进根系发育和保温等作用，但畜禽粪便有臭味，难以作为一种商品肥料出售，因此，需要采取发酵除臭、化学除臭及物理化学除臭法。

(3) 第三生产废弃物：农副产品加工后的剩余物。按来源可以分为作物残体（作物中不可食用的，在收获后仍留于田间的部分，一般以纤维素、半纤维素和木质素为主，另含有可溶性物质、糖类、蛋白质等）、畜产废弃物（受到饲养方式、饲料成分影响很大）、林产废弃物（主要为木质废弃物）、渔业废弃物（水产品中淡水鱼的加工，淡水鱼一般头大，内脏多，采肉量仅为鱼体质量的 30%，鱼头、内脏、鱼鳞、鱼刺、鱼皮等下脚料被白白丢弃）和食品加工业废弃物等。

（4）第四生产废弃物：农村居民生活废物，包括人粪尿及生活垃圾。农村生活垃圾的数量实际是农村和城镇生活垃圾产生量的和，农村生活垃圾由过去易自然腐烂的菜叶瓜皮，发展为由塑料袋、建筑垃圾、生活垃圾、农药瓶和作物秸秆、腐败植物组成的混合体。农村生活垃圾通常由农田来消纳，将柴灰直接施入农田作肥料。其他生活垃圾往往与人畜粪便或植物秸秆等一起在田间地头自觉与不自觉的制作堆肥。

16. 什么是工业固体废物？主要的工业固废来源于哪些行业？

工业固体废弃物是在工业生产过程排出的采矿废石、选矿尾矿、燃料废渣、冶炼及化工过程废渣等固体废物。

根据国家统计局的相关数据，我国工业固废年产生量逐年上升，近五年来更是以平均每年近10%的增长率增长。其中，电力及热力的生产和供应业、黑色金属冶炼及压延加工业、有色金属矿采选业、煤炭开采和洗选业、黑色金属矿采选业等五大行业的固体废弃物产生量占总量的近80%。因此，国家工业与信息化部将尾矿、煤矸石、粉煤灰、冶炼渣、工业副产石膏、赤泥等来自此五大行业的固体废弃物列为大宗工业固废，作为《"十二五"大宗工业固体废物综合利用专项规划》中的主要处理对象。

17. 工业固体废物主要包括哪些？

工业固体废物按行业主要包括以下几类：

① 冶金工业固体废物：主要包括各种金属冶炼或加工过程所产生的废渣，如高炉炼铁产生的高炉渣、平炉炼钢产生的钢渣、铜镍铅锌等有色金属冶炼过程产生的有色金属渣、铁合金渣及提炼氧化铝时产生的赤泥等。

② 能源工业固体废物：主要包括燃煤电厂产生的粉煤灰、炉渣、烟道灰、采煤及洗煤过程中产生的煤矸石等。

③ 石油化学工业固体废物：主要包括石油及加工工业产生的油泥、焦油页岩渣、废催化剂、废有机溶剂等，化学工业生产过程中硫铁矿渣、酸碱废渣、盐泥、釜底泥以及医药和农药生产过程中产生的医药废物、废药品、废农药等。

④ 矿业固体废物：主要包括采矿废石和尾矿。废石是指各种金属、非金属矿山开采过程中从主矿剥离下来的各种围岩。尾矿是指在选矿过程中提取精矿以后剩下的尾渣。

⑤ 轻工业固体废物：主要包括食品工业、造纸印刷工业、纺织印染工业、皮革工业等工业加工过程中产生的污泥、废酸、废碱以及其他废物。

⑥ 其他工业固体废物：主要包括机加工过程产生的金属碎屑、电镀污泥、建筑废料以及其他工业加工过程中产生的废渣等。

18. 什么是放射性废物？

放射性同位素含量超过国家规定限值的固体、液体和气体废物，统称为放射性废物。

19. 放射性废物包括哪些？

从处理和处置的角度，按比活度和半衰期将放射性废物分为高放长寿命、中放长寿命、低放长寿命、中放短寿命和低放短寿命五类。

20. 什么是灾害性废物?

灾害性废物主要是指突发性事件特别是自然灾害造成的固体废物。

21. 灾害性废物的主要特点是什么?

灾害性废物的主要特点是产生不可预见、产生量大、组分特别复杂,如处理不及时会有潜在的传播疾病的隐患。

第二节　固体废物的组成

22. 固体废物的组成受哪些因素影响?

固体废物的组成很复杂,受到多种因素的影响,如自然环境、气候条件、经济发展水平、居民生活习惯、能源结构以及城市规模等。故各国、各城市甚至各地区的固体废弃物组成差异很大。

23. 从固体废物的产生源分析其组成有哪些?

固体废弃物来自人的生产和生活过程的许多环节。表1-1中列出了从各类发生源产生的主要固体废物组成。

表 1-1　从发生源产生的主要固体废物组成

发生源	产生的主要固体废物
矿业	废石、尾矿、金属、废木、砖瓦、水泥、砂石等
冶金、金属结构、交通、机械等工业	金属、渣、砂石、模型、芯、陶瓷、管道、绝热和绝缘材料、黏结剂、污垢、废木、塑料、橡胶、纸、各种建材、烟尘等
建筑材料工业	金属、水泥、黏土、陶瓷、石膏、石棉、砂石、纸、纤维等
食品加工业	肉、谷物、蔬菜、硬果壳、水果、烟草等
橡胶、皮革、塑料等工业	橡胶、塑料、皮革、布、线、纤维、染料、金属等
石油化工工业	化学药剂、金属、塑料、橡胶、陶瓷、沥青、油泥、油毡、石棉、涂料等
电器、仪器、仪表等工业	金属、玻璃、橡胶、塑料、研磨料、陶瓷、绝缘材料等
纺织、服装工业	布头、纤维、金属、橡胶、塑料等
造纸、木材、印刷等工业	刨花、锯末、碎木、化学药剂、金属填料、塑料等
居民生活	实物、垃圾、纸、木、布、庭院植物修剪物、金属、玻璃、塑料、陶瓷、燃料灰渣、脏土、碎砖瓦、废器具、粪便、杂品等
商业机关	同上,另有管道、碎砌体、沥青,其他建筑材料,含有易爆、易燃、腐蚀性、放射性废物以及废汽车,废电器等
市政维护、管理部门	碎砖瓦、树叶、死畜禽、金属、锅炉灰渣、污泥等
农业	秸秆、蔬菜、水果、果树枝条、糠秕、人及畜禽粪便、农药等
核工业和放射性医疗单位	金属、放射性废渣、粉尘、污泥、器具和建筑材料等

24. 城市生活垃圾由哪几部分组成?

城市生活垃圾主要由动植物性废弃物、塑料、废纸、金属、橡胶、玻璃、炉灰、庭院灰土、碎砖瓦等组成。

我国《城市生活垃圾采样和物理分析方法》行业标准（CJ/T 3039—2009）中，将生活垃圾的组成分为有机物、无机物及其他三个大类。有机物组成包括动物和植物；无机物组成包括灰土、砖瓦（陶瓷）、纸类、塑料（橡胶）、纺织物、玻璃、金属、木竹等七个组分。

 25. 国内外市政废物在组成上有何区别?

在工业化国家中，市政废物的有机物组成仅占 20%～50%，而低收入国家所产生的市政废物组成中，大部分为有机组分，有机物占到 40%～80%。因此，在不发达国家，大量的有机废物形成了重要的再生资源。此外，低收入国家所产生的市政废物，还含有大量的灰尘和泥土，相应的湿度和密度较大，粒度较小，使得它们很重且不适合焚化和长途运输，因此，在选择治理方法时，必须考虑到废物的组成和性质以及诸如人口密度、季节、庭院道路、交通条件和土地利用率等方面的因素。

表 1-2 列出了低、中、高收入国家的市政废物总量和特征。

表 1-2　低、中、高收入国家的市政废物总量和特征

参数	低收入	中等收入	工业化
废物产生量[kg/(人·d)]	0.4～0.6	0.5～0.9	0.7～1.8
密度（kg/m³）	250～500	170～330	100～170
含水率（湿基,%）	40～80	40～60	20～30
粒度（mm）	5～35	—	10～85
组成（根据湿重,%）			
纸	1～10	15～40	15～40
玻璃，陶瓷	1～10	1～10	4～10
金属	1～5	1～5	3～13
塑料	1～5	2～6	2～10
皮革，塑料	—	—	—
木头，骨头，稻秆	1～5	—	—
纺织品	1～5	2～10	2～10
蔬菜/易腐烂物资	40～85	20～65	20～50
各种惰性物质	1～40	1～30	1～20

备注：低收入国家是指人均收入＜360 美元；
　　　中等收入国家是指人均收入在 360～3500 美元之间。

 26. 国外城市生活垃圾组分有何特点?

国外城市垃圾一般特性为：水分 40%～60%，可燃成分 30%～40%，灰分 10%～

30%。例如东京、纽约、伦敦、巴黎、柏林和莫斯科等大城市的垃圾中，有机物的成分达到
51%～83%，无机成分 17%～49%。近年来，随着科学技术的发展、人民消费水平的提高，
国外城市垃圾成分发生了变化，烟尘和灰分含量已从原来的 80% 下降到 20%；废纸的产生
量增加，平均占垃圾总量的 30%～45%，金属的含量增加了近 1 倍，玻璃含量增加了近 2
倍，塑料含量也正在迅速增加；同时，有毒、有害物质也迅速增长。

27. 国内城市生活垃圾组分有哪些特点？

我国是一个发展中国家，从以往数据看，我国的城市生活垃圾成分有以下特点：无机类
物质含量高、可燃物质含量低；高热值物质少、垃圾热值普遍较低；有机类垃圾中主要以厨
余为主体，含水量较高。

我国大多数城市，尤其是中小型城市仍以煤作主要燃料，因此煤渣、灰渣及砖石等无机
物较多，约占 50% 左右；塑料、纸张、纤维、食品废物等有机物含量较少，约占 24.5%，
且其中食品垃圾占较大比重；玻璃、金属、陶瓷等废品约占 15%；水分占 7.5%；其他废物
占 3%。

随着城市经济发达程度的提高和民用燃料向燃气化方向发展，城市垃圾中有机成分和可
回收废品将逐渐增多，无机成分相应减少。近 10 年来大城市的生活垃圾成分发生了明显的
变化，表现在厨余类有机物含量增加、灰土含量下降、可回收物增加；垃圾热值升高，为采
用现代化焚烧处理创造了条件。一些南方现代化城市，如深圳等，生活垃圾的有机成分已达
到 60.0%～95.0%，上海的垃圾有机成分达 57.2%。北京市的垃圾中无机物含量由 1986 年
的 50.0% 下降到 1996 年的 30.0%，垃圾中可回收利用的物品由 1986 年的 12.5% 上升到
1996 年的 25.0%。其中塑料制品的含量变化最大，1986 年垃圾中的塑料制品为 1.6%，
1995 年上升为 5.0%。垃圾容重由 1978 年的 0.7t/m³ 降低到 1996 年的 0.3t/m³。

表 1-3 我国部分城市垃圾成分比较（%）

城市	年份	厨余	纸类	塑料	纺织物	渣石	玻璃	金属	竹木
上海	1987	83.15	1.16	2.44	1.12	3.39	2.29	0.82	—
	1991	73.32	7.69	9.16	2.13	1.97	1.00	0.56	—
	1996	70.00	8.00	12.00	2.80	2.19	4.00	0.12	0.89
武汉	1981	15.75	2.12	0.21	0.62	77.61	0.60	1.55	—
	1991	35.50	4.33	3.91	1.33	13.98	2.60	0.69	—
	1996	39.16	4.33	7.50	1.33	32.74	6.55	0.69	3.20
宁波	1998	42.60	7.85	10.30	4.36	3.43	2.91	—	—
	2001	48.40	8.20	15.60	3.50	3.30	0.60	—	—
	2002	45.90	5.11	18.00	4.90	2.52	0.85	—	—
广州	1990	79.45	1.42	1.99	0.98	14.16	1.39	0.60	—
	1995	72.07	3.30	12.58	4.12	4.58	2.63	0.72	—
	1996	63.00	4.80	14.10	3.60	3.80	4.00	3.90	2.80
	2001	63.56	5.45	20.15	3.45	2.99	1.60	0.35	—

续表

城市	年份	厨余	纸类	塑料	纺织物	渣石	玻璃	金属	竹木
天津	1995	73.32	7.49	9.16	3.50	1.89	4.00	0.56	—
	1996	50.11	5.53	4.81	0.68	0.74	—		
	1998	70.09	8.05	11.78	3.68	1.82	4.01	0.58	
	1999	67.33	8.77	13.48	3.17	1.37	4.15	0.73	
合肥	1996	44.97	3.57	10.22	2.98	28.40	4.24	0.80	2.52
	1997	48.64	2.55	1.15	43.65	2.23	—		
	2002	66.48	3.78	1.88	1.90	0.91			
北京	1996	39.00	18.18	10.35	3.56	10.93	13.02	2.96	
	1997	54.24	10.78	13.15	3.09	9.54	4.51	0.77	
长春	2002	43.00	4.09	15.00	2.70	4.60	2.60	0.50	
济南	2000	48.91	3.65	7.26	1.48	31.66	0.48	0.16	—
重庆	1996	38.76	1.04	9.10	0.97	37.99	9.03	0.53	1.58
南京	1996	52.00	4.60	11.20	1.18	20.46	4.09	1.28	1.08
无锡	1996	41.00	2.90	9.83	4.98	25.29	9.47	0.90	3.05
西安		38.24	3.80	1.20	50.71	—	1.10	—	—
呼市	2001	32.00	6.50	9.20	0.30	1.15	0.50	—	—
大连	2000	83.55	3.70	5.60	1.60	2.56	0.50	—	—

 28. 城市生活垃圾产量和组分受哪些因素影响？

影响生活垃圾产量和组分的因素很多，一般可以分为四类：第一类为内在因素，即直接导致垃圾产生量及成分变化的因素，如城市人口、城市能源构成、经济发展和居民生活水平的提高等；第二类为自然因素，主要指地域（地理位置、季节和气候等）；第三类为社会因素，主要指社会行为准则、道德规范、法律、规章制度等因素；第四类为个体因素，主要指个体的行为习惯、生活方式、受教育程度等。

 29. 人口对城市生活垃圾组分有哪些影响？

人口参数是测算城市垃圾产生量的重要指标，主要包括城市非农业人口和流动人口两项指标。鉴于城市非农业人口的系统性和规范性，我国一直将其作为测算城市垃圾人均产生量及环境卫生有关指标的通用基本参数。一般来说，城市垃圾产量的直接影响因素是城市人口和人均日垃圾产量，因此，一般将城市垃圾产量公式表示为：$G=G_i \times M$，式中，G 表示城市垃圾日产量（t/d），G_i 表示城市垃圾人均日产量[kg/（人·d）]，M 表示城市人口数。

但是，城市垃圾排放主体并不仅仅是非农业人口，还包括流动人口（暂住人口和短期逗留人口），他们约占城市非农业人口数的 30% 左右。经济特区、沿海开放城市、风景旅游城市及其他经济发达、交通便利城市的流动人口比例更大。流动人口导致垃圾产生量的增加，同时，也在一定程度上影响垃圾构成。例如，短期逗留人口导致公共场合垃圾产生量增加，尤其是垃圾中各类松散垃圾（纸张、塑料等）的增加。

30. 居民生活和消费水平对城市生活垃圾组分有哪些影响？

居民生活水平和消费水平的改变不仅影响城市生活垃圾的产生量，也是影响垃圾成分的重要因素。近30年来，居民生活水平不断提高，从1990～2010年，城镇居民的消费水平提高了5倍以上。与此同时，城镇居民产生的垃圾成分也发生了相应的变化。其基本趋势是：有机成分增加、可燃成分增加。抽样调查的结果表明，生活垃圾中煤渣含量持续下降，而易堆腐垃圾和废品的含量则持续增长。

31. 城市能源结构对城市生活垃圾组分有哪些影响？

城市燃料结构发生变化是影响城市生活垃圾组分的另一个重要因素。我国是以煤为主要燃料的国家，一次性能源的75%是煤炭。煤炭不仅广泛用于工业生产，同时也是家庭燃料的重要组成部分。过去大部分家庭的做饭、取暖均以煤炭为主要燃料，造成城市生活垃圾中含有大量的煤灰，垃圾中有机物含量较少。近年来，随着城市集中供热和煤气化的普及，民用燃料的消费结构发生了重大变化，同时也带来了城市生活垃圾组分的变化。燃煤区垃圾中的无机组分明显高于燃气区，而燃气区垃圾中的有机组分和可回收废品的比例明显高于燃煤区，变化最大的组分就是垃圾中的煤灰量。另一方面，燃煤区居民的生活水平往往也低于燃气区。在燃气区，由于垃圾中煤灰量的减少，厨灰成为主要组分，因此，垃圾的含水量相对增加。哈尔滨、武汉等城市环卫部门分别对本市用气居民区和用煤居民区生活垃圾进行的统计分析表明，南方和北方都有以下基本特征：燃气区垃圾中易腐物比例都很高，一般为70%左右甚至更高，而灰渣比例很低，多在10%以下；燃煤区情况相反，易腐物约20%，而灰渣比例可高达70%左右；燃气区可回收物比例较高，一般都大于10%，而燃煤区则较低，多为5%左右；燃气区垃圾含水率通常为燃煤区垃圾的1倍，约为50%；燃气区人均垃圾产量明显低于燃煤区，约为后者的1/2。值得注意的是：常规统计得到的城市气化率这一指标并不一定能够反映城市居民生活能源结构实际情况。例如：北方城市中，气化率是一个广义的概念，它包括纯燃气区（饮食、取暖都用燃气）和单气区（饮食用气、取暖用煤）。这两种用气居民区的垃圾成分差异极大，很多城市的研究足以证明这一点。

32. 地域差异对城市生活垃圾组分有哪些影响？

不同地理位置的城市，特别是南方与北方城市的气候不同，城市生活垃圾人均日产量也不同：北方地区城市人均日产垃圾量明显高于全国平均值，南方城市则低于全国平均值。产生这种差异的主要原因是：

① 气候差异。北方城市能源中的燃煤比例及使用期均高于、长于南方城市。北方地区因取暖需要，生活能源耗用量大大高于南方，且现阶段仍以燃煤为主要生活能源，因此导致垃圾排放量和灰渣（炉灰为主）比例的增加。

② 饮食结构差异。南方城市居民的瓜果蔬菜的食用量和食用期大于和长于北方城市，因而垃圾中有机成分相对较高。

③ 经济水平差异。南方城市的经济水平高于北方，因此垃圾中的纸张、塑料等可燃物、可回收物的比例相对较大。

33. 季节因素对城市生活垃圾组分有哪些影响？

季节因素对城市生活垃圾的产量和成分影响较显著：易腐有机物、不可燃物等随季节变化较明显，且易腐有机物最高值均分布在第三季度，密度最大值均分布在第一、第四季度。这与第三季度市民大量消费水果等食品有关。第一、第四季度垃圾密度大是因为居民耗煤取暖产生无机垃圾多的缘故。

34. 建筑垃圾的组成有什么特点？

不同时代的建筑物，在材料组成上具有很大的差异。以我国为例，20世纪50年代以前的建筑物，主要以砖、石、木材为结构材料，石灰砂浆砌筑与抹面。60～80年代，主要以混凝土、砖瓦为主要材料，这部分建筑是现在拆除建筑物的主体。90年代以后，由于新型建筑材料的大量应用，建筑物的组成材料趋向多元化，尤以化学建材的广泛应用为标志。但从总量看，混凝土与水泥制品、砖瓦、陶瓷等烧制产品仍占主导地位。从近年拆除建筑物的组成上看，混凝土与砂浆约占30%左右，砖瓦约占35%～45%，陶瓷和玻璃约占20%，其他占10%。而新建工程中的施工垃圾主要是在建筑过程中产生的剩余混凝土、砂浆、碎砖瓦、陶瓷边角料、废木材、废纸等。

35. 建筑垃圾的主要组分有哪些？

相对于生活垃圾而言，建筑垃圾的组成较简单，多数以无机物为主。总的来说，建筑垃圾主要由渣土、砂石块、废砂浆、混凝土碎块、废塑料、废金属、废油漆、废涂料、废旧木材等组成。其中，碎石、废弃砖瓦、混凝土碎块、渣土占的比例较大，约占城市建筑垃圾总量的80%～90%之间，但在具体组成上还与城建工程的性质有关。以渣土为例，在新建工程中，建筑渣土包括建筑物兴建过程中的碎土和工程槽土，有资料显示新建建筑物的工程槽土约占新建建筑垃圾总量60%左右。工程槽土就是建筑物施工中的地基土，因为其成分单一，一般不存在"二次污染"的问题，可以用做工程回填，如修筑建设用地、城市造景、填海、筑堤坝、构建回填材料或铺设道路等，既节省了人力和物力，又避免外运填埋或堆放对土地资源浪费。

第三节　固体废物的环境危害

36. 固体废物对环境的潜在污染特点有哪些？

固体废物对环境潜在污染特点有以下几个方面：

（1）产生量大、种类繁多、成分复杂。据统计，全国工业固体废弃物的产生量在2002年已经达到9.4亿t，而且还在以每年10%的速度增加。而且，固体废弃物的来源十分广泛，例如：工业固体废物包括工业生产、加工、燃料燃烧、矿物采选、交通运输等行业以及环境治理过程中所产生的和丢弃的固体和半固体的物质。另外，从固体废物的分类，我们也可以大致了解固体废物的复杂状态，例如，仅在城市生活垃圾中就几乎包含了日常生活中接触到的所有物质。

（2）污染物滞留期长、危害性强。以固体形式存在的有害物质向环境中的扩散速率相对比较缓慢，与废水、废气污染环境的特点相比，固体废物污染环境的滞后性非常强，而且一旦发生了污染，后果将非常严重。

（3）其他处理过程的终态，污染环境的源头。在水处理工艺中，无论是采用物化处理还是生物处理方式，在水体得到净化的同时，总是将水体中的无机和有机的污染物质以固相的形态分离出来，因而产生大量的污泥或残渣。在废气治理过程中，利用洗气、吸附或除尘等技术将存在于气相的粉尘或可溶性污染物转移或转化为固体物质。因此，从这个意义上讲，可以认为废气治理和水处理过程实际上都是将液态和气态的污染物转化为固体废物的过程。而固体废弃物对环境的危害又需要通过水体、大气、土壤等介质方能进行，所以，固体废物既是废水和废气处理过程的终态，又是污染水体、大气、土壤等的源头。由于固废这一特点，对固废的管理既要尽量避免和减少其产生，又要力求避免和减少其向水体、大气以及土壤环境的排放。

 37. 固体废物对哪些环境主体会产生影响？

固体废物对土壤、地表水、地下水、大气等环境主体会产生影响。

 38. 固体废物对土地会产生什么影响？

固体废物堆放需要占用土地。仅以垃圾来说，据统计，全国堆存垃圾侵占土地总面积已近 5 亿 m^2，折合耕地约为 75 万亩。我国的耕地面积有 20 亿亩，相当于全国每 1 万亩耕地就有 3.75 亩用来堆放垃圾。据航空摄影调查北京市近郊有可辨认的垃圾堆场近 500 个，占地约 600hm^2。垃圾严重破坏着人类赖以生存的土地资源。

39. 固体废物对土壤会产生什么影响？

固体废物长期露天堆放，其有害成分在地表径流和雨水的淋溶、渗透作用下通过土壤孔隙向四周和纵深的土坡迁移。在迁移过程中，有害成分要经受土壤的吸附和其他作用。通常，由于土壤的吸附能力和吸附容量很大，随着渗滤水的迁移，使有害成分在土壤固相中呈现不同程度的积累，导致土壤成分和结构的改变，植物又是生长在土壤中，间接又对植物产生了污染，有些土地甚至无法耕种。

由于城市垃圾中含有的化学品含量越来越高，垃圾被埋在地下数十年甚至上百年都不降解，加上有毒重金属如铅、镉等造成的土地污染，使大量土地失去了可利用的价值。如果将未经严格处理的城市生活垃圾直接用于农田，将会破坏土壤的团粒结构和理化性质，导致土壤保水、保肥能力降低。

40. 固体废物对大气会产生什么影响？

废物中的细粉、粉末随风扬散；在废物运输及处理过程中缺少相应的防护和净化设施，释放有害气体和粉尘；堆放和填埋的废物以及渗入土壤的废物，经挥发和反应放出有害气体，都会污染大气并使大气质量下降。例如，煤矸石自燃会散发大量的二氧化硫。辽宁、山东、江苏三省的 112 座煤矸石堆中，自燃起火的有 42 座。固体废弃物中含有大量有机物和可挥发性物质，这些物质在堆放过程中会分解，产生大量有害物质，如硫化氢、氨气、甲烷等。尤其是夏季，露天堆放的固体废弃物中散发出恶臭、有机挥发物、含有致癌、致畸、致突变等物质的气体等，随冒出的白色烟气散发于大气中。

41. 固体废物对水体会产生什么影响？

固体废物若随天然降水或地表径流进入河流、湖泊或随风飘落入河流、湖泊，会造成地表水污染。若随渗滤液渗透到土壤进而进入地下水，则成为地下水污染源头。废渣直接排入河流、湖泊或海洋，则造成更大的水体污染。

如果将有害废物直接排入江、河、湖、海等地，或是露天堆放的废物被地表径流携带进入水体，或是漂浮于空气中的细小颗粒，通过降雨的冲洗沉积和凝雨沉积以及重力沉降和干沉积而落入地表水系、水体，都会溶解出有害成分，毒害生物，造成水体严重缺氧，富营养化，导致鱼类死亡等。

即使无害的固体废物排入河流、湖泊，也会造成河床淤塞，水面减少，甚至导致水利工程设施的效益减少或废弃。

此外，有机固体废弃物在堆放过程中或腐败过程中会产生大量酸性和碱性有机污染物，并溶解出固废中的重金属，形成有机物、重金属和病原微生物三位一体的污染源。任意堆放的固废堆放场或简易填埋的固体废弃物，经过雨水冲刷、地表径流和渗沥，产生的渗滤液将对地表水体和地下水产生严重污染。例如：垃圾渗出液中COD（化学需氧量）高达 15680 mg/L，BOD_5（生化需氧量）高达 10000mg/L，细菌总数超标 4.3 倍，大肠菌群超标 2410 倍。一些已经建成的大型垃圾填埋场也存在严重污染地表水和地下水的现象，如广州大田山垃圾填埋场，上海老港废弃物处置场等都发生了污染地下水现象。

42. 固体废物对人类健康会产生什么影响？

固体废物，特别是危险废物，在露天存放、处理或处置过程中，其中的有害成分在物理、化学和生物的作用下会发生浸出，含有有害成分的浸出液可进入地表水、地下水、大气和土壤等环境介质，生活在环境中的人，以大气、水、土壤为媒介，可以将环境中的有害废物直接由呼吸道、消化道或皮肤摄入人体，从而对人体健康造成威胁。一个典型例子就是美国的拉夫运河（Love Canal）污染事件。20 世纪 40 年代，美国一家化学公司利用拉夫运河废弃的河谷，来填埋生产有机氯农药、塑料等残余有害废物两万多吨。掩埋十余年后，在该地区陆续发生了一些如井水变臭、婴儿畸形、人患怪病等现象。经化验分析研究，当地空气、用作水源的地下水和土壤中都含有六六六、三氯乙烯、二氯苯酚等 82 种有毒化学物质，其中列在美国环保局优先污染清单上的就有 27 种，被怀疑是人类致癌物质的多达 11 种。许多住宅的地下室和周围庭院里渗进了有毒化学浸出液，于是迫使总统在 1978 年 8 月宣布该地区处于"卫生紧急状态"，先后两次近千户被迫搬迁，造成了极大的社会问题和经济损失。

43. 固体废物对生物群落会产生什么影响？

生物群落，特别是一些水生动物的休克死亡，可以认为是固体废弃物处置场所释放出污染物质的前兆。例如在雨季，废弃物填埋场产生的渗滤液会通过地表径流或地下水进入江河湖泊，引起鱼类大量死亡。这类危害效应可以从个体发展到种群，直至生物链顶端，将导致受影响地区营养物质循环的改变或产量降低。

44. 垃圾处理过程挥发的恶臭气体有哪些？

城市生活垃圾产生臭气的主要成分为硫化物、低级脂肪胺等，垃圾在堆放或堆肥过程中，在氧气足够时，垃圾中的有机成分如蛋白质等，在好氧细菌的作用下产生刺激性气体 NH_3 等；在氧气不足时，厌氧细菌将有机物分解为不彻底的氧化产物如含硫的化合物 H_2S 和 SO_2，硫醇类等和含氮的化合物如胺类和酰胺类等。恶臭气体中的主要污染物与生活垃圾组成有较大关系。Eitzer 对 8 座城市垃圾堆肥厂所释放的 VOC（挥发性有机化合物）成分调查，主要包括氯化物、苯系物、多种萜等。Pierucci 等研究发现烷烃、萜烯、苯系物以及卤化物为城市固体垃圾好氧发酵释放的主要化合物。Dimitris 等人对城市生活垃圾堆肥过程中的挥发性有机物的释放情况进行了研究，结果表明以纸类为主的废弃物堆肥过程中主要挥发性有机物质是烷基化苯、醇、烷烃等物质，而食品废物主要是硫化物、酸、醇，在城市生活垃圾堆肥过程中主要的挥发性有机物包括甲苯、乙苯、1，4 -二氯苯、p-异丙基甲苯和萘。

45. 固废渗滤液中的污染物有哪些？

固废填埋场渗滤液水质恶劣，主要为有机污染类型，化学需氧量和生化需氧量含量非常高，最高浓度分别可达几万毫克/升。此外，高浓度的氨氮也是渗滤液的水质特征之一。渗滤液中，对地下水环境污染贡献率较大的指标主要有：高锰酸盐指数，总硬度，氨氮，氯化物，挥发酚，氟化物，总大肠菌群，铅，砷，六价铬等。

46. 城市固废中含有哪些病原体微生物？

城市固体废物可能包含有大量的病原体微生物。这一点在有机废物被用作混合肥料或动物饲料时尤其需要注意。

可以引起疾病的微生物有两种类群：一级病原体和二级病原体。一级病原体存在于原始垃圾中，包括细菌、病毒、微生物和虫卵，它们引起的大多数疾病（例如腹泻和痢疾）一般通过粪便—口腔这一路径传播。引起这些疾病的微生物被病人排出，再通过口腔（饮用被粪便污染的水）或皮肤进入其他人的体内。生物降解过程中产生的微生物被称作二级病原体，这些病原体可以引起严重的传染病或呼吸系统疾病，通常是那些免疫能力较弱的人容易感染。垃圾还会使鼠类大量繁殖，通过它们传播疾病，例如瘟疫、伤寒和鼠咬热。苍蝇和其他昆虫也可以传播疾病。

由病原体引起的疾病的传播受多种因素影响，包括病原体的数量、免疫力、繁殖率。决定病原体生存的重要条件是温度和时间。温度越高，杀死病原体所需时间越短，反之，温度越低，杀死病原体所需时间越长。高温是杀死病原体的最有效方法，因为这些生物是由蛋白质组成，在 50～65℃时就失去活性。

47. 重金属污染物有哪些特点？

化学上一般将密度等于或大于 $5g/cm^3$ 的金属元素称为重金属，而环境污染的研究中重金属主要指汞、镉、铅及类似金属砷等生物毒性显著的元素。最应引起人们注意的重金属污染物是铅、汞、镉、铬。

由于重金属污染的特点在于其存在形态的多变性，且毒性随其存在形态不同而有所差异，使得大多数重金属其传播途径相当复杂，且具难分解性与累积性，因此极受人类的重视。重金属可直接导致或由生物链累积对人类健康造成危害，且其危害性均具有特定的目标脏器，如神经系统、生殖系统、免疫系统及肝、肾等器官，当超过临界浓度时，就会产生症状和病变。

少量的金属，如锌和镁，是生物体生长的必需元素。但是，如果过量吸收这些元素，则会引起急性或慢性的疾病。其他金属，如汞和铅，是生物不需要的有毒元素。这些重金属的存在会影响到有机废物再生的最终产品的质量和适用性，例如，用含有重金属制作的混合肥料和用被污染的物质饲养的动物的肉，它们对环境产生很大的危害。

当重金属达到或超过一定浓度时，会对土壤和植物产生不良影响，如果它们进入了食物链，会对人类和动物的健康产生毒害作用。不同的金属和不同的浓度，会对健康产生不同的影响。

48. 重金属污染物有哪些危害途径？

重金属污染的危害有以下几点：（1）天然水体中只要有微量浓度的重金属即可产生毒性效应。（2）某些重金属有可能在微生物作用下转化为金属有机化合物，产生更大的毒性。（3）金属离子在水体中的转移和转化与水体的酸、碱条件有关，如六价铬在碱性条件下的转化能力强于酸性条件；二价镉在酸性条件下易于随水迁移，并易为植物吸收。（4）水中的重金属可以通过食物链，成千上万地富集，而达到相当高的浓度，这样重金属能够通过多种途径（食物、饮水、呼吸）进入人体，甚至遗传和母乳也是重金属侵入人体的途径。（5）重金属进入人体后，能够和生理高分子物质如蛋白质和酶等，发生强烈的相互作用而失去活性，也可能累积在人体的某些器官中，造成慢性累积性中毒。

49. 铅来源于哪些废弃物？有哪些危害？

铅可以作为农药及汽油、油漆、家具、瓷器等的添加剂。燃煤也会释放出大量的铅。铅的危害主要是会引起儿童智力发育障碍。儿童处于发育阶段，机体对铅毒的易感性较高。另外，高浓度的铅尘大多距地面一米以下，这个高度恰好与儿童的呼吸带高度一致。因此，儿童通过呼吸进入体内的铅远远超过成人，加上某些儿童有吮吸手指的不洁行为，学习用具如蜡笔、涂改笔及油漆桌椅中的铅，都可"趁机而入"。此外，铅在极低浓度下即可经胎盘转移，损害胎儿及出生后婴儿的智能及生长发育。良好的卫生习惯是预防铅危害最简单的方法。另外如果有铅的接触，可以到医院检查血铅指标，以便及早预防和治疗。

50. 汞来源于哪些废弃物？有哪些危害？

汞是一种重要的化工产品，可以在采矿和相关的化工生产中流入环境而造成污染。另外燃煤、化妆品、日光灯、温度计等都可能含有一定数量的汞。如果大量吸入和接触，汞会对人的神经系统和肝脏、肾脏等器官产生严重的损坏。汞污染造成中毒最典型的就是"水俣病"。1956年，日本水俣湾附近发现了一种奇怪的病。这种病症最初出现在猫身上，被称为"猫舞蹈症"。病猫步态不稳，抽搐、麻痹，甚至跳海死去，被称为"自杀猫"。随后不久，此地也发现了患这种病症的人。患者由于脑中枢神经和末梢神经被侵害，轻者口齿不清、步履蹒跚、面部痴呆、手足麻痹、感觉障碍、视觉丧失、震颤、手足变形，重者精神失常，或酣睡，或兴奋，身体弯弓高叫，直至死亡。后来研究证明，汞来自湾边的一个化工厂的污水排放。由于化学甲基化和生物甲基化作用，汞可以在环境中变为甲基汞，甲基汞具有很高的毒性，容易在食物链中富集和放大，造成极大的危害。有些具有美白祛斑功效的化妆品含有很高含量的汞，购买使用时要谨慎选择。汞易挥发，如果遇到汞溢出或泄漏事件时，在没有防护的情况下，不要轻易去处理，应迅速离开至安全地方。

51. 镉来源于哪些废弃物？有哪些危害？

镉用途很广，镉盐、镉蒸灯、颜料、烟幕弹、合金、电镀、焊药、标准电池等，都要用到镉。镉是一种毒性很大的重金属，其化合物也大都属毒性物质。日本富县的神通川流域出现的"痛痛病"就是镉环境污染造成的人类健康公害事件之一。由于矿山废水污染了农田，镉通过食物链进入了人体，慢慢积累在肾脏和骨骼中并引发了中毒。患了"痛痛病"的人，主要症状为骨质疏松。曾有一个患者，打了一个喷嚏，全身数处发生骨折，后来发展为骨质软化和萎缩。患者疼痛加剧，自下肢开始，再到膝、腰、背等各个关节，最后疼痛遍及全身，"痛痛病"因而得名。预防镉的危害，主要是不要食用污染地区的农产品，这些工作需要政府部门严格的控制和管理。

52. 铬来源于哪些废弃物？有哪些危害？

铬及其化合物所引起的环境污染主要来源于劣质化妆品原料、皮革制剂、金属部件镀铬部分，工业颜料以及鞣革、橡胶和陶瓷原料等。天然水中一般仅含微量的铬，通过河流输送入海，沉于海底。海水中的铬含量不到 1ppb。据试验，水中含铬在 1ppm 时可刺激作物生长，1～10ppm 时会使作物生长减缓，到 100ppm 时则几乎完全使作物停止生长，濒于死亡。废水中含有铬化合物，能降低废水生化处理效率。

三价铬和六价铬对水生生物都有致死作用。水体中的三价铬主要被吸附在固体物质上而存在于沉积物中，六价铬则多溶于水中。六价铬在水体中是稳定的，但在厌氧条件下可还原为三价铬。三价铬的盐类可在中性或弱碱性溶液中水解，生成不溶于水的氢氧化铬而沉入水底。土壤中铬过多时，会抑制有机物质的硝化作用，并使铬在植物体内蓄积。

动物如误食饮用铬后，可致腹部不适及腹泻等中毒症状，引起过敏性皮炎或湿疹，呼吸进入，对呼吸道有刺激和腐蚀作用，引起咽炎、支气管炎等。水污染严重地区居民，经常接触或过量摄入者，易得鼻炎、结核病、腹泻、支气管炎、皮炎等。

53. 砷来源于哪些废弃物？有哪些危害？

砷和含砷金属的开采、冶炼，用砷或砷化合物做原料的玻璃、颜料、原药、纸张的生产以及煤的燃烧等过程，都可产生含砷废水、废气和废渣，对环境造成污染。大气含砷污染除岩石风化、火山爆发等自然原因外，主要来自工业生产及含砷农药的使用、煤的燃烧。含砷废水、农药及烟尘都会污染土壤。

砷可在土壤中累积并由此进入农作物组织中。砷对农作物产生毒害作用最低浓度为3mg/L，对水生生物的毒性亦很大。砷和砷化物一般可通过水、大气和食物等途径进入人体，造成危害。元素砷的毒性极低，砷化物均有毒性，三价砷化合物比其他砷化合物毒性更强。砷污染中毒事件（急性砷中毒）或导致的公害病（慢性砷中毒）已屡见不鲜。

第四节　国内固体废物排放现状

54. 我国工业固废的排放现状如何?

1981 年, 中国工业固体废弃物总产量为 3.37 亿 t, 1995 年增长到 6.45 亿 t, 1996 年为 6.59 亿 t。自 1981 年到 1988 年, 中国经历了一个工业固体废弃物产生量以年增长率 8%～15% 高速增长的时期, 1989 年起, 增长率降为 2%～5%。

据《2009 年中国环境状况公报》统计, 2009 年全国工业固体废物产生量为 204094.2 万 t, 比 2008 年增加 7.3%; 排放量为 710.7 万 t, 比 2008 年减少 9.1%; 综合利用量 (含利用往年贮存量)、贮存量、处置量分别为 138348.6 万 t、20888.6 万 t、47513.7 万 t。我国工业固废利用率不高, 累计堆存量超过 67 亿 t, 堆存占地面积达一百多万亩, 其中农田约 10 万亩。未经处置的工业固体废弃物堆存在城市工业区和河滩荒地上, 经风吹雨淋成为严重的污染源, 使污染事故不断发生。甚至有一些固体废弃物倾倒在江、河、湖泊, 污染水体。年产量最大的是矿山开采和以矿石为原料的冶炼工业产生的固体废弃物, 超过工业固体废弃物产生量的 80%。产生量大的几种工业固体废弃物是: 尾矿 2.47 亿 t, 煤矸石 1.87 亿 t, 粉煤灰 1.15 亿 t, 炉渣 0.90 亿 t, 冶炼废渣 0.8 亿 t。

在所产生的工业固体废弃物中, 33386.6 万吨得到综合利用, 占产生量的 41.7%; 贮存量为 27545.8 万 t, 占产生量的 34.4%; 处理量为 10526.6 万 t, 占产生量的 13.1%; 排放进入环境的废物量为 7048.2 万 t, 占产生量的 8.8%。

55. 我国工业固废的排放地域特点如何?

我国工业固废主要产生地区集中在我国中西部, 其中河北、辽宁、山西、山东、内蒙古、河南、江西、云南、四川和安徽等十个地区的工业固废产生量占全国工业固废产生量的 60% 以上。山西、内蒙古、四川等资源丰富的省份和西部经济欠发达地区, 煤炭资源和火电厂较为集中, 大宗工业固体废物产生量尤其大, 但是受价格、市场、政策等多方面因素的影响, 这些地区的大宗工业固废综合利用规模较小, 综合利用率较低。而我国沿海经济发达地区和中心城市的大宗工业固废综合利用水平较高, 如江苏、浙江、上海等地的工业固废综合利用率已达到 95% 以上, 大宗工业固体废物综合利用的区域发展不平衡问题非常突出。

56. 我国城市生活垃圾的排放现状如何?

1995 年, 中国城市总数已达 640 座, 垃圾清运量达 10750 万 t。1998 年, 我国 668 座城市的生活垃圾清运总量为 1.13 亿 t, 占全世界垃圾总量的 27%, 而且, 我国城市生活垃圾每年增长率为 8%～11.5%, 超过了欧美 6%～10% 的增长速度。预计到 2020 年, 年产生量将达 $2.5 \times 10^8 \sim 5.5 \times 10^8$ t, 将紧随美国之后排在第二位。对于北京、上海之类的特大城市, 垃圾日产量更为可观。

57. 我国市政污泥的排放现状如何?

城市污水处理厂污泥产生于城市生活污水的生化处理阶段, 主要来自于生活污水处理厂的初次和二次沉淀池，是城市生活污水处理时产生的体积最大、最容易产生二次污染的副产品。据计算，处理 1000t 城市生活污水约产生 1t 含水率为 80% 的污泥。随着经济的飞速发展和城镇化进程的深入，我国的城市污水处理量也在逐年增长。按照《国家"十二五"规划纲要》的要求，在"十二五"期间，城市污水处理率达到 80%。环保部等六部委下发的《关于印发〈重点流域水污染防治"十二五"规划编制大纲〉的通知》，要求在"十二五"期间，8 个重点流域的水污染防治，其主要思路就是改善城市水环境质量，提高污水处理率和污水处理水平，并更加强调污泥的处理处置，因此，在下一个十年间，城市污水处理量大幅增长将导致污泥产生量增加。预计到 2020 年，脱水污泥排放量将达到 $3.0 \times 10^7 t/a$（以含水率 80% 计算）。

58. 我国危险废物的排放现状如何？

2002 年，我国工业危险废物产生量约为 1000 万 t，2003 年达 1171 万 t，比 2002 年增加 17%。国家环保部于 2010 年 2 月发布的《第一次全国污染源普查公报》中列出，2007 年我国工业源中，危险废弃物产生量为 4573 万 t，危险废物的产生量呈现出逐年上升的趋势。

2002 年，危险废物的处置率仅为 24.2%，临时贮存量达 383 万 t。2003 年，危险废物的处置率为 32%，临时贮存量为 423 万 t。从 1996 年到 2003 年，全国累计贮存量高达 3056.9 万 t。我国现有的危险废物安全处理处置设施的处置能力不到所需要处理废物量的 5%，大部分危险废物的处理处置水平较低。

59. 我国建筑垃圾的排放现状如何？

改革开放以来，我国开始进行大量的建设，每年施工的建筑达几亿平方米，而且从 1990 年以来施工面积和竣工面积每五年几乎增加一倍。我国已有的房屋建筑面积也大幅增加，其中 1985 年房屋建筑面积约为 23 亿 m^2，其中住宅建筑面积为 11 亿 m^2。由于 80 年代以前建设的大量房屋质量水平和标准都比较低，这二十多亿平方米的建筑大部分将逐步拆除，所以拆除量很大。

2009 年，我国有建筑总面积四百多亿平方米，以每 1 万 m^2 建筑施工过程中产生建筑垃圾 500~600t 的标准推算，我国现有建筑面积至少产生了 20 亿 t 建筑垃圾，占城市垃圾总量的 30%~40%。而据测算，在我国，每建筑 10000m^2，就会产生废弃砖和水泥块等建筑垃圾 600t；每拆迁 1m^2 混凝土建筑，就会产生近 1t 的建筑垃圾。中国工程学院院士、清华大学建筑学院教授江亿说，我国每年的房屋施工面积已超过 6.5 亿 m^2，随之而产生的建筑垃圾也将与日俱增，专家估计这些房子所产生的建筑垃圾将达到 5 亿~7 亿 m^3，这是一个令人震撼的数字。除此之外，旧建筑拆除垃圾也是不容忽视的，每 1m^2 旧建筑拆除约产生 0.5~0.7t 的建筑垃圾，旧房拆除就算仅按新建面积的 10% 计算，就此而产生的建筑垃圾也不是一个小数目；北京市 2001 年的建筑垃圾为 2500 万 m^3 以上，其中很大一部分是旧房拆除过程中所产生的废旧混凝土构件和块体。2004 年，根据北京市垃圾渣土管理处提供的数据，北京市当年就产生的建筑垃圾高达 3000 万 t。

第五节　固体废物管理体系

60. 什么是固体废物管理的三化原则?

《中华人民共和国固体废物污染环境防治法》第三条规定:国家对固体废物污染环境的防治,实行减少固体废物的产生量和危害性、充分合理利用固体废物和无害化处置固体废物的原则,促进清洁生产和循环经济发展。这样,就从法律上确立了固体废弃物污染防治的"减量化、资源化、无害化"基本原则,并以此作为我国固体废物管理的基本技术政策。

61. 什么是固体废物管理的"3R"策略?

在对城市固体废弃物出路的探讨中,3R策略成了当今世界的焦点。所谓3R策略,就是指对固体废弃物减量(Reduce)、重复利用(Reuse)和资源化回收再利用(Recycle)。3R策略,正是通过增强全民环保意识、资源意识,发动全社会的广泛参与,降低废弃物的产生量,减少资源的浪费,把废弃物作为一种资源来看待,以实现可持续发展的战略目标。

62. 什么是固体废物管理的"3C"体系?

3C原则是指避免产生(Clean)、综合利用(Cycle)、妥善处置(Control)。

63. 什么是固体废物处理的"减量"?

减量,顾名思义,就是从源头减少固废的产生量。

64. 为什么要从源头减少固体废物的产生量?

固体废弃物减量势在必行。目前许多国家都开始实施垃圾源头消减计划,提倡在垃圾产生源头通过减少过分包装,对企业排放垃圾数量进行限制以及垃圾收费等措施将垃圾的产生量消减至最低程度。加拿大大温哥华特区的固体废弃物管理机构制订了垃圾减量50%的计划,并得到了社会和民众的支持,取得了不少进展。一些国家和地区甚至在法律上做了明文规定。德国的《垃圾处理法》就有关于避免废物产生、减少废物产生量的内容。这些措施无疑会减少垃圾的最终处置量,降低垃圾的处理费用,减少对宝贵的土地资源的占用。固体废弃物减容,对我国来说,有着更现实的意义。统计数字表明,1996年北京市日产垃圾已达1.2万t。我国人多地少,是一个土地资源匮乏的国度,我们没有更多的地方来摆放一座座不断增加的"景山"。同时我们的经济还不够发达,我们没有更多的资金来对垃圾进行处理。北京市环境卫生管理局的资料表明:目前清运垃圾的实际成本已经达到35元/t,垃圾处理(以无害化处理中最经济的卫生填埋方式计算)60元/t,总计95元/t。以垃圾日产1.2万t计,要使垃圾全部进行无害化处理,北京市每年得花去4.2亿元人民币。如果参照大温哥华特区的做法减容50%,仅垃圾处理的费用北京市每年就能节省2.1亿元。

65. 什么是固体废物处理的"重复利用"?

废弃物的重复利用(Reuse)旨在减少浪费,对同一物体进行多次使用。这不但杜绝了浪费，还节约了资源，减少了固废处理总量。香港特区政府规定，公务员办公用纸的正反面必须得到充分利用之后，方能被当做垃圾扔掉进行回收。日本理光复印机公司每年的产值上千亿元，而每天排放的垃圾还不足 50kg。缘何？仅这企业中，部门与部门之间流通时用的包装箱循环往复，最多达 30 次。面对他山之石，我们不能不低头沉思。中华民族是一个有着艰苦朴素、勤俭持家的优秀传统的民族。"新三年，旧三年，缝缝补补又三年"，我们在废弃物的重复利用方面有着悠久的历史。20 世纪 80 年代，一位日本游客看见北京居民对购物用的塑料袋用了洗，洗了又用时，肃然起敬。那时，塑料制品造成的"白色污染"在发达国家已露端倪，从环保角度考虑，塑料袋的重复利用无愧为既充分利用资源又减少对环境污染的一个好做法。十年后的今天如那位游客再故地重游，看见漫天飞舞的塑料袋不知该作何感想？随着改革开放，经济发展，人们的生活水平有了很大程度上的提高，然而由于缺乏足够的环境意识、资源意识，各种浪费现象日益严重。中华民族的美德哪儿去了？我们没有理由比其他人做得更差。浪费现象，我们每个人身边，我们每个厂家、商家周围有很多，通过废物重复利用，不但能提高资源利用率，节约宝贵的自然资源，而且能给我们带来很大的经济效益。

66. 什么是固体废物处理的"资源化"？

废弃物的资源化回收再利用（Recycle），就是指充分利用垃圾中的各种有用成分，合理开发二次资源。废弃物的充分回收利用必须建立在垃圾分类的基础上。垃圾经过分类，才可将有用物资进行分类回收。在固体废弃物最终处置前，尽量实现有用物资的直接回收利用，这样不仅有利于减少源头垃圾产生量，促进废旧物资的循环利用，而且可以降低垃圾处理费用，简化垃圾处理工艺组合和配套机械设备的配备，减轻垃圾处理的难度。

有关专家曾做过测定，每回收利用 1t 废旧物资，可节约自然资源近 120t，节约标煤 1.4t，还可减少近 10t 的垃圾处理量。根据国家有关部门估算，我国每年还有几百吨废钢铁、废纸未回收利用；每年扔掉六十多亿支废干电池中就有七万多吨锌、16 万 t 二氧化锰、一千二百多吨铜；每年生产的一万多吨牙膏皮，回收率仅为 30%。难怪废旧回收业被经济学家称为"第二矿业"。除了对无机物的回收、提取、利用外，还可对垃圾进行堆肥等微生物过程处理，将堆肥产品用于农田种植、动物饲养、水产养殖和土地改良，达到回收垃圾中有机物的目的。利用垃圾焚烧发电供热，作为另一种资源回收形式，在世界上已被广泛采用。日本的垃圾焚烧率高达 90% 以上。技术人员测算发现：1kg 的垃圾相当于 0.2kg 煤所产生的热量。北京市一年产生的 450 万 t 垃圾就是 90 万 t 煤，而且烧结后的炉渣还可以制砖，做到物尽其用。垃圾是放错了地方的资源，此话不假。我们应理直气壮地向垃圾要资源，向垃圾要效益。以固体废弃物处理为龙头的环保工业，已经成为全球经济的一个新的增长点。

67. 什么是固体废物分类管理制度？

固体废物具有量多面广、成分复杂的特点，需对城市生活垃圾、工业固体废物和危险废物分别管理。《中华人民共和国固体废物污染环境防治法》第 50 条规定："禁止混合收集、贮存、运输、处置性质不相容的未经安全性处理的危险废物，禁止将危险废物混入一般废物中贮存。"

68. 什么是工业固体废物申报登记制度？

为了使环境保护部门掌握工业固体废物和危险废物的种类、产生量、流向以及对环境的影响等情况，进而进行有效的固体废物全过程管理，《中华人民共和国固体废物污染环境防治法》要求实施工业固体废物和危险废物申报登记制度。

69. 什么是"三同时"制度？

固体废物污染环境影响评价制度及其防治设施的"三同时"制度环境影响评价制度和"三同时"制度是我国环境保护的基本制度，《中华人民共和国固体废物污染环境防治法》重申了这一制度。

70. 什么是"排污收费"制度？

固体废物污染与废水、废气污染有着本质的不同，废水、废气进入环境后可以在环境当中经物理、化学、生物等途径稀释、降解，并且有着明确的环境容量。而固体废物进入环境后，不易被其环境体所接受，其稀释降解往往是个难以控制的复杂而长期的过程。严格地说，固体废物是严禁不经任何处置排入环境当中的。根据《中华人民共和国固体废物污染环境防治法》的规定，任何单位都被禁止向环境排放固体废物。而固体废物排污费的交纳，则是对那些按规定或标准建成贮存设施、场所前产生的工业固体废物而言的。

71. 什么是"限期治理"制度？

为了解决重点污染源污染环境问题，对没有建设工业固体废物贮存或处理处置设施、场所或已建设施、场所不符合环境保护规定的企业和责任者，实施限期治理、限期建成或改造。限期内不达标的，可采取经济手段以及停产的手段。

72. 我国关于进口废物的管理制度有哪些？

《中华人民共和国固体废物污染环境防治法》明确规定："禁止中国境外的固体废物进境倾倒、堆放、处置"，"禁止经中华人民共和国过境转移危险废物"，"国家禁止进口不能用作原料的废物、限制进口可以用作原料的废物"。为贯彻这些规定，国家外经贸、国家工商、海关总署和国家商检局1996年联合颁布《废物进口环境保护管理暂行规定》以及《国家限制进口的可用作原料的废物名录》，规定了废物进口的三级审批制度、风险评价制度和加工利用单位定点制度等。在这些规定的补充规定中，又规定了废物进口的装运前检验制度。

73. 什么是"危险废物行政代执行"制度？

危险废物的有害性决定了其必须进行妥善处置。《中华人民共和国固体废物污染环境防治法》规定："产生危险废物的单位，必须按照国家有关规定处置；不处置的由所在地县以上地方人民政府环境保护行政主管部门责令限期改正；逾期不处置或处置不符合国家有关规定的，由所在地县以上地方人民政府环境保护行政主管部门指定单位按照国家有关规定代为处置，处置费由产生危险废物的单位承担。"

74. 什么是危险废物经营许可证？

危险废物的危险特性决定了并非任何单位和个人都可以从事危险废物的收集、贮存、处理、处置等经营活动。必须由具备达到一定设施、设备、人才和专业技术能力并通过资质审查获得经营许可证的单位进行危险废物的收集、贮存、处理、处置等经营活动。

75. 什么是危险废物流向报告单？

也称作危险废物转移联单制度，这一制度是为了保证运输安全、防止非法转移和处置，保证废物的安全监控，防止污染事故的发生。

76. 什么是固体废物的全过程管理？

经历了许多事故与教训之后，人们越来越意识到对固体废物实行源头控制的重要性。由于固体废物本身往往是污染的"源头"，于是出现了从摇篮到坟墓的固体废物全过程管理的新概念，即对固废的产生—收集—运输—综合利用—处理—贮存—处置实行全过程管理，在每一环节都将其作为污染源进行严格的控制。

77. 什么是固体废物的综合管理概念？

照国际通行的定义，固废综合管理是在符合公众健康、经济、工程、维持、美学、环境要求相统一的原则和规范基础上，尊重公众的态度，对固废从产生、贮存、收集、中转、运输、处理到最终处置相关的一系列要求和控制手段。美国的 T. George 在《Integrated Solid Waste Management》一书中，将固废综合管理定义为：为实现特定的废物管理目标，而采用合适的技术、工艺和管理等手段的集成。

综合管理的内容包括与所有解决固废相关的行政、财政、法律、规划、工程技术问题。管理的结果可能涉及政治科学、城市和区域规划、地理学、经济学、公共健康、社会学、人口统计学、传播或交通、保护以及工程和材料科学等复杂和跨学科之间的平衡。

78. 固体废物综合管理有哪些基本特征？

固废综合管理的基本特征如下：

（1）综合的处理方法。固废处理方法多种多样，各种方法都有其优、缺点。建立固废综合管理系统，需要根据本地的固废性质、地理和社会特点，取长避短，优化处理方案，实现环境和经济双赢。目前世界各国一致认为的城市固体废物管理，应遵循对固体废物防治实行减量化、资源化、无害化的三个原则。但在固废的最终处置时，这些原则应采用何种优先排序，需要进一步的进行选择和比较。在固废综合管理中，通过详细的经济和环境评估来优化组合各种类型固废的处理方法。

（2）可持续发展的环境。固废综合管理的目标是实现环境的可持续发展，这种目标不仅体现在资源化和无害化处理上，还体现在固废处理方法的制定是建立在对整个生命周期所涉及的所有环境与资源问题的分析与评估上。

（3）最优化的经济成本。固废综合管理不仅实现环境的可持续发展，同时还为了降低整个管理系统的经济运行成本，实现经济可承受。这里的经济成本，不仅包括直观的、可见的费用，还包括无形的环境经济成本。

（4）社会的广泛支持：社会的广泛支持是固废综合管理系统正常运行的必要条件。固废综合管理需要社会的配合和参与，而一个有效的管理系统可以增加公众的信任度和参与热情，促进管理系统的完善。

79. 固体废物综合管理体系范畴是什么？

固废综合管理已经从末端管理延伸至产品的原材料选择、设计、商品包装和销售等环节，以便更有力地控制固废的产生。

固废综合管理体系范畴如图 1-1 所示。

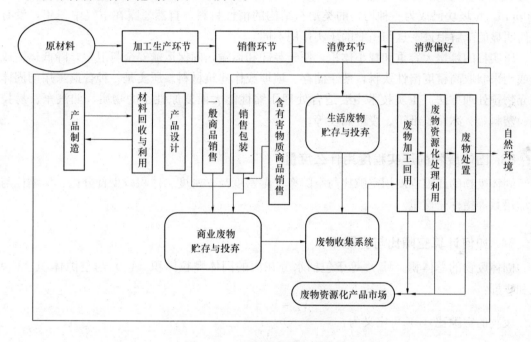

图 1-1   固废综合管理体系范畴

第六节   固体废物处理技术

80. 固体废物处理技术包括哪些？

固体废弃物处理通常是指通过物理、化学、生物、物化及生化方法把固体废物转化为适于运输、贮存、利用或处置固体废物的过程。固体废物处理技术涉及物理学、化学、生物学、机械工程等多种学科，目前采用的主要方法包括：压实、破碎、分选、固化、焚烧、生物处理以及填埋处理等，其中，压实、破碎、分选一般被称为预处理技术。

81. 固体废物预处理技术包括哪些？

固体废物的预处理：在对固体废物进行综合利用和最终处理之前，往往需要实行预处理，以便于进行下一步处理。

预处理主要包括固体废物的压实、破碎、分选、脱水等工序。

82. 什么是固体废物的压实?

固废压实是利用机械的方法减少垃圾的空隙率,将空气挤压出来增加固体废物的聚集程度,增大容重的一种操作技术。

压实的原理主要是减少空隙率,将空气压掉。如若采用高压压实,除减少空隙外,在分子之间可能产生晶格的破坏使物质变性。例如,日本采用高压压实的现代化方法处理城市垃圾,压力采用 $258kg/cm^2$,制成垃圾密度为 $1125.4\sim1380kg/m^3$ 压实块。由于高压,在压缩过程中挤压及升温使垃圾中 BOD 从 6000ppm 降到 200ppm,COD 从 8000ppm 降到 150ppm,垃圾块已成为一种均匀的类塑料结构的惰性材料,自然暴露在空气中三年,没有任何明显的降解痕迹。这与一般的压实作用不同。

压实目的是增大容重和减小体积,便于装卸和运输,确保运输安全与卫生,降低运输成本或用来制取高密度惰性块料,便于储存、填埋或作建筑材料。压实是一种普遍采用的固体废弃物预处理方法。压实技术主要适合处理压缩性能大而复原性小的物质,如汽车、易拉罐、塑料瓶、冰箱、纸箱、废金属丝等。

83. 固体废物的压实程度用什么度量?

固体废物的压缩程度用空隙比与空隙率、湿密度与干密度、体积减少百分比、压缩比与压缩倍数等指标来度量。

84. 如何计算空隙比与空隙率?

固体废物的总体积(V_m)等于包括水分在内的固体颗粒体积(V_s)与空隙体积(V_v)之和。即:

$$V_m = V_s + V_v$$

废物的空隙比(e)可定义为:

$$e = \frac{V_v}{V_s}$$

废物的空隙率(ε)可定义为:

$$\varepsilon = \frac{V_v}{V_m}$$

85. 如何计算实密度与干密度?

忽略空隙中的气体质量,固体废物的总质量(W_h)就等于固体废物质量(W_s)与水分质量(W_w)之和,即:

$$W_h = W_s + W_w$$

固体废物的湿密度(D_w):

$$D_n = \frac{W_h}{V_m}$$

固体废物的干密度(D_d):

$$D_d = \frac{W_s}{V_m}$$

86. 如何计算体积减少百分比？

体积减少百分比（R）用下式表示：

$$R = \frac{V_i - V_f}{V_i} 100\%$$

式中　R——体积减少百分比，%；

V_i——压实前废物的体积，m^3；

V_f——压实后废物的体积，m^3。

87. 如何计算压缩比与压缩倍数？

压缩比（r）可定义为：

$$r = \frac{V_f}{V_i} \quad (r \leqslant 1)$$

显然，r 越小，证明压实效果越好。

压缩倍数（n）可定义为：

$$n = \frac{V_i}{V_f} \quad (n \geqslant 1)$$

式中　V_i——压实前废物的体积，m^3；

V_f——压实后废物的体积，m^3。

88. 举例说明固废的压实流程？

例如，国外垃圾的压实工艺流程如图 1-2 所示。

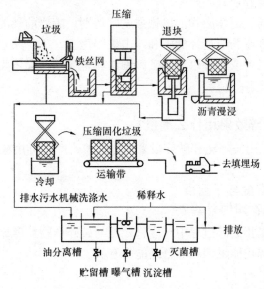

图 1-2　城市垃圾压缩处理工艺流程

生活垃圾→预压缩→金属铁丝网包紧→主压缩（160～200kgf/cm²，压缩比约 1/5）→捆扎→沥青（柏油）中浸渍约 10s 进行沥青（180～200℃）包覆→约 1t 重的垃圾捆包（容重可达 1125～1380kg/m³）→填埋。

89. 什么是固体废物的破碎？

破碎是指利用外力克服固体废物质点间的内聚力而使大块固体废物分裂成小块的过程。分离成小块的固废还可以进行粉磨，使小块固体废物颗粒分裂成细粉。

破碎的目的有以下几点：

（1）减容，便于运输和储存。

（2）为分选提供所要求的入选粒度。

（3）增加比表面积，提高焚烧、热分解、熔融等作业的稳定性和热效率。

（4）若下一步需进行填埋处置时，破碎后压实密度高而均匀，可加快复土还原。

（5）防止粗大、锋利的固体废物损坏分选等其他设备。

90. 影响固体废物破碎效果的因素有哪些？

影响破碎效果的主要因素是物料机械强度和破碎力。物料机械强度越大越不利于破碎，破碎力越大越利于破碎。

物料机械强度由物料的硬度、韧性、解理、脆性及结构缺陷等决定。硬度越大越不利于破碎。韧性大的物料不易破碎且不易磨细。解理多的物料容易破碎。结构缺陷越多越有利于破碎。

91. 固体废物的破碎方法有哪些？如何选择？

固体废弃物的破碎方法很多，主要有冲击破碎、剪切破碎、挤压破碎、摩擦破碎等。此外，还有专有的低温破碎和混式破碎等。

选择破碎方法时，需视固体废物的机械强度，特别是废物的硬度而定。坚硬物应选择挤压破碎和冲击破碎；脆性废物应选择劈碎和冲击破碎为宜。

一般破碎机都是由两种或两种以上的破碎方法联合作用对固体废物进行破碎的，例如压碎和折断、冲击破碎和磨碎等。

92. 固体废物的破碎效果用什么度量？

固体废物的破碎效果用破碎比和破碎段来度量。破碎产物可用粒径及粒径分布等指标来度量。

93. 什么是破碎比？如何计算？

（1）定义：破碎比是指破碎过程中原废物粒度与破碎产物粒度比值，即废物粒度在破碎过程中减少的倍数与破碎机能量消耗和处理能力有关。

（2）计算方法

★极限破碎比：即破碎前最大粒度（D_{max}）与破碎后最大粒度（d_{max}）的比值所得到的破碎比，即：$I=D_{max}/d_{max}$。

★真实破碎比：即破碎前平均粒度（D_{cp}）与破碎后平均粒度（d_{cp}）的比值所得到的破碎比，即：$I=D_{cp}/d_{cp}$。

一般破碎机的真实破碎比在 3～30 之间，磨碎机真实破碎比可达 40～400 以上。

94. 什么是破碎段？

固体废物每经过一次破碎机或磨碎机称为一个破碎段。

若要求破碎比不大，一段破碎即可满足。但对固体废物的分选，例如，浮选、磁选、电选等工艺来说，如果要求的入选粒度很细，破碎比很大，就需要几台破碎机串联，或根据需要把破碎机和磨碎机依次串联。

对固体废物进行多次（段）破碎，其总破碎比等于各段破碎比（i_1，i_2，…，i_n）的乘积。

破碎段数是决定破碎工艺流程的基本指标，它主要决定破碎废物的原始粒度和最终粒度。破碎段数越多，破碎流程就越复杂，工程投资相应增加。

95. 什么是粒径和粒径分布？

粒径是表示颗粒大小的参数，常用的有球体等效直径、有效直径、统计直径和筛径等。

粒度分布是表示固体颗粒群中不同粒径颗粒的含量分布情况，常用的有累积粒度分布和频度粒度分布。

96. 什么是低温破碎和湿式破碎？

对于在常温下难以破碎的韧性固体废物，可以利用其低温变脆的性能而有效地进行破碎，也可以利用不同的物质脆化温度的差异进行选择性地破碎，即所谓低温破碎技术。低温破碎通常采用液氮作为制冷剂，液氮具有制冷温度低、无毒、无爆炸危险等优点。

湿式破碎适用于含水量大的固体废物，如餐厨垃圾等，利用剧烈搅拌和破碎成为浆液。

97. 举例说明固废的破碎工艺流程？

根据固体废物的性质、粒度大小，要求的破碎比和破碎机的类型，每段破碎流程可以有不同的组合方式。破碎基本工艺流程如图 1-3 所示。

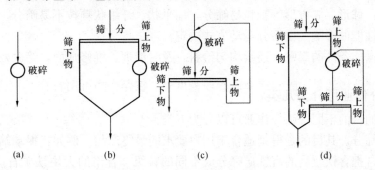

图 1-3　破碎基本工艺流程
（a）单纯破碎工艺；（b）带预先筛分破碎工艺；（c）带检查筛分破碎工艺；（d）带预先筛分和检查筛分破碎工艺

（1）单纯破碎工艺。具有简单、操控方便、占地少等优点，但只适用于对破碎产品粒度要求不高的场合。

（2）带预筛分破碎工艺。相对减少了进入破碎机的总给料量，有利于节能。

（3）带检查筛分破碎工艺。可获得全部符合粒度要求的产品。

（4）带预筛分和检查筛分破碎工艺。

98. 什么是固体废物的分选？

固体废物的分选是利用固体废物的物理和物理化学性质，将固体废物中可回收利用的或不利于后续处理和处置工艺要求的物料采用适当的工艺分离出来的过程。

分选原理：根据物质的粒度、密度、磁性、电性、光电性、摩擦性、弹性以及表面润湿性等性质的差异而进行分离的。

分选分为筛选（筛分）、重力分选、磁力分选、电力分选、光电分选、摩擦弹性分选以及浮选等。

99. 分选效果用什么指标评价？

分选效果采用回收率和品位（纯度）作为评价指标。

回收率是指单位时间内从某一排料口中排出的某一组分的质量与进入分选机的这种组分的质量之比。

品位（纯度）是指某一排料口排出的某一组分的质量与从这一排料口排出的所有组分质量之比。

100. 筛分原理是什么？影响筛分的因素有哪些？

筛分原理：利用筛子将物料中小于筛孔的细粒颗粒透过筛面，而将大于筛孔的粗粒颗粒留在筛面上，完成粗、细颗粒分离的过程。

影响筛分效率的因素有：

（1）物料性质的影响。

筛分物料的尺寸：小于0.75筛孔尺寸的颗粒容易筛分，而大于0.75筛孔尺寸的颗粒不易筛分。

垃圾含水率及含泥率：含水率越高越不易筛分；含泥率越高越不易筛分。

颗粒形状：球形、立方形等颗粒易筛分，扁平状、纤维状颗粒不易筛分。

（2）设备性能的影响。由筛分运动方式决定。

（3）筛分操作条件的影响。连续均匀给料，及时清理、维修筛面，筛分效率就高。

101. 筛分作业可分为几类？

根据筛分的目的不同，筛分作业可以分为五类：

（1）独立筛分。其目的是得到适合于用户要求的最终产品。例如：振动筛分仪，在黑色冶金工业中，常把含铁较高的富铁矿筛分成不同的粒级，合格的大块铁矿石进入高炉冶炼，粉矿则经团矿或烧结制块入炉。

（2）辅助筛分。这种筛分主要用在选矿厂的破碎作业中，对破碎作业起辅助作用。一般又有预先筛分和检查筛分之别。预先筛分是指矿石进入破碎机前进行的筛分，用筛子从矿石中分出对于该破碎机而言已经是合格的部分，如粗碎机前安装的格条筛、筛分，其筛下产品。这样就可以减少进入破碎机的矿石量，可提高破碎机的产量。

（3）准备筛分。其目的是为下一作业做准备。如重选厂在跳汰前要把物料进行筛分分级，把粗、中、细不同的产物进行分级跳汰。

（4）选择筛分。如果物料中有用成分在各个粒级的分布差别很大，则可以筛分分级得到质量不同的粒级，把低质量的粒级筛除，从而相应提高了物料的品位，有时又把这种筛分叫筛选。

（5）脱水筛分。筛分的目的是脱除物料的水分，一般在洗煤厂比较常见。此外，物料含水泥较高时，也用筛分进行脱泥。

102. 重力分选原理是什么？影响重力分选的因素有哪些？

重力分选是根据固体废物中不同物质颗粒间的密度差异，在运动介质中受到重力、介质动力和机械力的作用，使颗粒群产生松散分层和迁移分离，从而得到不同密度产品的分选过程。颗粒在介质中的沉降是重力分选的基本行为。密度和粒度不同的颗粒根据其在介质中沉降速度的不同而分离。

$$u = \sqrt{\frac{\pi d C^2 (\rho_s - \rho) g}{6 \varphi \rho}}$$

影响重力分选的因素有：颗粒的尺度，颗粒与介质的密度差以及介质的黏度。

按介质不同，重力分选可分为重介质分选、跳汰分选、风力分选和摇床分选等。

103. 重力分选的工艺特点是什么？

（1）固体废物颗粒之间存在密度差；

（2）分选过程是在运动介质中进行的；

（3）在重力、介质动力和机械力的共同作用下，使颗粒群松散并分层；

（4）分层的物料在运动介质流的推动下互相迁移，彼此分离，并获得不同密度的最终产品。

104. 如何判断物料重力分选的适宜性？

不同密度矿物分选的难易度可以大致地按其等降比（e）进行判断。

$$e = \frac{\rho_2 - \rho}{\rho_1 - \rho}$$

$e > 5$：极易重力分选的物料，除极细（$5 \sim 10 \mu m$）细泥外，各粒度的物料都可用重力分选法选别；

$2.5 < e < 5$：属易选物料；

$1.75 < e < 2.5$：属较易选物料；

$1.5 < e < 1.75$：属较难选物料，重力分选的有效选别粒度下限一般为 0.5mm；

$1.25 < e < 1.5$：属难选物料，重力分选法只能处理不小于数毫米的粗粒物料，分离效率一般不高；

$e < 1.25$：属极难选的物料，不宜采用重力分选。

105. 磁力分选原理是什么？影响磁力分选的因素有哪些？

磁选是利用固体废物中各种物质的磁性差异在不均匀磁场中进行分选的一种处理方法。适用于固体废物中磁性物质的回收，磁选常用于固体废物中的铁、镍等的分选。

物质按磁性大小可分为强磁性、弱磁性和非磁性等组分。

 ## 106. 磁力分选的分离条件是什么？

若作用在磁性物体上的磁力大于作用于磁性物体上的机械力的合力（重力、离心力、静电力、介质阻力等），则为磁性产品，可以通过磁力分选分离；若作用在非磁性物体上的磁力小于作用于磁性物体上的机械力的合力（重力、离心力、静电力、介质阻力等），则为非磁性产品，无法通过磁力分选分离。

 ## 107. 电力分选原理是什么？

一般物质按电性可分为导体、半导体和非导体，它们在高压电场中有不同的运动轨迹。电力分选就是利用固体废物中各组分在高压电场中运动轨迹的差异而进行分选。当固体颗粒进入电选机的高压电场中时，由于在电场的作用下被极化而带负电荷，被吸附在滚筒的表面（滚筒接地，带正电），由于导体的导电性较好，能够迅速将所带的电荷传递给滚筒（正极）而不受正极的吸引作用，在重力的作用下而落下；而非导体由于放电较慢，被吸附在滚筒表面随其旋转而被带到后方，被毛刷强制刷下，从而实现了导体和非导体的分离。

电力分选主要用于对导体和非导体进行分离，如粉煤灰中的碳的分选，生活垃圾中有色金属的分选等。

 ## 108. 什么是光电分选？

光电分选是利用物质表面光反射特性的不同而分离物的方法。可用于从城市垃圾中回收橡胶、塑料、金属、玻璃等物质，或不同颜色垃圾的分离。

 ## 109. 什么是浮选？浮选的原理是什么？

浮选是根据不同物质被水润湿程度的差异而对其进行分离的过程。

物质的天然可浮选性差异较小，浮选是通过在固体废物与水调制的料浆中，加入浮选药剂，并通入空气形成无数细小气泡，使目的颗粒黏附在气泡上，随气泡上浮于料浆表面成为泡沫层，然后刮出回收；不浮的颗粒仍留在料浆内，通过适当处理后废弃。

 ## 110. 固体废弃物中的水分分为几部分？如何脱除？

固体废弃物中的水分分为间隙水、毛细管结合水、表面吸附水、内部结合水四个部分。

间隙水：存在颗粒间隙中的水，约占固体废物中水分的70%左右，用浓缩法脱除。

毛细管结合水：颗粒间形成一些小的毛细管，在毛细管中充满的水分，约占水分的20%左右，采用高速离心机脱水、负压或正压过滤机脱除。

表面吸附水：吸附在颗粒表面的水，约占水分的7%，加热法脱除。

内部（结构）水：在颗粒结构内部或微生物细胞内的水，约占水分的3%，可采用生物法破坏细胞膜除去胞内水或用高温加热法、冷冻法脱除。

 ## 111. 什么是固体废弃物的固化技术？

固化是利用物理或化学的方法将有害的固体废物与能聚结成固体的某种惰性基材混合，

从而使固体废物固定或包容在惰性固体基材中，使之具有化学稳定性或密封性的一种无害化处理技术。

固化所用的惰性材料称为固化剂，经固化处理后的固化产物称为固化体。

固体废物固化的目的是将有毒废物转化为化学或物理上稳定的物质，因此要求处理后所形成的固化体应有良好的抗渗透性、抗浸出性、抗冻融性并具有一定的机械强度和稳定的物理化学性质。

112. 固体废弃物固化技术有哪些？

根据所用固化剂的不同，固化技术可分为水泥固化、石灰固化、热塑性材料固化、热固性材料固化，自胶结固化、玻璃固化和大型包封法等。

113. 水泥固化的优缺点有哪些？

水泥固化是一种以水泥为固化基材的固化方法，使危险废物被包封在水泥固化体中不能泄出和溶出。因为水泥原料便宜易得，固化工艺和设备简单，形成的固化体坚硬，因此成为最常用的固化技术之一。水泥固化技术最适用于无机类型的废物，尤其是对含高毒重金属废物的处理特别有效，且是最经济的。但是水泥固化的增容比较大，如固化体最终采取填埋法处置，则所占土地面积会增大较多；其次，水泥固化体抗酸性能较差，在酸性环境中，固化的重金属离子将会溶出。此外，水泥固化体中存在很多的孔隙，固化体中污染物的溶出率比较高，需作涂覆处理或需要加入添加剂。

114. 沥青固化的优缺点有哪些？

沥青是一种热塑性的固化基材。沥青固化法开始用于处理放射性废物，而后发展到处理工业上含有重金属的污泥。由于沥青具有化学惰性，不溶于水，具有一定的可塑性和弹性，对于废物具有典型的包容效果。此法要求将废物脱水后，在高温下与沥青混合、冷却、固化。若废弃物中含有强氧化物质时（如次氯酸钠、高氯化物等），能与沥青产生化学反应，则不能用沥青作为固化剂。该法的主要缺点是在高温下进行操作，较为耗费能源，操作过程中会产生大量的挥发性物质，其中有些是有害的物质，从而带来二次污染。此外，若废物中含有影响稳定的热塑性物质或溶剂，可能会影响固化效果。

115. 自胶结固化的优缺点有哪些？

自胶结固化技术是利用废物自身的胶结特性来达到固化目的的技术。如含有大量硫酸钙或亚硫酸钙的泥渣在一定的条件下进行焚烧，使其部分脱水至产生有胶结作用的亚硫酸钙或半水硫酸钙状态，然后与特制的添加剂和填料混合成稀浆，经凝结硬化形成自胶结固化体。自胶结固化法工艺简单，不需要加入大量添加剂，所采用的填料——粉煤灰，是工业上的以废治废，且凝结硬化时间较短，经过固化后的泥渣不需要完全脱水。其主要缺点是应用面较窄。此法只适用于含有大量硫酸钙和亚硫酸钙的废物，需要熟练的操作技术和较复杂的设备，焚烧泥渣需消耗一定的能量等。

116. 玻璃固化的优缺点有哪些？

利用制造陶瓷或玻璃的成熟技术，将废物与玻璃原料混合，加热至 900～1200℃ 后，再冷却形成类似玻璃的固化体。这种凝固作用所产生的固化体性质极为稳定，可以很安全地抛弃并填埋于土地中，不会有污染现象产生。此法适用于具有很大危险性的化学废料及强放射性物质的处置，但处理成本较高。

117. 简述固体废弃物固化处理的基本步骤？

有的是将有害物质通过化学转化或引入某种稳定的晶格中的过程，也有的是将有害废物用惰性材料加以包容的过程，或是上述两种过程兼而有之。

（1）废物预处理：为避免废物中所含的许多化合物干扰固化过程，必须对收集的固体废物进行分选、干燥、中和、破坏氰化物等物理的和化学的预处理。

例如：用水泥做固化剂时，锰、锡、铜、铝的可溶性盐类会延长凝固时间并降低固化体的物理强度；过量的水也会阻碍固化过程，含酸性物质过多则会使固化剂用量增加等。

（2）加入填充剂及固化剂：其用量一般根据实验结果来确定。

（3）混合和凝硬：将废物和固化剂在混合设备中均匀混合，然后送到硬化池或处置场地中放置一段时间，使之凝硬完成硬化过程。

（4）固化体的处理：根据所处理的废物的特性将固化体填埋或加以利用。

118. 如何评价固体废弃物的固化效果？

固化处理效果常用浸出率、增容比以及固化体再利用时的抗压强度等物理、化学指标予以评价。

（1）浸出率：是指固化体浸于水中或其他溶液中时，其中有毒（害）物质的浸出速度。其数学表达式如下：

$$R_{in} = \frac{a_r / A_0}{(F/M)t}$$

式中　R_{in}——标准比表面的样品每天浸出的有害物质的浸出率，$g/(d \cdot cm^2)$；

　　a_r——浸出时间内浸出的有害物质的量，mg；

　　A_0——样品中含有的有害物质的量，mg；

　　F——样品暴露的表面积，cm^2；

　　M——样品的质量，g；

　　t——浸出时间，d。

（2）增容比：是指所形成的固化体体积与被固化有害废物体积的比值，它是鉴别处理方法好坏和衡量最终成本的一项重要指标。

$$C_i = V_2 / V_1$$

式中　C_i——增容比；

　　V_2——固化体体积，m^3；

　　V_1——固化前有害废物的体积，m^3。

（3）抗压强度：是保证固化体安全贮存的重要指标。

对于一般的危险废物，经固化处理后得到的固化体，若进行处置或装桶贮存，对抗压强度要求较低，控制在 0.1～0.5MPa 即可；作为填埋处理无侧限抗压强度大于 50kPa；作为建筑填土无侧限抗压强度大于 100kPa；作建筑材料固化体抗压强度应大于 10MPa。对于放射性废物，其固化产品的抗压强度，前苏联要求大于 5MPa，英国要求达到 20MPa。一般情况下，固化体的强度越高，其中有毒有害组分的浸出率也越低。

119. 什么是固体废弃物的焚烧处理？

焚烧法是一种高温热处理技术，即以一定的过剩空气量与被处理的有机废物在焚烧炉内进行氧化分解反应，废弃物中的有毒有害物质在高温中氧化、热解而被破坏。

利用焚烧技术处理固体废物，具有显著的减量化、处理快速、消灭病原菌等特点。焚烧处理法处理量大、无害化彻底，焚烧后的废渣无毒无害，是建材的优良原料，热能可以回收利用，是资源化的又一途径。

然而，固体废弃物的焚烧处理存在着大气污染问题，它排出的硫氧化物、氮氧化物等气体对大气有着一定的威胁。焚烧处置技术对环境的最大影响是尾气造成的污染，为了防止二次污染，城市固体废物的处理执行该方法时，要提高工况控制和尾气净化，这是减少该方法污染控制的关键。

120. 影响固体废物焚烧处理的主要因素有哪些？这些因素对固体废物焚烧处理有何重要影响？为什么？

影响固体废物焚烧处理的主要因素有：

（1）固体废物性质。在很大程度上，固体废物性质是判断其是否适合进行焚烧处理以及焚烧处理效果好坏的决定性因素。

（2）焚烧温度。焚烧温度对焚烧处理的减量化程度和无害化程度有决定性影响。

（3）停留时间。物料停留时间主要是指固体废物在焚烧炉内的停留时间和烟气在焚烧炉内的停留时间。固体废物停留时间取决于固体废物在焚烧过程中蒸发、热分解、氧化还原反应等反应速率的大小。

（4）供氧量和物料混合程度。空气不仅可起到助燃作用，同时也起到冷却、搅动炉气以及控制焚烧炉气氛等作用。

除固体废物性质、物料停留时间、焚烧温度、供氧量、物料的混合、炉气的滞留程度外，其他如固废物料层厚度、运动方式、空气预热温度、进气方式、燃烧器性能、烟气净化系统阻力等，也会影响固体废物焚烧过程的进行。

121. 什么是固体废弃物的生物处理？

固体废弃物的生物处理就是利用微生物的作用处理固体废物。其基本原理是利用微生物的生物化学作用，将复杂有机物分解为简单物质，将有毒物质转化为无毒物质。沼气发酵和堆肥即属于生物处理法。

122. 什么是固体废弃物的填埋处理？

填埋技术即是利用天然地形或人工构造，形成一定空间将固体废物填充、压实、覆盖达到贮存的目的。该方法的实质是将固体废物铺成一定厚度的薄层后加以压实并覆盖土层的处置技术。土地填埋并不是简单意义上的填与埋，而是经过科学的选址、必要的场地防护处理和具有严格管理制度的工程体系。由于土地填埋具有技术成熟、投资少、处理量大、运行费用低、管理运输方便、能处理多种类型的废物、填埋场产生的沼气可作为能源利用等诸多优点而在我国城市废物处理得到广泛应用。土地填埋是固体废物最终归宿或最终处置并且是保护环境的重要手段，对于危险废物可能需要进行固化，稳定化处理，对填埋场则需要做严格的防渗构造。填埋是我国乃至世界目前生活垃圾处理的主要方式。

填埋处理存在的主要缺点为：占用土地量大，而且，垃圾中的有机物产生的渗滤液和臭气是造成周围地表、地下水、土壤、大气等环境二次污染的主要来源。由于填埋场一般都建在远郊，造成运输成本较高，垃圾全部填埋处理也浪费了可回收利用的资源。由于存在这些缺点，特别是垃圾填埋产生的渗滤液污染治理难度大，国外正在逐步减少垃圾直接填埋量，尤其在欧盟各国，已强调垃圾填埋只能是最终处置的手段，并规定在 2005 年以后，有机物含量大于 5％的垃圾不能进入填埋场。瑞士和奥地利分别于 2000 年和 2004 年取消城市生活垃圾直接进行填埋处理。这些措施将有利于垃圾资源再生利用率的提高，同时也会对垃圾填埋场的污染控制和治理产生积极影响。

第二章
国内外固体废物处置法规、标准和有关政策

第一节 我国有关法律、法规和政策

 123. 我国固体废物处置相关法律、法规有哪些?

《中华人民共和国固体废物污染环境防治法》;

《中华人民共和国环境保护法》;

《中华人民共和国水污染防治法》;

《中华人民共和国大气污染防治法》;

《中华人民共和国循环经济促进法》;

《中华人民共和国清洁生产促进法》;

《中华人民共和国节约能源法》;

《中华人民共和国可再生能源法》;

《国家鼓励的资源综合利用认定管理办法》。

 124. 我国关于固体废物资源综合利用相关政策有哪些?

2006年国家环境保护总局发布《大中城市固体废物污染环境防治信息发布导则》,提出定期发布固体废物污染环境防治信息。

2010年国家发展和改革委员会、科学技术部、工业和信息化部、国土资源部、住房和城乡建设部、商务部组织编写了《中国资源综合利用技术政策大纲》。大纲包括了在矿产资源开采过程中对共生、伴生矿进行综合开发与合理利用的技术;对生产过程中产生的废渣、废水(废液)、废气、余热、余压等进行回收和合理利用的技术;对社会生产和消费过程中产生的各种废弃物进行回收和再生利用的技术。

2011年国务院印发《国家环境保护"十二五"规划》(国发〔2011〕42号)提出加强危险废物污染防治;加大工业固体废物污染防治力度;提高生活垃圾处理水平。

2011年国家发展改革委印发了《"十二五"资源综合利用指导意见》和《大宗固体废物综合利用实施方案》。意见提出到2015年大宗固体废物综合利用率达到50%,工业固体废物综合利用率达到72%。实施方案提出通过重点工程,新增3亿t的年利废能力。基本形成技术先进、集约高效、链条衔接、布局合理的大宗固体废物综合利用体系。

2011年国务院印发《"十二五"节能减排综合性工作方案》(国发〔2011〕26号),方案提出加强共伴生矿产资源及尾矿综合利用,建设绿色矿山。推动煤矸石、粉煤灰、工业副产石膏、冶炼和化工废渣、建筑和道路废弃物以及农作物秸秆综合利用、农林废物资源化利用,大力发展利废新型建筑材料。废弃物实现就地消化,减少转移。到2015年,工业固体废物综合利用率达到72%以上。鼓励开展垃圾焚烧发电和供热、填埋气体发电、餐厨废弃物资源化利用。鼓励在工业生产过程中协同处理城市生活垃圾和污泥。

2012年国务院印发《"十二五"节能环保产业发展规划》(国发〔2012〕19号),提出资源循环利用产业重点领域加强煤矸石、粉煤灰、脱硫石膏、磷石膏、化工废渣、冶炼废渣等大宗工业固体废物的综合利用,研究完善高铝粉煤灰提取氧化铝技术,推广大掺量工业固体废物生产建材产品。研发和推广废旧沥青混合料、建筑废物混杂料再生利用技术装备。推广建筑废物分类设备及生产道路结构层材料、人行道透水材料、市政设施复合材料等技术。

2012 年国务院印发《"十二五"国家战略性新兴产业发展规划》(国发〔2012〕28 号)将固体废物资源化利用作为重点发展方向和主要任务之一。

2012 年科技部、发展改革委、工业和信息化部、环境保护部、住房城乡建设部、商业部、中国科学院等联合制定了《废物资源化科技工程"十二五"专项规划》,提出"十二五"期间,重点选择再生资源、工业固废、垃圾与污泥等量大面广和污染严重的废物,以废物资源化全过程清洁控制为基本前提,加强废物循环利用理论研究,大力推进废物资源化全过程污染控制技术研发,发展废物预处理专用技术,加快废物资源化利用技术研发,形成 100 项左右重大核心技术,开发 100 项左右市场前景好、附加值高的废物资源化产品。

2012 年工业和信息化部印发了《2012 年工业节能与综合利用工作要点》,提出大力推进资源综合利用,加快发展循环经济,推进工业固废综合利用基地建设,加强资源综合利用技术示范和认定,切实加强资源再生利用,推进建筑垃圾综合利用。

125. 固体废物资源综合利用现行税收优惠政策有哪些?

《关于资源综合利用及其他产品增值税政策的通知》(财税〔2008〕156 号);

《关于再生资源增值税政策的通知》(财税〔2008〕157 号);

《关于以农林剩余物为原料的综合利用产品增值税政策的通知》(财税〔2009〕148 号);

《资源综合利用企业所得税优惠目录》(财税〔2008〕47 号);

《环境保护、节能节水项企业所得税优惠目录(试行)》(财税〔2009〕166 号)。

126. 我国生活垃圾处置相关政策有哪些?

2010 年 4 月 22 日,住房城乡建设部、国家发展改革委、环境保护部共同发布了《生活垃圾处理技术指南》(建城〔2010〕6 号)。该指南旨在进一步提高我国生活垃圾无害化处理的能力和水平,指导各地选择适宜的生活垃圾处理技术路线,有序开展生活垃圾处理设施规划、建设、运行和监管工作。其中水泥窑协同处理生活垃圾技术也被列入。

2011 年国务院批转住房城乡建设部等部门《关于进一步加强城市生活垃圾处理工作意见的通知》指出要加强资源利用。全面推广废旧商品回收利用、焚烧发电、生物处理等生活垃圾资源化利用方式。加强可降解有机垃圾资源化利用工作,组织开展城市餐厨垃圾资源化利用试点,统筹餐厨垃圾、园林垃圾、粪便等无害化处理和资源化利用,确保工业油脂、生物柴油、肥料等资源化利用产品的质量和使用安全。加快生化物质能源回收利用工作,提高生活垃圾焚烧发电和填埋气体发电的能源利用效率。

2012 年 4 月,国务院办公厅印发《"十二五"全国城镇生活垃圾无害化处理设施建设规划》(国办发〔2012〕23 号),规划中指出"十二五"期间,规划新增生活垃圾无害化处理能力 58 万 t/d,其中,设市城市新增能力 39.8 万 t/d,县城新增能力 18.2 万 t/d。到 2015 年,全国形成城镇生活垃圾无害化处理能力 87.1 万 t/d,基本形成与生活垃圾产生量相匹配的无害化处理能力规模。

127. 我国污泥处置相关政策有哪些?

2009 年环保部发布《城镇污水处理厂污泥处理处置及污染防治技术政策(试行)》,鼓励回收和利用污泥中的能源和资源。坚持在安全、环保和经济的前提下实现污泥的处理处置和综合利用，达到节能减排和发展循环经济的目的。污泥处置的技术路线包括土地利用、园林绿化、盐碱地、沙化地和废弃矿场土地改良、农用、建筑材料综合利用以及填埋。

2010 年环保部发布《关于加强城镇污水厂污泥污染防治工作的通知》，强调要因地制宜，推动通过填埋、焚烧、建材综合利用，现有工业窑炉（如电厂锅炉、水泥窑等）共处置方式，提高污泥无害化处置率。

2010 年环境保护部发布《城镇污水处理厂污泥处理处置污染防治最佳可行技术指南（试行）》（HJ—BAT—002），提出了污泥厌氧消化技术、好氧发酵技术、土地利用技术、焚烧技术的工艺、产污环节及污染防治最佳可行性技术。

2011 年住房城乡建设部、国家发展改革委共同组织编制了《城镇污水处理厂污泥处理处置技术指南（试行）》，用于城镇污水处理厂污泥处理处置技术方案选择及全过程的管理，指导污泥处理处置设施的规划、设计、环评、建设、验收、运营和管理。

2011 年国家发展改革委和住房城乡建设部发布《关于进一步加强污泥处理处置工作组织实施示范项目的通知》，通知强调要提高认识，高度重视污泥处理处置工作。

2012 年 4 月，国务院办公厅印发《"十二五"全国城镇污水处理及再生利用设施建设规划》，规划中指出"十二五"期间，全国规划建设城镇污泥处理处置规模 518 万 t/a。其中，省市城市 383 万 t/a，县城 98 万 t/a，建制镇 37 万 t/a；东部地区 288 万 t/a，中部地区 124 万 t/a，西部地区 106 万 t/a。采用多种技术处理处置污泥，尽可能回收和利用污泥中的能源和资源。鼓励将污泥经厌氧消化产沼气或好氧发酵处理后严格按国家标准进行土壤改良、园林绿化等土地利用，不具备土地利用条件的，可在污泥干化后与水泥厂、燃煤电厂等协同处置或焚烧。作为近期的过渡处理处置方式，可将污泥深度脱水和石灰稳定后进行填埋处置。

128. 我国危险废物处置相关政策有哪些？

2001 年 12 月，国家环境保护总局、国家经济贸易委员会、科学技术部联合发布了《危险废物污染防治技术政策》（环发〔2001〕199 号），提出了危险废物的产生、收集、运输、分类、检测、包装、综合利用、贮存和处理处置等全过程污染防治的技术选择，并指导相应设施的规划、立项、选址、设计、施工、运营和管理，引导相关产业的发展。目标是到 2015 年所有城市的危险废物基本实现环境无害化处理处置。该政策于 2013 年进行了修订，发布了征求意见稿，增加了鼓励危险废物优先再利用，开展利用其他废物处理设施或工业窑炉共处置危险废物的研究和示范等相关内容。

2003 年国家发展改革委、国家环保总局、卫生部、财政部、建设部联合发布《关于实行危险废物处置处置收费制度促进危险废物处置产业化的通知》提出全面推行危险废物处置收费制度，促进危险废物处置良性循环。

2004 年国家环境保护总局印发《全国危险废物和医疗废物处置设施建设规划》（环发〔2004〕16 号），提出 2003 年，建设一批前期基础好、具有示范作用的危险废物和医疗废物集中处置工程；2004 年，建设城市的医疗废物集中处置工程；2005 年至 2006 年建设其他危险废物处置工程，同时，提高放射性废物安全收贮能力，建立危险废物和医疗废物全过程环境监管体系；到 2006 年，全国危险废物、医疗废物和放射性废物基本实现安全贮存和处置。

2012 年环境保护部、发展改革委、工业和信息化部以及卫生部联合编制了《"十二五"

危险废物污染防治规划》（环发［2012］123号），统筹推进危险废物焚烧、填埋等集中处置设施建设。鼓励跨区域合作，集中焚烧和填埋危险废物。鼓励大型石油化工等产业基地配套建设危险废物集中处置设施。鼓励使用水泥回转窑等工业窑炉协同处置危险废物。

129. 我国工业固废处置相关政策有哪些？

2011年工业和信息化部印发《大宗工业固体废物综合利用"十二五"规划》（工信部规［2011］600号），针对六种大宗工业固体废物尾矿、煤矸石、粉煤灰、冶炼渣、工业副产石膏以及赤泥，提出到2015年，大宗工业固体废物综合利用量达到16亿t，综合利用率达到50%，年产值5000亿元，提供就业岗位250万个。"十二五"期间，大宗工业固体废物综合利用量达到70亿t；减少土地占用35万亩，有效缓解生态环境的恶化趋势。

2013年国家发展和改革委员会等十部委联合发布《粉煤灰综合利用管理办法》，进一步规范和引导粉煤灰综合利用行为，促进粉煤灰综合利用健康发展。

130. 我国水泥窑协同处置及综合利用固体废物相关政策有哪些？

2006年国家发展和改革委员会制定《水泥工业发展专项规划》（发改工业［2006］2222号）规划明确提出水泥工业要坚持资源保护和综合利用，走循环经济道路。要重视资源综合利用，鼓励企业利用低品位原、燃材料以及砂岩、固体废弃物等替代黏土配料，支持采用工业废渣做原料和混合材。推广节能粉磨、余热发电、利用水泥窑处理工业废弃物及分类好的生活垃圾等技术，发展循环经济。

2006年国家发改委发布《水泥工业产业发展政策》（发改委第50号令），第八条提出鼓励和支持利用在大城市或中心城市附近大型水泥厂的新型干法水泥窑处置工业废弃物、污泥和生活垃圾，把水泥工厂同时作为处理固体废物综合利用的企业。

2010年工业和信息化部发布了《关于水泥工业节能减排的指导意见》（工信部节［2010］582号）。意见明确提出鼓励资源综合利用，完善循环经济发展模式。继续鼓励水泥生产企业对矿渣、粉煤灰、副产石膏等大宗工业废弃物进行综合利用。推动废弃物替代燃料的技术开发和应用，支持有条件的企业进行废弃物（包括一些危险废弃物）的协同处置。鼓励利用水泥窑炉处置市政污泥和城市生活垃圾，建立一批处置污泥和生活垃圾的示范生产企业，加强与市政部门有关政策协调。加强矿山资源的综合利用，充分有效使用低品位石灰石，提高矿产资源利用率，减少废弃物排放。将水泥窑协同处置城市生活垃圾和城市污泥工程以及消纳工业废渣及废弃物工程列入2010～2015年水泥工业节能减排重点专项工程。选择大中城市周边日产2000t或以上规模的现有工厂协同处置城市生活垃圾或城市污泥，使水泥企业成为大中城市污泥、城市生活垃圾无害化处置的重要一环，形成年处理1200万t的能力。在重化工工业聚集区域，选择有条件的现有工厂建设协同处理工业废渣及废弃物的设施，推动工业废渣及废弃物收集和预处理产业发展，培育20个发展循环经济的示范水泥企业，形成年处理工业废渣及废弃物3000万t的能力。

《水泥工业"十二五"发展规划》明确提出"十二五"水泥工业发展重点继续推进矿渣、粉煤灰、钢渣、电石渣、煤矸石、脱硫石膏、磷石膏、建筑垃圾等固体废弃物综合利用，发展循环经济。选择大中型城市周边已有水泥生产线，建设协同处置示范项目，并逐步推广普及和应用。将协同处置示范工程列为重点工程，到2015年，协同处置生产线比例要达到 10%。

《建材工业"十二五"发展规划》中明确指出充分发挥建材工业无害化最终消纳固体废弃物的优势，建立与国民经济相关产业以及城市和谐发展相衔接的循环经济体系。加快推进协同处置示范工程建设。减少资源消耗，鼓励综合利用矿渣、粉煤灰、煤矸石、副产石膏、尾矿等大宗工业废弃物和建筑废弃物，生产水泥、墙体材料等产品，扩大资源综合利用范围和固体废弃物利用总量。

2010 年住房城乡建设部、国家发展改革委、环境保护部共同发布的《生活垃圾处理技术指南》（建城［2010］61 号）中列入了水泥窑协同处理生活垃圾技术。

2011 年国务院印发《国家环境保护"十二五"规划》（国发［2011］42 号）提出开展工业生产过程协同处理生活垃圾和污泥试点。

2012 年环境保护部、发展改革委、工业和信息化部以及卫生部联合编制了《"十二五"危险废物污染防治规划》（环发［2012］123 号），鼓励使用水泥回转窑等工业窑炉协同处置危险废物。

2013 年国务院发布《循环经济发展战略及近期行动计划》（国发［2013］5 号），提出推进水泥窑协同资源化处理废弃物。鼓励水泥窑协同资源化处理城市生活垃圾、污水处理厂污泥、危险废物、废塑料等废弃物，替代部分原料、燃料，推进水泥行业与相关行业、社会系统的循环链接。

2013 年国务院发布的《关于加快发展节能环保产业的意见》（国发［2013］30 号）指出要探索城市垃圾处理新出路，实施协同资源化处理城市废弃物示范工程。

2013 年国务院发布的《关于化解产能严重过剩矛盾的指导意见》（国发［2013］41 号）进一步强调支持利用现有水泥窑无害化协同处置城市生活垃圾和产业废弃物，协同处置生产线数量比重不低于 10%。

2014 年 5 月 6 日，国家发展和改革委员会、科技部、工业和信息化部等七部委联合发布《关于促进生产过程协同资源化处理城市及产业废弃物工作的意见》（发改环资［2014］884 号）。意见提出推进利用现有水泥窑协同处理危险废物、污水处理厂污泥、垃圾焚烧飞灰等，利用现有水泥窑协同处理生活垃圾的项目开展试点。加强示范引导和试点研究，加大支持投入，消除市场和制度瓶颈，扩大可利用废弃物范围，制定有针对性的污染控制标准，规范环境安全保障措施。

第二节　地方政策规划

131. 固体废物处置地方总体政策规划有哪些？

2006 年《北京市"十一五"时期固体废弃物处理规划》；

2009 年《洛阳市城市固体废弃物处理处置规划》；

2010 年《山东省固体废物污染防治"十二五"规划》；

2010 年《广东省资源综合利用中长期规划（2010～2020）》；

2012 年《上海市工业节能与综合利用"十二五"规划》；

2012 年《广东省固体废物污染防治"十二五"规划》；

2012 年《天津市资源综合利用"十二五"规划》；

2012 年《上海市环境保护十二五固体废物污染防治规划》；

2013 年《四川省固体废物污染环境防治条例》。

132. 污泥处置相关地方政策规划有哪些？

2005 年《重庆市城市污水处理厂污泥处里处置规划方案》；

2007 年《深圳市污泥处置布局规划（2006～2020）》；

2008 年《浙江省污泥处理设施污泥处置工作实施意见》；

2008 年《关于推进全省污水处理厂污泥无害化处置工作的通知》（江苏）；

2009 年《关于做好我省城镇污水处理厂处置工作的通知》（浙江）；

2009 年《上海市城镇排水污泥处理处置规划》；

2009 年《金坛市污水处理厂污泥治理专项规划》；

2011 年《清远市污泥集中处理处置"十二五"规划（2011～2015）》。

133. 垃圾处置相关地方政策规划有哪些？

2008 年《上海市城市生活垃圾收运处置管理办法》；

2011 年《四川省城乡生活垃圾处理指导意见》；

2011 年《沈阳市生活垃圾分类收集资源化利用试点方案》；

2013 年《河南省"十二五"城镇生活垃圾无害化处理设施建设规划》；

2013 年《吉林省城镇生活垃圾无害化处理设施建设"十二五"规划》；

2013 年《"十二五"安徽省城镇生活垃圾无害化处理设施建设规划》；

2013 年《江苏省"十二五"城乡生活垃圾无害化处理设施建设规划》；

2013 年《陕西省"十二五"城镇生活垃圾无害化处理设施建设规划》；

2013 年《山西省"十二五"城镇生活垃圾无害化处理设施建设实施方案》；

2013 年《北京市生活垃圾处理设施建设三年实施方案（2013～2015）》；

2013 年《吉林省生活垃圾焚烧处理设施建设规划（2013～2020）》；

2013 年《"十二五"山东省城镇生活垃圾无害化处理设施建设规划》。

134. 危险废物处置相关地方政策规划有哪些？

2008 年《北京市危险废物处置设施建设规划》。

135. 水泥工业协同处置固废相关地方政策规划有哪些？

2013 年贵州省政府印发《贵州省推行水泥窑协同处置生活垃圾实施方案》，提出以日产 2000t 以上新型干法水泥生产线为依托，将水泥厂周边 30～50km 服务半径内县城、乡镇及沿线农村生活垃圾收集转运至水泥厂进行处置。2015 年底前完成全省 47 个水泥窑协同处置生活垃圾项目建设，基本建成覆盖全省的生活垃圾多元化处理体系，城市生活垃圾资源化综合利用比例达到 30％。到 2020 年全省县城城市生活垃圾无害化处理率达 85％以上，高于西部平均水平，达到全国平均水平。

第三节　标准规范

136. 固体废物分类标准有哪些？

《国家危险废物名录》；

《危险废物鉴别标准》（GB 5085.1～3—2007）；

《生活垃圾产生源分类及其排放》（CJ/T 368—2011）；

《城市生活垃圾分类及其评价标准（附条文说明）》（CJ/T 102—2004）；

《医疗废物分类目录》。

137. 固体废物鉴别方法标准有哪些？

《固体废物浸出毒性测定方法》（GB/T 15555.1～12—1995）；

《危险废物鉴别标准》（GB 5085.1～7—2007）；

《固体废物浸出毒性浸出方法 翻转法》（GB 5086.1—1997）；

《固体废物浸出毒性浸出方法 水平震荡法》（HJ 577—2010）；

《固体废物浸出毒性浸出方法 硫酸硝酸法》（HJ/T 299—2007）；

《固体废物浸出毒性浸出方法 醋酸缓冲溶液法》（HJ/T 300—2007）；

《生活垃圾采样和分析方法》（CJ/T 313—2009）。

138. 我国污泥处置与资源化利用相关标准规范有哪些？

《城镇污水处理厂污泥泥质》（GB 24188—2009）；

《城镇污水处理厂污泥处置分类》（GB/T 23484—2009）；

《城镇污水处理厂污泥处置 园林绿化用泥质》（GB/T 23486—2009）；

《城镇污水处理厂污泥处置 水泥熟料生产用泥质》（CJ/T 314—2009）；

《城镇污水处理厂污泥处置 单独焚烧用泥质》（GB/T 24602—2009）；

《城镇污水处理厂污泥处置 农用泥质》（CJ/T 309—2009）；

《城镇污水处理厂污泥处置 土地改良用泥质》（GB/T 24600—2009）；

《城镇污水处理厂污泥处置 制砖用泥质》（GB/T 25031—2010）；

《城镇污水处理厂污泥处置 混合填埋泥质》（GB/T 23485—2009）；

《城镇污水处理厂污泥处置 林地用泥质》（CJ/T 362—2011）；

《城镇污水处理厂污泥处理技术规程》（CJJ 131—2009）；

《农用污泥中污染物控制标准》（GB 4284—1984）；

《城镇污水处理厂污染物排放标准》（GB 18918—2002）。

139. 生活垃圾处置与资源化利用相关标准规范有哪些？

《生活垃圾卫生填埋技术规范》（CJJ 17—2004）；

《生活垃圾填埋场污染控制标准》（GB 16889—2008）；

《生活垃圾填埋场环境监测技术标准》（CJ/T 3037—1995）；

《生活垃圾焚烧处理工程技术规范》（CJJ 90—2009）；

《生活垃圾及焚烧大气污染排放标准》（DB 11/502—2008）；

《生活垃圾焚烧污染控制标准》（GB 18485—2001）；

《生活垃圾综合处理与资源利用技术要求》（GB/T 25180—2010）；

《城市生活垃圾好氧静态堆肥处理技术规程》（CJJ/T 52—1993）；

《生活垃圾卫生填埋处理技术规范》（GB 50869—2013）；

《建筑垃圾处理技术规范》（CJJ 134—2009）；

《生活垃圾卫生填埋处理工程项目建设标准》（建标 124—2009）；

《生活垃圾填埋场封场工程项目建设标准》（建标 140—2010）；

《生活垃圾堆肥处理工程项目建设标准》（建标 141—2010）；

《生活垃圾焚烧处理工程项目建设标准》（建标 142—2010）；

《小城镇生活垃圾处理工程建设标准》（建标 149—2010）；

《生活垃圾综合处理工程项目建设标准》（建标 153—2011）；

《城镇垃圾农用控制标准》（GB 8172—1987）。

140. 我国大宗工业固体废物处置与资源化利用相关标准规范有哪些？

《一般工业固体废物贮存、处置场污染控制标准》（GB 18599—2001）；

《农用粉煤灰中污染物控制标准》（GB 8173—1987）；

《烧结砖瓦产品中废渣掺加量测定方法》（JC/T 1053—2007）；

《硅酸盐建材制品中废渣掺量测定方法》（JC/T 1060—2007）；

《烧结砖瓦中废渣掺加量测定方法》（NY/T 1147—2006）；

《建材产品生产中工业废渣掺加量测定方法》（NY/T 1147—2006）；

《铬渣污染治理环境保护技术规范（暂行）》（HJ/T 301—2007）；

《非烧结垃圾尾矿砖》（JC/T 422—2007）；

《建材用粉煤灰及煤矸石化学分析方法》（GB/T 27974—2011）；

《煤矸石利用技术导则》（GB/T 29163—2012）；

《硅酸盐建筑制品用粉煤灰》（JC/T 409—2001）；

《进口可用作原料的固体废物环境保护控制标准——冶炼渣》（GB 16487.2—2005）；

《粒化高炉矿渣粉在水泥混凝土中应用技术规程（附条文说明）》（DG/TJ 08—501—2008）；

《泡沫混凝土砌块用钢渣》（GB/T 24763—2009）；

《外墙外保温抹面砂浆和粘结砂浆用钢渣砂》（GB/T 24764—2009）；

《耐磨沥青路面用钢渣》（GB/T 24765—2009）；

《透水沥青路面用钢渣》（GB/T 24766—2009）；

《道路用钢渣》（GB/T 25824—2010）；

《混凝土用粒化电炉磷渣粉》（JG/T 317—2011）；

《混凝土多孔砖和路面砖用钢渣》（YB/T 4228—2010）；

《水泥混凝土路面用钢渣砂应用技术规程》（YB/T 4329—2012）；

《工程回填用钢渣》（YB/T 801—2008）；

《冶金炉料用钢渣》（YB/T 802—2009）。

141. 危险废物处置相关标准规范有哪些?

《危险废物填埋污染控制标准》（GB 18598—2001）；

《危险废物集中焚烧处置工程建设技术规范》（HJ/T 176—2005）；

《危险废物贮存污染控制标准》（GB 18597—2001）；

《危险废弃物焚烧污染控制标准》（GB 18484—2001）；

《危险废物焚烧大气污染物排放标准》（DB 11/503—2007）；

《危险废物（含医疗废物）焚烧处置设施二恶英排放监测技术规范》（HJ/T 365—2007）；

《医疗废物集中焚烧处置工程建设技术规范》（HJ/T 177—2005）；

《医疗废物焚烧环境卫生标准》（GB/T 18773—2008）；

《含多氯联苯废物焚烧处置工程技术规范》（HJ 2037—2013）；

《含多氯联苯废物污染控制标准》（GB 13015—1991）。

142. 放射性固体废物处置相关标准规范有哪些?

《极低水平放射性废物的填埋处置》（GB/T 28178—2011）；

《低中水平放射性固体废物的浅地层处置规定》（GB 9132—1988）；

《低中水平放射性固体废物的岩洞处置规定》（GB 13600—1992）；

《低、中水平放射性废物固化体性能要求水泥固化体》（GB 14569.1—2011）；

《低、中水平放射性废物固化体性能要求沥青固化体》（GB 14569.3—1995）；

《拟再循环、再利用或作非放射性废物处置的固体物质的放射性活度测量》（GB/T 17947—2008）。

143. 固体废物处置其他标准规范有哪些?

《固体废物处理处置工程技术导则》（HJ 2035—2013）；

《农业固体废物污染控制技术导则》（HJ 588—2010）。

144. 固体废物用于水泥工业原料的相关标准规范主要有哪些?

《水泥用铁质原料化学分析方法》（JC/T 850—2009）。

该标准适用于水泥生产用铁矿石、硫酸渣等铁质校正原料的化学分析。标准规定了配制水泥生料用铁质校正原料的化学分析方法。本标准中对二氧化硅、三氧化二铁、三氧化二铝和三氧化硫等四种化学成分的测定包含基准法和代用法两种方法，可根据实际情况任选。

《水泥用硅质原料化学分析方法》（JC/T 874—2009）。

该标准适用于配制水泥生料用硅质原料的化学分析。标准规定了配制水泥生料用硅质原料的化学分析方法。本标准中除氧化钾和氧化钠的测定外，其他化学成分的测定包含基准法和代用法两种方法，可根据实际情况任选。标准中定义硅质原料是用于配制水泥生料，化学组成以二氧化硅为主，铝含量（以三氧化二铝计）在 20% 以下，铁含量（以三氧化二铁计）在 10% 以下的水泥生产原料。

《水泥生产原料中废渣用量的测定方法》（GB/T 27978—2011）。

该标准规定了用化学分析法和现场实测法测定水泥生产原料中废渣用量的测定方法。在有争议时，以化学分析法为准。废渣指煤矸石、粉煤灰、锅炉炉渣、化工废渣、采矿和选矿废渣（包括废石、尾矿、碎屑、粉末、粉尘、污泥）、冶炼废渣、制糖滤泥、江河（渠）道淤泥及建筑垃圾等废渣及列入《资源综合利用目录（2003 年修订）》的其他废渣。其中，化工废渣包括硫铁矿渣、硫铁矿煅烧渣、硫酸渣、硫石膏、磷石膏、磷矿煅烧渣、含氰废渣、电石渣、磷肥渣、硫磺渣、碱渣、含钡废渣、铬渣、盐泥、总溶剂渣、黄磷渣、柠檬酸渣、制糖废渣、脱硫石膏、氟石膏、废石膏模，冶炼废渣包括转炉渣、电炉渣、铁合金炉渣、氧化铝赤泥、有色金属灰渣，不包括高炉水渣。废渣用量指在水泥生产过程中直接投入的废渣总量，包括水泥生料配制和水泥粉磨过程中废渣投入量总和。

 ### 145. 工业废渣用于水泥混合材相关标准规范有哪些？

《用于水泥和混凝土中的粒化高炉矿渣粉》（GB/T 18046—2008）。

该标准适用于做水泥混合材和混凝土掺合料的粒化高炉矿渣粉。矿渣粉应符合表 2-1 中的技术指标规定。

表 2-1　技术指标

项目		级别		
		S105	S95	S75
密度（g/cm³）　≥		2.8		
比表面积（m²/kg）　≥		500	400	300
活性指数（%）　≥	7d	95	75	55
	28d	105	95	75
流动度比（%）　≥		95		
含水量（质量分数，%）　≤		1.0		
三氧化硫（质量分数，%）　≤		4.0		
氯离子（质量分数，%）　≤		0.06		
烧失量（质量分数，%）　≤		3.0		
玻璃体含量（质量分数，%）　≥		85		
放射性		合格		

《用于水泥中的火山灰质混合材料》（GB/T 2847—2005）。

该标准规定了火山灰质混合材料的定义、分类、技术要求、试验方法和检验规则等。标准适用于水泥生产中作混合材料使用的火山灰质混合材料，也适用于作混凝土掺合料应用的火山灰质混合材料。天然的和人工的以氧化硅、氧化铝为主要成分的矿物质材料，本身磨细加水拌合并不硬化，但与气硬性石灰混合后，再加水拌合，则不但能在空气中硬化，而且能在水中继续硬化者，称为火山灰质混合材料。人工火山灰质混合材主要包括：①煤矸石，煤层中炭质页岩经自燃或煅烧后的产物；②烧页岩，页岩或油母页岩经煅烧或自燃后的产物；③烧黏土，黏土经煅烧后的产物；④煤渣，煤炭燃烧后的残渣；⑤硅质渣，由矾土提取硫酸铝的残渣。

《用于水泥和混凝土中的粒化电炉磷渣粉》（GB/T 26751—2011）。

该标准适用于作水泥混合材和混凝土掺合料的粒化电炉磷渣粉。其以粒化电炉磷渣为主，与少量石膏共同粉磨制成一定细度。其主要技术指标见表 2-2。

表 2-2　技术指标

项目		级别		
		L95	L85	L70
密度（g/cm³）≥			2.8	
比表面积（m²/kg）≥			350	
活性指数（%）≥	7d	70	60	50
	28d	95	85	70
流动度比（%）≥			95	
五氧化磷（质量分数,%）≤			3.5	
碱含量（$Na_2O+0.658K_2O$）（质量分数,%）≤			1.0	
三氧化硫（质量分数,%）≤			0.4	
氯离子（质量分数,%）≤			0.06	
烧失量（质量分数,%）≤			3.0	
含水量（质量分数,%）≤			1.0	
玻璃体含量（质量分数,%）≥			80	
放射性			$I_{Ra}\leqslant1.0$ 且 $I_r\leqslant1.0$	

《用于水泥中的粒化高炉钛矿渣》（JC/T 418—2009）。

该标准适用于水泥混合材料的粒化高炉钛矿渣。粒化高炉钛矿渣是指以钒钛磁铁矿为原料在高炉冶炼生铁时，所得以钛的硅酸盐矿物和钙钛矿物及钙钛矿为主要成分的熔融渣，淬冷成粒后得到的矿渣，主要成分为氧化钙、氧化镁、三氧化二铝、二氧化硅、二氧化碳和氧化亚锰等。

《用于水泥中的粒化高炉矿渣》（GB/T 203—2008）。

该标准适用于水泥混合材料的粒化高炉矿渣。粒化高炉矿渣指的是在高炉冶炼生铁时，所得以硅铝酸盐为主要成分的熔融物，经淬冷成粒后，具有潜在的水硬性材料。其主要性能要求见表 2-3。

表 2-3　矿渣的性能要求

项目	技术指标
质量系数	≥1.2
二氧化钛（质量分数,%）	≤2.0
氧化亚锰（质量分数,%）	≤2.0
硫化物（质量分数,%）	≤3.0
堆积密度（kg/m³）	≤1.2×10³
最大粒度（mm）	≤50
大于 10mm 颗粒含量（质量分数,%）	≤8
玻璃体含量（质量分数,%）	≥70

《用于水泥中的粒化电炉磷渣》（GB/T 6645—2008）。

该标准适用于用作水泥混合材料的粒化电炉磷渣。粒化电炉磷渣指的是电炉法制取黄磷时得到的以硅酸钙为主要成分的熔融物，经淬冷成粒的电炉渣。

《用于水泥混合材的工业废渣活性试验方法》（GB/T 12957—2005）。

该标准适用于用作水泥混合材料的工业废渣活性检验以及指定采用本方法的其他水泥混合材料的活性检验。工业废渣是指 GB/T 203、GB/T 1596 和 GB/T 2847 标准以外的可用于水泥混合材料的工业废渣，如化铁炉渣、粒化铬铁渣、粒化高炉钛矿渣等。标准规定了用作水泥混合材料的工业废渣活性的试验材料与要求，及其潜在水硬性、火山灰性和水泥 28d 抗压强度比定量试验方法。

《用于水泥和混凝土中的粉煤灰》（GB/T 1596—2005）。

该标准适用于拌制水泥混凝土和砂浆时作掺合料的粉煤灰成品和水泥生产中作混合材料的粉煤灰，标准规定了用作水泥和混凝土中的粉煤灰的技术要求、试验方法和检验规则等。标准中规定用于水泥生产中作活性混合材料的粉煤灰应满足表 2-4 的性能指标。

表 2-4　水泥活性混合材料用粉煤灰技术要求

指标		级别	
		I	II
烧失量（质量分数，%）	≤	5	8
含水量（质量分数，%）	≤	1	1
三氧化硫（质量分数，%）	≤	3	3
28d 抗压强度比（%）	≤	75	62

《用于水泥中的工业副产石膏》（GB/T 21371—2008）。

该标准适用于水泥调节凝结时间用工业副产石膏的使用。标准规定了用于水泥中各工业副产石膏的术语和定义、技术要求、试验方法和判定规则等。工业副产石膏是工业生产排出的以硫酸钙为主要成分的副产品的总称，又称化学石膏、合成石膏。主要包括磷石膏、钛石膏、氟石膏、盐石膏、柠檬酸渣、硼石膏、模型石膏、脱硫石膏等。

《用于水泥和混凝土中的钢渣粉》（GB/T 20491—2006）。

本标准适用于水泥和混凝土中的钢渣粉的生产和检验，也适用于钢渣粉与粒化高炉矿渣粉、粉煤灰复合的产品。钢渣粉的技术要求应满足表 2-5 中规定。

表 2-5　技术要求

项目		一级	二级
比表面积（m²/kg）	≥	400	
密度（g/cm³）	≥	2.8	
含水量（质量分数，%）	≤	1.0	
游离氧化钙含量（质量分数，%）	≤	3.0	
三氧化硫含量（质量分数，%）	≤	4.0	
碱度系数	≤	1.8	
活性指数（%）≥	7d	65	55
	28d	80	65
流动度比（%）	≥	90	
安定性	沸煮法	合格	
	压蒸法	当钢渣中 MgO 含量大于 13% 时应检验合格	

《用于水泥中粒化增钙液态渣》[JC 454—1992（1996）]。

该标准适用于用作水泥活性混合材料的增钙渣。粒化增钙液态渣主要为煤和适量石灰石共同粉磨后，在液态排渣炉内燃烧，所得以硅铝酸钙为主要成分的熔融物，经水淬成粒。

《掺入水泥中的回转窑窑灰》（JC/T 742—2009）。

该标准适用于作为混合材料掺入水泥中的回转窑窑灰。回转窑窑灰指用回转窑生产硅酸盐水泥熟料时，随气流从窑尾排出的、经收尘设备收集所得的干粉末。标准汇总规定了窑灰的细度、含水量以及碱含量等指标要求。

《用于水泥中的钢渣》（YB/T 022—2008）。

该标准适用于钢渣矿渣水泥和水泥活性混合材料的钢渣。主要指转炉炼钢和电炉炼钢时所得的含硅酸盐、铁铝酸盐为主要矿物组成，经稳定化处理并且安定性合格的钢渣。其主要技术要求应符合表2-6规定。

表2-6　技术要求

项目		I 级	II 级
钢渣的碱度	≥	2.2	1.8
金属铁含量（质量分数,%）	≤	2.0	
含水率（质量分数,%）	≤	5.0	
安定性	沸煮法	合格	
	压蒸法	当钢渣中 MgO 含量大于13%时应检验合格	

《用于水泥和混凝土中的硅锰渣粉》（YB/T 4229—2010）。

本标准规定了用于水泥和混凝土中的硅锰渣粉的术语和定义、技术要求、试验方法、检验规则、包装、标志、运输和贮存。

《用于水泥和混凝土中的锂渣粉》（YB/T 4230—2010）。

本标准规定了用于水泥和混凝土中的锂渣粉的术语和定义、技术要求、试验方法、检验规则、包装、标志、运输与贮存。

146. 水泥窑协同处置固体废物相关标准规范有哪些？

《水泥工厂设计规范》（GB 50295—2008）。

该规范适用于新建、扩建、改建水泥工厂生产线的工程设计。规范提出水泥工厂设计宜利用工业废弃物，并应综合利用资源和能源。水泥工厂利用的废弃物分为作为替代原料的废弃物和作为替代燃料在水泥煅烧过程中加入的可燃废弃物。替代原料和替代燃料的利用应满足工厂产品方案的要求。利用废弃物后，废弃物的处理量不得影响熟料质量，所含有害组分应对产品性能及自然环境无不良影响。

水泥工厂协同处置废物应采用新型干法水泥生产工艺，应根据废弃物的特性经技术经济比较后确定处理工艺和设备。在废物贮存、输送、预处理及最终处置环节设计中，应采取防止气味、粉尘的发散及溶析渗漏等二次污染发生的措施。

规范还规定了水泥生产协同处置废物时，水泥工厂焚烧废弃物排放标准，水泥熟料和水泥产品中重金属含量的要求。

《水泥窑协同处置污泥工程设计规范》（GB 50757—2012）。

该规范适用于新型干法水泥熟料生产线协同处置污泥新建、改建和扩建工程的设计。设计内容包括污泥输送系统、进厂接收系统、分析鉴别系统、储存与输送系统、预处理系统、协同处置系统、热能利用系统、烟气净化系统和污水处理系统等。涉及的污泥主要包括城镇污水处理厂污泥、工业污泥、河道清淤污泥等。规范中要求污泥处置设施的设计规模见表2-7。

表 2-7 污泥处置能力的设计规模 (t/d)

水泥熟料生产线规模（t/d）	2500	3000	5000
污泥处置能力（t/d，按80%含水率污泥计）	<300	<600	<800

规范中规定了污泥的接收和分析鉴别，提出了接收污泥有害组分组成控制限值及检测周期，并对污泥预处理系统、协同处置系统、烟气净化系统以及污水处理系统相应的工艺作出了规定。

《水泥窑协同处置工业废物设计规范》（GB 50634—2010）。

该规范适用于新型干法水泥熟料生产线协同处置工业废物的设计。规范中要求工业废物的处置一般先要将其按性质分类，经预处理过程，达到混合均匀，以保障水泥窑稳定、安全、高效运行。预处理技术主要包括压实、分选、破碎、脱水和干燥等。规范要求可燃性一般工业废物焚烧处置应在850℃以上的区域投入，烟气停留时间应大于2s；危险废物应在温度1100℃以上的区域投入，烟气停留时间大于2s。水泥窑协同处置工业废物宜在2000t/d及以上的大中型新型干法水泥生产线上进行，处置后，其水泥产品质量应符合现行国家标准《通用硅酸盐水泥》GB 175的规定，污染物排放应符合国家标准的有关规定。

《水泥工业大气污染物排放标准》（GB 4915—2013）。

该标准规定了水泥制造企业（含独立粉磨站）、水泥原料矿山、散装水泥中转站、水泥制品企业及其生产设施的大气污染物排放限值、监测和监督管理要求。标准适用于现有水泥工业企业或生产设施的大气污染物排放管理，以及水泥工业建设项目的环境影响评价、环境保护设施设计、竣工环境保护验收及其投产后的大气污染物排放管理。利用水泥窑协同处置固体废物，除执行本标准外，还应执行国家相应的污染控制标准的规定。

标准规定现有企业2015年6月30日前仍执行GB 4915—2004，自2015年7月1日起执行表2-9规定的大气污染物排放限值。自2014年3月1日起，新建企业执行表2-8规定的大气污染物排放限值。

表 2-8 现有与新建企业大气污染物排放限值 单位：mg/m³

生产过程	生产设备	颗粒物	二氧化硫	氮氧化物（以 NO₂ 计）	氟化物	汞及其化合物	氨
矿山开采	破碎机及其他通风生产设备	20	—	—	—	—	—
水泥制造	水泥窑及窑尾余热利用系统	30	200	400	5	0.05	10①
	烘干机、烘干磨、煤磨及冷却机	30	600②	400②	—	—	—

生产过程	生产设备	颗粒物	二氧化硫	氮氧化物 (以 NO₂ 计)	氟化物	汞及其化合物	氨
水泥制造	破碎机、磨机、包装机及其他通风生产设备	20	—	—	—	—	—
散装水泥中转站及水泥制品生产	水泥仓及其他通风生产设备	20	—	—	—	—	—

① 适用于使用氨水、尿素等含氨物质作为还原剂，去除烟气中氮氧化物。

② 适用于采用独立热源的烘干设备。

重点地区企业执行表 2-9 规定的大气污染物特别排放限值。执行特别排放限值的时间和地域范围由国务院环境保护行政主管部门或省级人民政府规定。

表 2-9　大气污染物特别排放限值　　　　　单位：mg/m³

生产过程	生产设备	颗粒物	二氧化硫	氮氧化物 (以 NO₂ 计)	氟化物	汞及其化合物	氨
矿山开采	破碎机及其他通风生产设备	10	—	—	—	—	—
水泥制造	水泥窑及窑尾余热利用系统	20	100	320	3	0.05	8①
	烘干机、烘干磨、煤磨及冷却机	20	400②	300②	—	—	—
	破碎机、磨机、包装机及其他通风生产设备	10	—	—	—	—	—
散装水泥中转站及水泥制品生产	水泥仓及其他通风生产设备	10	—	—	—	—	—

① 适用于使用氨水、尿素等含氨物质作为还原剂，去除烟气中氮氧化物。

② 适用于采用独立热源的烘干设备。

《水泥窑协同处置固体废物污染控制标准》（GB 30485—2013）。

该标准规定了协同处置固体废物水泥窑的设施技术要求、入窑废物特性要求、运行技术要求、污染物排放限值、生产的水泥产品污染物控制要求、监测和监督管理要求。适用于利用水泥窑协同处置危险废物、生活垃圾（包括废塑料、废橡胶、废纸、废轮胎等）、城市和工业污水处理污泥、动植物加工废物、受污染土壤、应急事件废物等固体废物过程的污染控制和监督管理。当水泥窑协同处置生活垃圾时，若掺加生活垃圾的质量超过入窑（炉）物料总质量的 30%，应执行《生活垃圾焚烧污染控制标准》。

《水泥窑协同处置固体废物环境保护技术规范》（HJ 662—2013）。

该标准适用于危险废物、生活垃圾（包括废塑料、废橡胶、废纸、废轮胎等）、城市和工业污水处理污泥、动植物加工废物、受污染土壤、应急事件废物等固体废物在水泥窑中的协同处置，利用粉煤灰、钢渣、硫酸渣、高炉矿渣、煤矸石等一般工业固体废物作为替代原料（包括混合材料）、燃料生产的水泥产品参照本标准规定执行。标准规定了利用水泥窑协同处置固体废物的设施选择、设备建设和改造、操作运行以及污染控制等方面的环境保护技术要求。

标准中规定了协同处置固体废物的水泥窑需满足以下条件：（1）窑型为新型干法水泥窑。（2）单线设计熟料生产规模不小于 2000t/d。（3）对于改造利用原有设施协同处置固体废物的水泥窑，在改造之前原有设施应连续两年达到 GB 4915 的要求。（4）采用窑磨一体机模式。（5）配备在线监测设备，保证运行工况的稳定：包括窑头烟气温度、压力；窑表面温度；窑尾烟气温度、压力、O_2 浓度；分解炉或最低一级旋风筒出口烟气温度、压力、O_2 浓度；顶级旋风筒出口烟气温度、压力、O_2、CO 浓度。（6）水泥窑及窑尾余热利用系统采用高效布袋除尘器作为烟气除尘设施，保证排放烟气中颗粒物浓度满足 GB 30485 的要求。水泥窑及窑尾余热利用系统排气筒配备粉尘、NO_x、SO_2 浓度在线监测设备，连续监测装置需满足 HJ/T 76 的要求，并与当地监控中心联网，保证污染物排放达标。（7）配备窑灰返窑装置，将除尘器等烟气处理装置收集的窑灰返回送往生料入窑系统。

另外，国家强制性标准《水泥窑协同处置垃圾工程设计规范》（GB 50954—2014）已经发布，于 2014 年 8 月 1 日起实施。国家标准《水泥窑协同处置固体废物技术规范》、《水泥中可浸出重金属的测定方法》正在起草中。

第四节　国外固体废物处置的法规、标准和有关政策

 147. 欧盟固体废物处置相关法规、标准和有关政策有哪些？

1975 年颁布了《关于废物的指令》（75/442/EEC）。

1991 年颁布了《关于危险废物的指令》（91/689/EEC）。

欧盟对固体废物进行分类管理，《欧洲废物名单》（European Waste List）（理事会 2001/573/EC 号决议）是欧洲通用的固体废物分类体系，列举了 839 种固体废物，其中包括 405 种危险废物。要求 2002 年后欧盟成员国必须将《欧洲废物名单》纳入各自的相关法律、法规。

1996 年欧盟委员会颁布了《关于综合污染预防与控制指令（IPPC）》（96/61/EC），之后经历了 4 次修订，2008 年将该指令及 4 个修订指令编纂成一个完整的污染综合预防与控制指令 2008/1/EC。2010 年将现有的关于工业排放的 7 个指令，即 IPPC 指令、大型燃烧装置指令、废物焚烧指令、溶剂排放指令和 3 个钛白粉指令整合为一个指令升级为工业排放指令（IED）2010/75/EU。该指令旨在最大限度地减少整个欧盟范围内各种工业源的污染，涉及能源产业、金属生产和加工、采矿、化工、废物处理等多个行业。（欧盟 BAT 参考文件简介）

2000 年欧盟委员会颁布《关于废物焚烧的准则》（2000/76/EC），整合和替代了原有的《垃圾焚烧厂准则》（89/369/EEC 和 89/429/EEC）和《危险废物焚烧准则》（94/67/EC），规定焚烧炉和工业窑炉焚烧废物的技术和管理规定，其核心的管理规定是不论是单独焚烧还是与其他燃料共烧，都要获经营许可证，并为保证操作和技术水平规定了排放限制。规程为

专门用于掺烧废弃物的水泥回转窑的法规，几乎包括了所有废弃物，仅有少数例外，如生物废弃物。规定的排放极限值不论废弃物利用量多少和是否为有毒、有害废弃物都适用，对有毒、有害废弃物仅在生产条件和接收方法上有不同的要求。由于水泥熟料煅烧工艺特性，规程中对 SO_2、TOC、HCl 和 HF 的排放做了适当放宽，由原料条件所限造成的排放可以不计在内。2000/76/EC 水泥回转窑排放极限见表 2-10。

表 2-10　2000/76/EC 水泥回转窑排放极限规程

物质	极限值
粉尘	$30mg/m^3$（标准状况）
NO_x	$800mg/m^3$ 老设备，$500mg/m^3$ 新设备
SO_2	$50mg/m^3$
TOC	$10mg/m^3$（标准状况）
CO	
HCl	$10mg/m^3$（标准状况）
HF	$1mg/m^3$（标准状况）
二恶英/呋喃	$0.1ng\ TEQ/m^3$
Cd＋Tl	$0.5mg/m^3$（标准状况）
Sb＋As＋Pb＋Cr＋Co＋Cu＋Mn＋Ni＋V	$0.5mg/m^3$（标准状况）
Hg	$0.05mg/m^3$（标准状况）

2006 年颁布了《废物准则》（2006/12/EC），整合了 1975 年颁布《关于废物的指令》（75/442/EEC）及其修订版，在欧盟范围和成员国内建立预防、再利用为指导原则的管理体系。

1999 年欧盟颁布《关于废物填埋的指令》（1999/31/EC）限制填埋可讲解生物的废物，禁止液态和未处理的废物填埋。

欧盟针对特定废物制定的法律还包括《关于废油处置的指令》（75/439/EEC）、《关于二氧化钛行业废物的指令》（78/176/EEC）、《关于污泥农用的指令》（91/692/EEC）、《关于含危险废物的电池和蓄电池的指令》（91/157/EEC）、《关于包装和包装废物的指令》（94/62/EC）、《关于 PCBs 和 PCTs 处置的指令》（96/59/EC），《关于废弃车辆的指令》（2000/53/EC）、《关于电子和电器设备中限制使用某些物质的指令》（2002/95/EC）、《关于废弃电子和电器设备的指令》（2002/96/EC）。

欧盟框架性法律还包括：《关于废物在欧共体内运输及进出欧共体的监控的法规》（93/295/EEC）、《关于缔结巴塞尔公约的决定》（93/98/EEC）、《关于废物运输控制程序的法规》（1999/1547/EC）。

148. 日本固体废物处置相关法规、标准和有关政策有哪些？

1993 年日本实施《环境基本法》，相当于环境宪法。

2000 年，日本通过《促进循环型社会基本法》，其宗旨是改变传统社会经济发展模式，建立"循环型社会"。下设两部综合法：《废弃物处理法》和《资源有效利用促进法》。其中，《废弃物处理法》下设有：《多氯联苯废弃物妥善处理特别法》《容器和包装物的分类收集与循环法》等；《资源有效利用促进法》下设有：《建筑材料再生利用法》《食品再生利用法》《绿色采购法》《家电再生利用法》和《汽车再生利用法》等。

1999～2003 年修订了特定产业废弃物去除的特别措施法，PCB 特别措施法。

2006 年修订了与石棉相关的法律。

149. 美国固体废物处置相关法规、标准和有关政策有哪些?

1969 年，美国制定《国家环境政策法》，作为美国联邦及各州环境的宪法。

1976 年，美国制定了《固定垃圾处理方案》，要求各州制定相应法规和计划，加强废旧物资的回收利用。

1986 年，美国颁布了《资源保护回收法》（RCRA），要求各州环保局建立有关废弃物处理、资源回收、环境保护的规划与回收技术及设备研究与开发，资助专业人员的培训。RCRA 是美国固体废物管理的基础性法律。主要阐述由国会决定的固体废物管理的各项纲要，并且授权 EPA（美国环境保护署）为实施各项纲要制订具体法规。RCRA 建立了美国固体废物管理体系，分别对固体废物、危险废物和危险废物地下贮存库的管理提出要求。为了与这一法律配套，EPA 制定了上百个关于固体废物、危险废弃物的排放、收集、贮存、运输、处理、处置，以及回收利用的规定、规划和指南等，形成了较为完善的固体废物管理法规体系。美国固体废物管理中有着明确的技术路线，即按照优先顺序分别为固体废物的源头减量（抑制产生）、固体废物的资源化再生（包括物质再生和能量再生）、固体废物的最终处置（即在不得已条件下的妥善或者合理处置），而固体废物管理的主要目标是固体废物产生的减少率和固体废物的回收再生率。

1990 年，美国通过了《污染预防法》，宣布"对污染应该尽可能地实行预防或源头削减"。

第三章
固体废物水泥窑协同处置技术

第一节 水泥窑协同处置固体废物的种类及处理方式

150. 什么是水泥窑协同处置废弃物？

水泥窑"协同处置"废弃物是指水泥工业利用现代水泥生产技术生产水泥熟料的同时，将满足或经过预处理后满足入窑要求的固体废物投入水泥窑，在进行水泥熟料生产的同时实现对固体废物的无害化处置过程。

151. 水泥窑可以协同处置哪些固体废物？

水泥窑可以处理的废物包括生活垃圾，各种污泥（下水道污泥、造纸厂污泥、河道污泥、污水处理厂污泥等），工业危险废物，各种有机废物（废轮胎、废橡胶、废塑料、废油等）。

152. 固体废物在水泥生产过程中有哪些用途？

根据成分与性质，不同的废物在水泥生产过程中的用途不同，主要包括以下四个方面：

替代燃料：主要为高热值有机废物；

替代原料：主要为低热值可作为水泥生产原料的无机矿物材料废物；

混合材料：改善水泥的某种性能、调节水泥的强度等级、提高水泥产量、降低水泥生产成本，适宜在水泥粉磨阶段添加的成分单一的废物；

工艺材料：可作为水泥生产某些环节，如火焰冷却、尾气处理的工艺材料的废物。

153. 什么是替代燃料？

替代燃料，也称作二次燃料、辅助燃料，是使用可燃废物生产水泥窑熟料，替代天然化石燃料。可燃废物在水泥工业中的应用不仅可以节约一次能源，同时有助于环境保护，具有显著的经济、环境和社会效益。发达国家自20世纪70年代开始使用替代燃料以来，替代燃料的数量和种类不断扩大，而水泥工业成为这些国家利用废物的首选行业。根据欧盟的统计，欧洲18%的可燃废物被工业领域利用，其中有一半是水泥行业，水泥行业的利用量是电力、钢铁、制砖、玻璃等行业的总和。发达国家政府已经认识到替代燃料对节能、减排和环保的重要作用，都在积极推动。

154. 替代燃料的使用应符合哪些原则？

（1）替代燃料最低热值要求。用废弃物作替代燃料时应有最低热值要求，因为水泥窑是一个敏感的热工系统，不论是热流、气流还是物料流稍有变化都会破坏原有的系统平衡，使用替代燃料时系统应免受过大的干扰。一些欧洲国家从能量替换比上考虑将11MJ/kg的热值作为替代燃料的最低允许热值。同时需要考虑使用替代燃料时，达到部分取代常规燃料后所节省的燃料费用足以支付废料的收集、分类、加工、储运的成本。

（2）必须适应水泥窑的工艺流程需要。可燃废料的形态、水分含量、燃点等都会决定使用过程的工艺流程设计，而这个设计必须与原有水泥窑的工艺流程很好地配合。另外，新型干法窑需严格控制的钾、钠、氯这类有害成分的含量，应以不影响工艺技术要求为准。

（3）符合环保的原则。废弃物中含有的有害物质通常比常规原燃料高，水泥回转窑在利用和焚烧废弃物（包括危险废弃物）时，除应控制有害物质排放量不会有明显提高外，更主要的是应注意所生产水泥的生态质量。因为水泥是用来配制混凝土的胶凝材料，而混凝土建筑物，如公路、房屋建筑、水处理设施、水坝及饮用水管道等，必须确保对土壤、地下水以及人的健康不会产生危害，对废弃物带入的有害物质必须根据混凝土所能接受的最大量加以限定。

155. 哪些固体废物可以作为水泥生产原料？

从理论上说，含有 CaO、SiO_2、Al_2O_3、Fe_2O_3 的水泥原料成分的废弃物都可作为水泥原料。根据固体废弃物自身的化学成分，一般用于代替以下水泥的原料组分。

（1）代替黏土作组分配料。用以提供二氧化硅、氧化铝、三氧化二铁的原料，主要有粉煤灰、炉渣、煤矸石、金属尾矿、赤泥、污泥焚烧灰、垃圾焚烧灰渣等。根据实际情况可部分替代或全部替代。煤矸石、炉渣不仅带入化学组分，而且还可以带入部分热量。

（2）代替石灰质原料。用以提供氧化钙的原料，主要有电石渣、氯碱法碱渣、石灰石屑、碳酸法糖滤泥、造纸厂白泥、高炉矿渣、钢渣、磷渣、镁渣、建筑垃圾等。

（3）代替石膏作矿化剂。磷石膏、氟石膏、盐田石膏、环保石膏、柠檬酸渣等，因其含有三氧化硫、磷、氟等都是天然的矿化成分，且 SO_3 含量高达40％以上，可全部代替石膏。

（4）代替熟料作晶种。炉渣、矿渣、钢渣等，可全部代替。

（5）校正原料。用以替代铁质、硅质等的校正原料，替代铁质的校正原料主要有低品位铁矿石、炼铜矿渣、铁厂尾矿、硫铁矿渣、铅矿渣、钢渣；替代硅质校正原料主要有碎砖瓦、铸模砂、谷壳焚烧灰等。

156. 哪些废物可以作为水泥生产替代燃料？

含有一定热量的工业废弃物可用作水泥熟料生产过程中的燃料，水泥窑替代燃料种类繁多，数量及适用情况各异，大概可分为以下几种：

（1）废轮胎。

（2）使用过的各种润滑油、矿物油、液压油、机油、洗涤用柴油或汽油、各种含油残渣等废油。

（3）木炭渣、化纤、棉织物、医疗废物等。这类废物比较特殊，可能含各种病菌较多，往往须在喂泥窑之前由废料回收公司进行预处理，例如：消毒、杀菌、封装、打包等。

（4）纸板、塑料、木屑、稻壳、玉米秆等。这些废料热值较低、容重小、体积大，须采用专门的称量喂料装置将其喂入水泥窑内燃烧。

（5）废油漆、涂料、石蜡、树脂等。

（6）石油渣、煤矸石、油页岩、城市下水污泥等。

157. 按照固液体分类，水泥窑替代燃料有哪些？

固体替代燃料有：废轮胎、废橡胶、废塑料、废皮革、石油焦、油污泥。

液体替代燃料有：醇类、酯类、废化学药剂和药品、废农药、废溶剂类、废油、油墨、废油漆等。

 158. 欧洲水泥窑替代燃料种类及比例如何？

欧洲水泥协会把可燃废物分成 14 类，每类下还有子类，对应于欧盟废物分类。这 14 类大类是：木、纸和纸板；纺织品；塑料；RDF；橡胶/轮胎（滤饼，经离心脱水和干燥等）；工业污泥；城镇污水处理厂污泥；动物肉、脂肪；废煤炭；农业废物；固体废物燃料（受渍木屑）；溶剂及相关废物；废油；其他类。各类的质量百分比如图 3-1 所示。

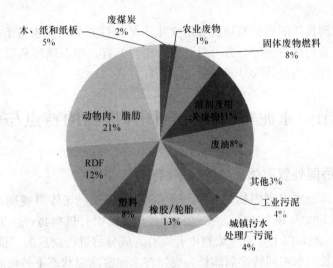

图 3-1　欧洲水泥协会统计替代燃料分类和所占比例

各国之间、水泥厂之间替代燃料种类和比例存在很大差异，主要由具体燃料的可获得性、供应量、热值、污染物排放和成本等因素决定。

 159. 哪些固体废物禁止进入水泥窑？

（1）放射性废物；

（2）爆炸及反应性废物；

（3）未经拆卸的废电池、废家用电器和电子产品；

（4）含汞的温度计、血压计、荧光灯管和开关；

（5）铬渣；

（6）未知特性和未经鉴定的废物。

 160. 水泥窑协同处置废弃物要遵循哪些原则？

（1）应遵循水泥窑利用废物的分级原则。如果在生态和经济上有更好的回收利用方法，则不要将废弃物使用在水泥窑中。利用水泥窑协同处置废弃物必须建立在社会处置成本最优化、社会效益最好的原则之上，并保证对环境无害的资源回收利用。废弃物的协同处置应保证水泥工业利用的经济性。

（2）必须避免额外的排放物及对人体健康和环境的负面影响。水泥窑协同处置污泥应确保污染物的排放不高于采用传统燃料的污染物排放与废弃物单独处置污染物排放总和。

（3）必须保证水泥产品的质量保持不变。协同处置废弃物水泥窑产品应通过浸析试验，证明产品对环境不会造成任何负面影响，水泥产品的质量应满足寿命终止后再回收利用的要求。

（4）必须保证从事协同处置的公司必须具有合格的资质。利用水泥窑协同处置废弃物作为跨行业的协同处置方式，应保证从产生到处置完成良好的记录追溯，在全处置过程确保污染物的达标排放及相关人员的健康和安全，确保所有要求符合国家法律、法规和制度。能够有效地对废物协同处置过程中的投料量和工艺参数进行控制，并确保与地方、国家和国际的废物管理方案协调一致。

（5）必须考虑到具体的国情及地区经济文化不平衡性差异。只有废弃物不能以更经济、更环保的方式加以避免或再生时，方可对其进行协同处置。生态循环利用废弃物是最理想的解决方案，协同处置应当被认为是一种可选的处理方式。

第二节　水泥窑协同处置固体废物的特点与优势

161. 水泥窑协同处置固体废物有哪些特点？

（1）焚烧温度高。水泥窑内物料温度一般高于 1450℃，气体温度则高于 1750℃左右，甚至可达更高温度 1500℃和 2200℃。在此高温下，废物中有机物将产生彻底的分解，一般焚毁去除率达到 99.99%以上，对于废物中有毒有害成分将进行彻底的"摧毁"和"解毒"。

（2）停留时间长。水泥回转窑筒体长，废物在水泥窑高温状态下持续时间长。根据一般统计数据，物料从窑头到窑尾总停留时间在 40min 左右；气体在温度大于 950℃以上的停留时间在 8s 以上，高于 1300℃以上停留时间大于 3s，可以使废物长时间处于高温之下，更有利于废物的燃烧和彻底分解。

（3）焚烧状态稳定。水泥工业回转窑有一个热惯性很大，十分稳定的燃烧系统。它是由回转窑金属筒体、窑内砌筑的耐火砖以及在烧成带形成的结皮和待烧的物料组成，不仅质量巨大，而且由于耐火材料具有的隔热性能，更使得系统热惯性增大，不会因为废物投入量和性质的变化，造成大的温度波动。

（4）良好的湍流。水泥窑内高温气体与物料流动方向相反，湍流强烈，有利于气固相的混合、传热、传质、分解、化合、扩散。

（5）碱性的环境气氛。生产水泥采用的原料成分决定了在回转窑内是碱性气氛，水泥窑内的碱性物质可以和废物中的酸性物质中和为稳定的盐类，有效的抑制酸性物质的排放，便于其尾气的净化，而且可以与水泥工艺过程一并进行。

（6）没有废渣排出。在水泥生产的工艺过程中，只有生料和经过煅烧工艺所产生的熟料，没有一般焚烧炉焚烧产生炉渣的问题。

（7）固化重金属离子。利用水泥工业回转窑焚烧工艺处理危险废物，可以将废物成分中的绝大部分重金属离子固化在熟料中，最终进入水泥成品中，避免了再度扩散。

（8）减少社会总体废气排放量。由于可燃性废物对矿物质燃料的替代，减少了水泥工业对矿物质燃料（煤、天然气、重油等）的需要量。总体而言，比单独的水泥生产和焚烧废物产生的废气（CO_2，SO_2，Cl 等）排放量大为减少。

（9）焚烧处置点多，适应性强。水泥工业不同工艺过程的烧成系统，无论是湿法窑、半干法立波尔窑，还是预热窑和带分解炉的旋风预热窑，整个系统都有不同高温投料点，可适应各种不同性质和形态的废料。

（10）废气处理效果好。水泥工业烧成系统和废气处理系统，使燃烧之后的废气经过较长的路径和良好的冷却和收尘设备，有着较高的吸附、沉降和收尘作用，收集的粉尘经过输送系统返回原料制备系统可以重新利用。

（11）建设投资较小，运行成本较低。利用水泥回转窑来处置废物，虽然需要在工艺设备和给料设施方面进行必要的改造，并需新建废弃物贮存和预处理设施，但与新建专用焚烧厂比较，还是大大节省了投资。在运行成本上，尽管由于设备的折旧、电力和原材料的消耗，人工费用等使得费用增加，但是燃烧可燃性废物可以节省燃料，降低燃料成本，燃料替代比例越高，经济效益越明显。

162. 什么是焚毁去除率和焚毁率？

水泥窑协同处置技术的目的主要是为了实现废弃物的无害化，而焚毁去除率和焚毁率则是评价废弃物被破坏的程度的重要标准，故这两个指标则显得尤为重要。

焚毁去除率（destruction and removal efficiency，简称 DRE）是指投入窑中的某种有机化合物与残留在排放烟气中的该化合物质量之差，占投入窑中该化合物质量的百分比，DRE 的表达式如下：

$$DRE = \frac{W_{in} - W_g}{W_{in}} \times 100\%$$

式中　　W_{in}——单位时间内投入窑中的某种有机化合物的总量，kg/h；

　　　　W_g——单位时间内随烟气排出的该化合物的总量，kg/h。

焚毁率（destruction efficiency，简称 DE）是指投入窑中的某种有机化合物与残留在烟气、产品、废水、灰尘中的该化合物质量之差，占投入窑中该化合物质量的百分比，DE 的表达式如下：

$$DE = \frac{W_{in} - W_g - W_c - W_p - W_w}{W_{in}} \times 100\%$$

式中　　W_{in}——单位时间内投入窑中的某种有机化合物的总量，kg/h；

　　　　W_g——单位时间内随烟气排出的该化合物的总量，kg/h；

　　　　W_c——单位时间内除尘器中的该化合物的总量，kg/h；

　　　　W_p——单位时间内产品中的该化合物的总量，kg/h；

　　　　W_w——单位时间内废水中的该化合物的总量，kg/h。

国际上，水泥窑协同处置技术导则或标准中对 DRE 指标的规定则较为普遍。美国废弃物处理标准中规定，利用水泥窑协同处置技术处理废弃物，其 DRE 必须高于 99.9999%，在我国《危险废物焚烧污染控制标准》中规定危险废物的焚烧去除要高于 99.99%。相比较而言，DE 较 DRE 评价废弃物被破坏程度更为全面，因为它针对的对象包括产品、液、固和气态残余的污染物残余，而 DRE 只考虑排放到大气中的污染物，但国际上的水泥窑协同处置技术导则或标准中对 DE 则鲜有规定。

163. 什么是燃烧效率（*CE*）？

指烟道排出气体中二氧化碳浓度与二氧化碳和一氧化碳浓度之和的百分比。

$$CE = \frac{[CO_2]}{[CO_2]+[CO]} \times 100\%$$

式中　[CO₂] 和 [CO]——分别为燃烧后排气中的 CO_2 和 CO 的浓度。

164. 什么是热灼减率？

焚烧炉渣经灼热减少的质量占原焚烧炉渣质量的百分数，其计算方法如下：

$$P = \frac{A-B}{A} \times 100\%$$

式中　P——热灼减率，%；

　　　A——干燥后的原始焚烧炉渣在室温下的质量，g；

　　　B——焚烧炉渣经（600±25）℃ 3h 灼热，然后冷却至室温后的质量，g。

165. 水泥窑与垃圾焚烧炉、危险废物焚烧炉的技术指标有何差别？

垃圾焚烧炉、危险废物焚烧炉与水泥窑工况对比见表 3-1。

表 3-1　我国垃圾焚烧炉、危险废物焚烧炉技术指标与水泥窑工况指标比较

项目	生活垃圾焚烧炉	危险废物焚烧炉	水泥窑
焚烧炉温度	≥850℃ ≥1000℃	危险废物≥1100℃ 多氯联苯≥1200℃ 医院临床废物≥850℃	分解炉火焰/烟气温度>1000℃，物料温度>850℃ 主燃烧器火焰/烟气温度>1800℃，物料温度>1450℃
烟气停留时间	≥850℃，≥2s ≥1000℃，≥1s	危险废物≥2s 多氯联苯≥2s 医院临床废物≥1s	分解炉 870℃以上温度>3~6s 主燃烧器 1200℃ 以上温度>12~15s，1800℃以上温度>5~6s
焚烧残渣热灼减率	≤5%	<5%	焚烧残渣结合到水泥熟料中
燃烧效率		≥99.9%	氧化环境保证燃烧效率≥99.9%
焚毁去除率		危险废物≥99.99% 多氯联苯≥99.9999% 医院临床废物≥99.99%	协同处置危险废物≥99.9999%

166. 利用水泥窑协同处置固体废物的关键是什么？

（1）依据废弃物的特性选择合理的处置方式，并通过不同的高温区加入的物料的特性要求确定合理的预处理工艺。

（2）通过对废弃物热值及组分的合理调配，提高废弃物入窑处置的热能利用水平，在客观上实现废弃物处置及节能替代利用的有效复合利用，提高水泥窑协同处置的经济效益。

（3）针对废弃物焚烧处置过程产生的大气污染物、重金属等的排放特点，确定水泥窑协同处置废弃物的合理工艺，并通过生产技术的优化处置实现水泥窑协同处置废弃物的清洁

排放。

（4）水泥窑协同处置废弃物应保证水泥产品及下游相关产品在产品性能上不发生改变。这就要求对影响水泥矿物水化过程及产品性能指标的有害元素（如 ZnO，CuO，P_2O_3，F^- 等）进行严格的控制。

第三节　水泥窑协同处置固体废物工艺

167. 废弃物可以从哪些投加点进入水泥生产过程？

废弃物可在不同的喂料点进入水泥生产过程，投加位置应根据固体废物特性进行选择，最常见的是：窑头高温段，包括窑头主燃烧器投加点和窑门罩投加点；窑尾高温段，包括分解炉、窑尾烟室和上升烟道投加点；生料配料系统（生料磨）。

主燃烧器投加设施应采用多通道燃烧器，并配备泵力或气力输送装置。液态或易于气力输送的粉状废物；含有 POPs 物质或高氯、高毒、难降解有机物质的废物；热值高、含水率低的有机废液宜在主燃烧器投加。

窑门罩投加设施应配备泵力输送装置，并在窑门罩的适当位置开设投料口。不适宜在窑头主燃烧器投加的液体废物，如各种低热值液态废物宜在窑门罩投加。液态废物应通过泵力输送至窑门罩喷入窑内。投加固态废物时应采用特殊设计的投加设施，投加时应确保将固态废物投至固相反应带，确保废物反应完全。

窑尾投加设施应配备泵力、气力或机械传输带输送装置，并在窑尾烟室、上升烟道或分解炉的适当位置开设投料口，对分解炉燃烧器的气固相通道进行适当改造，使之适合液态或小颗粒废物的输送和投加。含 POPs 物质和高氯、高毒、难降解有机物质的废物优先从窑头投加，若受物理特性限制需要从窑尾投加时，优先选择从窑尾烟室投入，含水率高或块状废物应优先选择从窑尾烟室投入。

生料磨投加可借用常规生料投加设施。生料磨只能投加不含有机物和挥发、半挥发性重金属的固态废物，含有可在低温时挥发成分（例如烃）或二恶英等剧毒有机物的废弃物必须喂入窑系统的高温区。

168. 水泥窑替代燃料加入方式有哪几种？

（1）由喷煤管气动喷入。此种加入方式，对替代燃料的大小尺寸、均匀程度及水分要求均较高。此外对气动输送设备的稳定性要求高，并且进入煤管前要加筛网过滤。

（2）从窑尾加入的方式有两种，一种是从立烟道加入，另一种是从分解炉加入。

无论从立烟道还是从分解炉加入对替代燃料的尺寸和水分要求都比从窑头喷煤管加入低些，对窑系统煅烧影响也相对小些。

169. 用于协同处置固体废物的水泥窑应满足哪些条件？

（1）单线设计熟料生产规模不小于 2000t/d 的新型干法水泥窑；

（2）采用窑磨一体机模式；

（3）水泥窑及窑尾余热利用系统采用高效布袋除尘器作为烟气除尘设施；

（4）协同处置危险废物的水泥窑，焚毁去除率应不小于 99.9999%；

（5）对于改造利用原有设施协同处置固体废物的水泥窑，在进行改造之前原有设施应连续两年达到 GB 4915 的要求。

170. 固体废物中硫、氯、碱金属的来源有哪些？

化工产品的原料中往往包含着硫、氯、碱金属这三种元素，而工业废渣作为生产过程中残余物的最终归宿，往往富含这一类元素。如 PVC（氯碱企业）在生产聚氯乙烯过程中往往有少量的 Cl、Na、K 元素进入循环水系统，然后随着产生的电石渣浆液进入电石渣滤渣中。污水处理时作为混凝剂的药剂往往是带有硫、氯元素的铁盐和铝盐，这些元素随沉淀进入污泥后也给水泥协同处置带来了新的问题。如采用玉米淀粉为原料、氯化缩水甘油三甲基铵（GTA）作阳离子化试剂可制备经济型阳离子淀粉絮凝剂用于印染废水的处理，但这种絮凝剂必定会因 GTA 的使用而将大量氯元素带入污泥中。由于垃圾在焚烧过程中会产生 2%~3%（质量分数）的飞灰，而飞灰中富含重金属和含氯有机化合物、硫化物等物质。一些固体废物中的硫、氯、碱元素的含量见表 3-2。表中数据可知一些固体废物中硫、氯、碱的含量远高于正常原料的含量。

表 3-2　硫、氯、碱元素在典型固体废物中含量

类别		硫元素 S（%）	氯元素 Cl（%）	碱元素 $(Na_2O+0.66K_2O)$（%）
化工废渣（湿基）	石膏类	35.00	0.13	0.38
	普通类	0.12	0.06	0.02
污泥（干基）		4.50	0.30	1.78
焚烧残余物（湿基）	飞灰	10.85	22.28	16.81
	炉渣	0.75	0.33	1.78

171. 固体废物中的硫、氯、碱金属成分对煅烧有什么不利影响？

（1）对窑体的腐蚀。

富含氯元素的固体废物在水泥窑高温环境中分解后，含氯粉尘通过缝隙可以与窑体金属结构接触，在一系列反应下破坏窑体结构。这些反应主要通过两种模式：①金属或氧化物与 HCl 或 Cl_2 直接反应的气相腐蚀；②金属或氧化物与沉积盐中的低熔点氯化物如 $FeCl_2$、$PbCl_2$、$ZnCl_2$ 和硫酸盐发生的热腐蚀。

（2）致水泥窑预分解系统结皮。

结皮是指用于生产水泥的生料粉和窑气内有害成分所形成的黏附在预分解系统内壁的硬度不一的块状物。造成水泥窑协同处置过程中窑体结皮堵塞的原因很多，然而固体废物中硫、氯、碱金属等挥发性物质在水泥窑内循环富集，在窑尾预分解系统冷却融结而引起的结皮堵塞是行内一个难题。一般认为，结皮物质是由碱金属、氯、硫等元素在高温条件下形成的 $Ca_{10}(SiO_4)_3(SO_4)_3Cl_2$ 等多组分低共熔融，它们与窑尾预分解系统的粉尘混合在一起后，通过湿液薄膜表面张力作用下的熔融粘结，熔体表面的表面粘结及纤维状或网状物质的交织作用造成的粘结作用形成大量块状，硬度不一的结皮物质。

结皮的危害主要体现为在固体废物协同处置窑预分解系统的不同位置形成的硬度不一的结皮物质，导致窑体出现不同程度的堵塞，轻者影响窑的正常生产和水泥产品质量。在正常工况时，烟室压力一般在－20Pa 与－30Pa 之间波动，当结皮严重时，压力降低至－100Pa 以上。此时窑内通风阻力增大，有逼火现象发生，看火工无法操作，会造成熟料短焰急烧、黄心料多等现象。重者出现水泥窑工艺与水泥生料不匹配，导致闭窑。

172. 固体废物中硫、氯、碱金属对水泥熟料质量有哪些影响？

固体废物中硫、氯、碱金属等元素中能对生态水泥熟料产生危害的主要是硫和碱金属元素，两者的危害体现在影响熟料的质量，其表现主要有以下几个方面：

（1）硫元素对熟料强度的影响

硫元素在熟料晶体中以 SO_3 形式发挥作用，一方面 SO_3 可降低熟料液相出现温度和黏度，且使晶核形成的速率变慢，而晶体生长的速度加快。另一方面，过多的 SO_3 容易与熟料中的 C_3A（铝酸三钙）起作用形成体积膨胀的水化硫铝酸钙（$CaO \cdot Al_2O_3 \cdot CaSO_4 \cdot 31H_2O$），从而造成水泥熟料早期强度的增加。

（2）碱金属元素对熟料强度的影响

碱金属元素在熟料晶体中以 R_2O 形式发挥作用，它通过改变熟料的凝结时间、水化效果、浆体流变性来影响水泥熟料的强度。

173. 固体废物中硫、氯、碱金属对耐火材料有哪些影响？

在熟料煅烧过程中，这些废弃物在低温部位，对耐火材料几乎没有影响或影响较少，还有一些熔融在熟料里形成窑皮，附在耐火砖上，这样对耐火材料影响也非常小，甚至对耐火材料有一定的保护作用。对耐火衬料直接影响的是在烧成过程中，预热器和回转窑之间的内循环所富集的碱（钾、钠）、卤族（氯、氟）和硫的化合物等，这些元素化合物的熔融物随烟气和原料侵蚀耐火材料，与耐火材料发生热化学反应，生成新的低熔矿物，而新生矿物在体积上出现不同程度上的膨胀，致使耐火材料的剥落及开裂。有些新生低熔矿物使耐火材料结构变得疏松，这样耐火材料就失去它原有的特性，比如强度、热传导及弹性系数等物理性能发生一系列变化，致使耐火材料的使用寿命变低。

另外，工业固体废弃物大量用作原燃料，相应增加了碱氯硫的富集对耐火衬料施工所需的金属锚固件的腐蚀，特别是烟气通过膨胀缝、耐火衬料的裂缝等。烟气与金属锚固件反应，一层层剥落，最后失去作用。导致耐火材料整体脱落，缩短耐火衬料的使用寿命。

174. 使用替代燃料时耐火材料应如何选择？

使用替代燃料时对耐火材料的选择见表 3-3，其说明如下。

（1）回转窑过渡带一般选用尖晶石砖，若碱硫侵蚀严重，选用硅莫砖（SiC 浸渗高铝砖）。

（2）分解带内的热端部位，若砖受侵蚀较快，寿命太短，可采用硅莫砖或尖晶石砖，否则可用特种高铝质砖。

（3）为提高其耐化学腐蚀性能，在三次风管、分解炉、窑门罩、冷却机需要不定性耐火浇注料的部位，可采用高 SiC 含量的低水泥耐火混凝土。

（4）分解炉、窑头罩、三次风管与分解炉相连的部位、篦冷机高温部分，这些部位温度高，热负荷、化学侵蚀和气流物料磨损比较严重，可使用含有少量 SiC 的高铝浇注料和耐火砖。

（5）隔热层可选择轻质隔热浇注料、轻质隔热喷涂料及隔热砖，适当减少硅酸钙板的使用。

（6）各条生产线使用的原燃料成分及性能差别很大，装备经长时期使用后，筒体及壳体变形情况也不一致，因此每条生产线必须按其生产特点及各种应力作用情况，综合分析判断，选用最合适的耐火材料制品。

表 3-3　使用替代燃料时耐火材料的选择

预热器、分解炉		工作层：高强耐碱砖、高强耐碱浇注料、高铝质耐碱浇注料
		隔热层：CB 隔热砖、硅藻土砖、硅酸钙板
三次风管		工作层：高强耐碱砖、耐碱浇注料
		隔热层：CB 隔热砖、硅藻土砖、硅酸钙板、隔热浇注料
回转窑	后窑口	钢纤维增强高铝质浇注料、高铝质耐碱浇注料
	分解带	耐碱隔热砖、CB_{20}、CB_{30} 隔热砖、特种高铝砖
	过渡带 1	抗剥落高铝砖、化学结合高铝砖、磷酸盐结合高铝砖
	过渡带 2	尖晶石砖、半直接结合镁铬砖、硅莫砖（SiC 浸渗高铝砖）
	烧成带	直接结合镁铬砖、具有挂窑皮性能的尖晶石砖
	冷却带	抗剥落高铝砖、半直接结合镁铬砖、尖晶石砖
	前窑口	钢纤维增强刚玉质耐火材料、刚玉质耐火浇注料、高铝质耐火浇注料、钢纤维增强高铝质耐火浇注料、高铝-碳化硅质耐火浇注料
窑门罩		工作层：抗剥落高铝砖、硅莫砖、高铝质耐碱浇注料
		隔热层：耐高温隔热砖、硬硅钙石型硅酸钙板、轻质隔热浇注料
冷却机		工作层：抗剥落高铝砖、碳化硅复合砖、磷酸盐结合高铝质耐磨砖、耐碱浇注料、高铝质耐碱浇注料
		隔热层：耐高温隔热砖、硬硅钙石型酸钙板、隔热浇注料

 175. 硫、氯、碱在水泥烧成系统内的有哪些循环特性？

原料的失衡或者二次固体废弃原、燃料的使用，将导致碱、氯和硫在窑内的含量过高。如果它们的浓度未达到平衡，其化合物在预热器较低部位和回转窑中形成窑内循环，大量的盐类化合物，尤其是 KCl、NaCl 或 K_2SO_4 等不会从系统中排出，而是逐渐累积、沉淀在耐火衬里的表面，甚至渗透至其内部。表 3-4 为常见的碱、氯、硫等化合物的熔融温度和挥发温度。由表 3-4 可知，这些元素化合物的熔点、沸点都处于水泥烧成的温度范围内，对水泥烧成系统的不同部位产生影响。

（1）氯循环

二次燃料尤其是溶剂、塑料、干厨余物等的使用，将带入大量的氯。氯化物的熔融温度一般在 770～810℃ 之间，其挥发温度一般低于 1500℃，与硫、碱相比，氯的挥发性最强，因此，氯能够达到预热器顶部或者更远的区域。

（2）碱循环

碱及其化合物比硫更具挥发性，当它们在较低温度的时候冷凝、固化，可以达到预热器较高的部位。如果碱含量过量，将会损害铝含量高的耐火砖从而导致所谓的"碱裂解"现象。此外，碱也会形成粘结物而损坏耐火砖，尤其易形成硫-碱化合物成分，损坏砖的粘结结构。镁铬砖对碱过量尤其敏感，因为硫-碱化合物会损坏砖中的铬。

（3）硫循环

与碱、氯相比，硫的挥发性最低，但是它对耐火材料及窑操过程的影响较大。一方面，会破坏耐火材料的粘结力；另一方面，会在窑、预热器及分解炉内部产生难处理的结皮固体物，如钙明矾石（$2CaSO_4 \cdot K_2SO_4$）、双硫酸盐、硅方解石（$2C_2S \cdot CaCO_3$）、硫硅钙石（$2C_2S \cdot CaSO_4$）、多元相钙盐 $Ca_{10}[(SiO_4)_2 \cdot (SiO_4)_2](OH^-, Cl^-, F^-)$ 以及二次硫酸钙（$CaSO_4$）、氯化钾（KCl）等的一种或多种。通常，这些结皮物的形成取决于腐蚀元素含量的高低，也和温度有关。

表3-4　腐蚀元素过量时易形成的结皮物及其产生、分解温度

结皮物的特征矿物	形成温度（℃）	分解温度（℃）	备注
双硫酸盐 $3Na_2SO_4 \cdot CaSO_4$ $2Na_2SO_4 \cdot 3K_2SO_4$ $Na_2CO_3 \cdot 2Na_2SO_4$	—	800～950	还原气氛易形成 $K_2SO_4 \cdot Na_2SO_4$
$2CaSO_4 \cdot 3K_2SO_4$	—	>1000	氧化气氛易形成 $2CaSO_4 \cdot K_2SO_4$
碱的过渡性复盐 $K_2Ca(CO_3)_2$ $Na_2Ca(CO_3)_2$	—	814～817	仅为过渡性矿物，但在预热器温度为850℃以下旋风筒内的结皮中存在
二次硫酸钙（$CaSO_4$）	750	>1200	在 Fe_2O_3 催化下更易形成二次硫酸钙（$CaSO_4$）
$2C_2S \cdot CaSO_3$	750～850	900	氯化物（Cl^-）的存在易促进硫硅钙石的生成
$2C_2S \cdot CaSO_4$	900	>1100	
$2CA \cdot CaSO_4$	>900	>1300	

176. 如何控制水泥窑协同处置工艺中的硫、氯、碱金属？

（1）旁路放风系统

通过将窑内气体、热料和窑灰排出水泥窑循环系统的方式来降低窑内有害元素含量。

（2）配料改善

以水为洗脱剂对生料、固废中的可溶性盐，如氯盐、硫酸盐等进行洗脱。选择低硫氯碱的原料和燃料如低碱石灰石、低碱黏土、低硫铁粉、低氯化工废料、低硫煤等。

177. 固体废物中的重金属对熟料烧成有哪些影响？

Cr_2O_3 在水泥熟料固相反应中起到矿化剂的作用。在水泥熟料烧结过程中，对熟料物理化学性能的变化、液相化学活性的增加以及熟料水化活性的增加均起到有利的作用。

锌是一种很有效的助熔剂和矿化剂，在水泥熟料的烧成过程中它能降低熟料的烧结温度，加速游离氧化钙的吸收，并会加深熟料的颜色。另外，氧化锌的掺入会降低水硬性，而当掺入一定量的氧化锌（小于 1%～2%）时，会使得熟料的机械强度特别是短龄期强度明显提高。

铅、氧化铅在固相反应中起到矿化剂的作用，同样它对水泥熟料物理化学性能的变化、液相化学活性的增加以及熟料水化活性的增加均起到了有利的作用。

将镉掺入水泥生料煅烧成熟料后，主要是存在于 A 矿和 B 矿内，并且熟料中矿物相 C_3A 会被 $C_{12}A_7$ 替代。含 Cd 的熟料的凝结时间会有一定的滞后且抗压强度略微升高。

由于汞的沸点只有 356.58℃，在将含有汞元素的水泥生料煅烧成水泥熟料的过程中，汞往往会蒸发溢出。因此，用煅烧水泥熟料的方法来稳定汞元素没有效果。

砷（As）在富 CaO 的燃烧物料中和有氧存在的条件下形成难挥发的砷酸钙 $[Ca_3(AsO_4)_2]$，约 90% 结合在熟料中，锑（Sb）的特性与 As 相似。其他元素如钼（Mo）、钽（Ta）、铌（Nb）等，均属于不挥发类元素，这类元素 90% 以上直接进入熟料。

V（钒）多以有机金属化合物形式存在于原料和燃料中，在水泥窑中是不挥发的，90% 以上结合在熟料中，其余进入窑灰。

对于铊（Tl）来说，Tl 可取代 K 存在于黏土矿物中，Tl 与 Al 有化学相似性，也可存在于硫化物矿物中。在悬浮预热器窑上，结合于固体物料中的 Tl 于 520～550℃ 开始蒸发，在窑尾物料温度为 850℃ 的温度区主要是以气相存在，所以不可能被带到回转窑烧成带，熟料中实际上也不含 Tl。蒸发的 Tl 化合物可在 550℃ 以下的温度区冷凝，在约 520～700℃ 之间的温度区可达到最大的富集。随废气排放的量很少。93%～98% 都滞留在预热器系统内，少量进入窑灰。若窑灰全部回窑，则滞留在预热器系统中形成内循环和随净化后气体排放的 Tl 量都逐渐升高，最终可达到排放量与原燃料带入量相等的平衡状态。

178. 固体废物中的重金属在水泥熟料烧成过程中的挥发性如何？

重金属等微量元素在水泥回转窑系统的挥发性反映了这些元素在熟料烧成过程中的特性，也可以说反映了这些元素被熟料吸收的程度。据此将这些元素划分为四类，见表 3-5。

表 3-5　重金属等微量元素挥发性的分级

等级	元素	冷凝温度（℃）
不挥发	Zn, V, Be, As, Co, Ni, Cr, Cu, Mn, Sb, Sn	
难挥发	Cd, Pb	700～900
易挥发	Tl	450～500
高挥发	Hg	——　<250

（1）不挥发类元素与熟料中的主要元素钙、硅、铝、铁、镁相似，完全被结合到熟料中。除了表 3-5 列出的几种元素外，还有钼、铀、钽、铌、和钨。这类元素 90% 以上直接进入熟料。

（2）难挥发类元素 Pb 和 Cd 在水泥熟料燃烧过程中，首先形成硫酸盐和氯化物，铋（Bi）也与此相似。这类化合物在 700～900℃ 温度范围内冷凝，在窑和预热器系统内形成内循环，很少带出窑系统外，即外循环量很少。

（3）易挥发的元素 Tl 一般在 $450\sim500℃$ 的温度区冷凝，$93\%\sim98\%$ 都滞留在预热器系统内，其余部分可随窑灰带回窑系统，随废气排放的约占 0.01%。

（4）高挥发元素 Hg 在预热器系统内不能冷凝和分离出来，主要是随窑废气带走形成外循环和排放。

179. 为什么水泥窑协同处置固废应对水泥窑系统进行工艺优化设计和技术改造？

水泥窑系统的开发设计与系统使用的各种原料、燃料特性密切相关。由于水泥窑系统是包含着"三传一反"的热工系统，因此无论是热工系统的单体设备如各级预热器的设计方案确定，还是"筒、管、窑、炉、机"等整个烧成系统的设计方案的确定，均需要根据使用的原燃料条件进行针对性设计。因此对每个项目而言，水泥窑的工艺设计并不是一成不变的，需要针对不同的原燃料条件进行个性化设计，而对于水泥窑协同处置固废而言更是如此，必须针对水泥窑协同处置固废的具体特点，进行针对性的优化设计。

对于新建一条水泥窑生产线进行固废协同处置项目而言，优化设计可以使项目建设后能够满足水泥窑协同处置固废的要求，尽快达标达产，取得预期效果；对于利用原有的水泥窑生产线进行固废协同处置的项目而言，优化设计则是通过对原有水泥窑系统进行分析诊断，提出对原有水泥窑系统的技术改造设计方案，并进行组织实施，使常规的水泥窑能够适应于水泥窑协同处置的工艺要求，达到预期的目的。

因此工艺优化设计无论对新建工程、还是利用原有水泥窑进行技术改造，都是非常重要的，是水泥窑协同处置得以顺利实施的前提。尤其是对于利用原有水泥窑协同处置固废而言，工艺优化设计与技术改造是相辅相成、密切统一的。

180. 水泥窑工艺优化设计需要考虑哪些因素？

（1）利用的固废是作为替代原料还是替代燃料，或者是两者兼而有之；

（2）替代原料的常规化学成分、替代燃料的燃烧特性、替代燃料灰渣的成分，在满足新型干法配料方案的基础上能够达到的最佳或最大配料量；

（3）替代原料、替代燃料带入水泥窑系统的钾、钠、氯、硫等有害挥发性组分的数量以及对水泥窑系统有害元素循环富集的影响；

（4）与使用常规燃料相比，燃料替代后理论需要的空气量以及产生烟气量的变化；

（5）窑系统内主要化学反应及主要矿物的生成温度发生的变化；

（6）替代原料的使用是否会使熟料的形成热发生改变，进而重新建立窑系统的热平衡关系；

（7）熟料热耗的变化、熟料产量和质量的变化；

（8）固废的预处理工艺及入水泥窑系统方式的选择，各种入窑工艺的协同关系；

（9）固废入分解炉的位置，分解炉的优化设计和技术改造（需考虑高温烟气温度、烟气停留时间、窑尾用煤比例、富氧燃烧等因素）；

（10）预热器系统的优化设计和技术改造（预热器的级数、阻力、分离效率等因素）；

（11）利用水泥窑工艺抑制二恶英再合成的技术措施；

（12）氮氧化物减排的技术措施，使用替代燃料与空气分级燃烧的协同关系，与 SNCR 脱硝工艺的协同；

（13）水泥窑系统的热工标定，协同处置固废后的热工计算、物料平衡计算，热工系统反求及技术方案的确定；

（14）旁路放风系统的取风工艺、冷却方式、放风比例的确定，对水泥窑系统粘结堵塞的影响以及熟料热耗的影响。

 181. 水泥窑协同处置固废主要有哪些技术方案可供选择？

水泥窑协同处置固废的主要方式是将固废中的可燃物作为水泥窑替代燃料，无机物作为水泥生产的替代原料（不能通过原料粉磨进行处置的无机物需经烧成系统高温区直接处置）。

（1）替代原料技术

水泥窑利用固废作为替代原料的主要方式是将没有热值的无机物，通过原料配料进入原料粉磨系统，或直接喂入窑尾烟室处等窑系统高温区入窑处置。

（2）替代燃料技术

有热值的固废作为替代燃料入窑方式国内外已经实现工业化，应用的实例有许多，主要分为以下几类：

①直接进入分解炉和窑头燃烧器。这是在欧洲国家水泥公司普遍采用的方式。直接进入分解炉的方式对替代性燃料的品质和在分解炉内停留时间要求较高，替代性燃料必须保证在分解炉内燃尽，否则会对后续的水泥工艺产生不良影响。

②经过气化后将可燃气引入分解炉燃烧。这种方式适合处置有少量热值但不高的固废，如未经预处理的原生垃圾，或经过预处理的生活垃圾筛下物以及一些工业固废。由于可燃气直接入窑，固废气化底渣不直接进入烧成系统，对窑的运行和水泥质量的影响最小，还具有降低水泥窑氮氧化物的功能。

③经过预燃装置燃烧后，将热量引入分解炉。预燃装置有热解炉、回转预燃窑、热盘炉等，根据炉渣入窑方式的不同分为在线式和离线式。预燃的方式也可以用于大量处置品质较低的替代性燃料，燃烧后的热烟气直接进入分解炉。离线式预燃装置对水泥质量的影响要小于在线式预燃装置。

182. 水泥窑技术改造方案设计步骤有哪些？

水泥窑协同处置固废技术的实施，需要水泥窑系统提供工艺保证。由于固废作为替代原燃料进入水泥生产系统后，将会对水泥生产带来一定影响，因此为了使水泥窑系统生产与固废处置能够实现"协同"，对水泥窑系统进行必要的技术改造是很重要的。

对水泥窑进行技术改造，需从以下几方面开展工作：

（1）对替代原料和燃料进行必要的原料加工性能和燃料燃烧特性试验。

工艺性能试验除进行实验室规模实验外，还应经过在水泥厂的中试。

（2）对水泥窑进行必要的热工标定，对协同处置固废后的水泥窑系统进行热工计算。

对生产线进行热工标定，反求水泥窑系统的热工参数，对水泥窑的热工状况进行分析；结合拟处置固废的成分分析、工业分析及要求的处置能力等设计参数，结合水泥厂正在使用的原燃料情况，进行配料计算、物料平衡计算、气体平衡计算、热平衡计算。

上述计算作为平衡新增各车间生产能力，确定主辅机规格、工作制度和储库容量计算的依据。同时反求系统原有各工况参数。

（3）完成水泥窑热工系统参数反求，确定技术改造方案。

按照热工计算结果，结合原有水泥窑系统的工艺和装备的规格、结构尺寸等基础数据，对水泥窑系统各工况参数进行反求，对原有系统进行核算，确定哪些工艺参数在合理范围内，哪些工艺环节应加以改造，提出对每个"瓶颈"问题的解决方案，并最终形成系统性的技术改造方案。

根据协同处置固废后钾、钠、氯、硫等挥发性有害元素在水泥窑系统内的循环富集计算分析，确定是否增设旁路放风系统，以及增设旁路放风系统时的放风比例、系统工艺流程和设备的型号规格等。

（4）根据确定的技术改造方案完成水泥窑工艺、设备的技术改造设计以及配套的总图、土建、电气自动化、给水排水、暖通动力等专业的设计。

183. 利用固废做替代原料时生料的配方设计应考虑哪些因素？

（1）考虑固废的化学成分能否满足熟料矿物组成的设计。

（2）考虑固废对生料易烧性的影响。如易烧性不好应考虑配方调整、引入矿化剂、富氧燃烧等手段。

（3）考虑钾、钠、氯、硫等挥发性有害元素的含量及对水泥窑系统运行的影响。

（4）考虑固废的易磨性。如易磨性不好需要进行预处理。

（5）考虑固废中重金属的含量，应满足国家标准对熟料和水泥产品中重金属含量限值的要求。

184. 为什么使用固废替代燃料后窑系统产生的烟气量会发生变化？

使用固废作为替代燃料后，由于固废的热值与燃煤之间存在差异，或高或低，且固废的燃烧特性与煤粉的燃烧特性存在差异，因此固废燃烧时单位热值需要的理论空气量与燃煤不同，单位热值产生的烟气量与燃煤不同，因此在实现热量同等替代过程中，使用固废产生的烟气量与燃煤也不同。一般而言，当固废的热值低于燃煤时，产生的烟气量增大，固废的热值高于燃煤时，产生的烟气量减小。

此外，由于固废中往往含有水分，因此在燃烧过程中水分会以气态的形式存在于燃烧产生的烟气中，也会造成烟气量的变化。

由于烟气量发生变化，相应的水泥窑系统也应有所变化，以满足固废替代燃料燃烧的要求。

185. 为什么使用固废替代燃料后需要对水泥窑系统热工参数进行反求计算？

由于固废替代燃料燃烧后，水泥窑系统的烟气量发生了变化，因此对于水泥窑系统热工部位来说，烟气流量相应发生变化。如对于预热器而言，其进口风速、内筒风速、柱体假想截面风速、上升管道内的风速等均会发生变化；对于分解炉而言，分解炉内的喷腾速度、悬浮速度、气体停留时间、生料停留时间等也会发生变化；同样对于窑系统的其他热工部位也会相应发生变化。

窑系统的热工参数发生变化后，会对生产操作、熟料热耗、电耗、熟料产质量等带来一系列影响。因此在确定使用固废之前，应对使用固废后烧成系统可能的变化进行分析诊断，以确定水泥窑系统相应的技术改造方案。

因此，通过对使用固废后水泥窑系统进行热工计算，对热工参数进行反求，可以预测窑系统热工参数的变化，针对性地提出技术改造优化方案。

186. 常用的适用于水泥窑协同处置的工艺系统技术改造方案有哪些？

（1）空气分级燃烧技术

由三次风主管引出一根支管，将总三次风量的 20%～30% 送往现有分解炉的鹅颈管部分，空气分级入炉的位置以固废入分解炉区后计算的气体停留时间≥3s 为设计依据，以保证固废的燃烧效果和燃尽度。三次风支管上设高温闸阀，用于调整风量及平衡与三次风主管道的压力。

（2）分解炉区的扩容

为保证分解炉气体停留时间能够满足固废的燃烧要求，对于容积较小的分解炉，可将原有的分解炉区进行改造，采用对分解炉进行扩容或增加后置鹅颈管的技术措施。分解炉的扩容，也为提高分解炉的燃料比例（例如可以达到 70% 以上的燃料比例）、提高分解炉的温度、适应固废的燃烧创造条件。

此外分解炉容积的设计除考虑固废在还原区的燃烧时间因素外，还考虑了分级燃烧后 CO 再燃尽所需的时间，以及将来采用 SNCR 脱硝技术时还原剂反应所需的时间。

（3）预热器系统改造

如果处置的固废作为替代燃料，则水泥窑系统燃料燃烧需要的理论空气量将发生变化，因此预热器系统的进口风速、内筒风速、上升管道风速、柱体假想截面风速等均将发生变化，如果通过反求计算发现上述风速明显超过合理风速范围，预热器系统会出现阻力较高、分离效率低，换热效率低等问题。

实际技术改造中，可以通过对影响系统阻力、分离效率、换热效率的主要因素——关键级数的预热器的进口涡壳、内筒和上升管道加以改造，可以降低部分关键部位的风速，可以获得如下效果：系统阻力降低 400～1000Pa；生料在预热器系统上升管道内总的停留时间略有延长，生料在预热器上升管道内与热烟气的总换热效率提高；预热器内生料的二次飞扬减少，分离效率提高，换热效率进而提高。

（4）高温风机及部分废气处理管道改造

如果综合利用固废的量较大，窑尾预热器出口烟气量增加较多，如果以当前的高温风机参数定产，则熟料产量下降过大，反倒不利于大量处置固废。因此在对水泥窑工艺进行优化的方案设计时，应考虑对高温风机及少部分废气处理管道的改造，以提高系统的拉风能力，减小固废燃烧及热解入炉对窑系统烟气平衡的影响，减少熟料损失，提高固废的处置量。

（5）在窑尾系统增设空气炮

为减少结皮堵塞现象的发生，提高系统运转率，在窑尾烟室斜坡、分解炉锥部、固废入分解炉的进料管和炉内进料口周边、五级和四级预热器的锥部等易出现粘结堵塞的部位增设空气炮，通过 PLC 控制进行定时清堵或出现异常征兆时人工控制空气炮清堵。

（6）根据需要增加旁路放风系统。

187. 处置固废时如何确定预热器的级数？

（1）通常情况下采用五级预热器；

（2）如果采用电石渣等含水分高的固废作为替代原料，需要利用窑尾废气余热，应根据水分的蒸发量进行热平衡计算，确定预热器的级数；

（3）为提高抑制二恶英再合成的效果，可采用六级预热器或改进型的六级预热器，如图3-2所示。

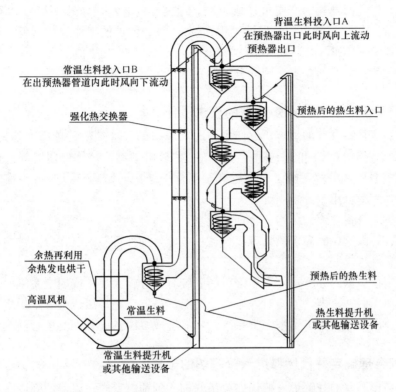

图 3-2　可有效抑制二恶英再合成的改进型六级预热器

188. 为什么说分解炉系统是处置可燃固废的主要系统？

对于现代新型干法水泥窑而言，窑尾分解炉和窑头的燃料用量比例以及工况温度均不相同。

分解炉主要承担碳酸盐分解任务，分解炉的平均温度控制在 830～890℃ 之间，从热平衡角度来看，目前设计的分解炉其燃料用量占水泥窑系统总燃料用量的 60%，分解炉内燃料燃烧产生的热量，略小于生料中碳酸盐分解所需要的总热量，因此一般情况下分解炉内碳酸盐分解率在 90%～96% 之间，分解炉内的燃料基本上是无焰燃烧状态。

而窑头喷入回转窑内的燃料主要用于熟料烧成，燃料燃烧火焰温度应达到 1750～1850℃，烧成温度应达到 1400～1450℃，以满足熟料主要矿物 C_3S 的生成要求，其燃料用量占水泥窑系统总燃料用量的 40%。

根据我国现阶段固体固废的特点，其热值往往低于燃煤的热值，因此当用于替代窑头燃煤时，由于窑头的燃料用量比例为 40%，从用量上就受到一定的制约，且根据国外使用经验，替代窑头燃料的固废的热值不宜低于 20MJ/kg（4777kcal/kg），如果使用较低热值的固废替代燃煤，则不能实现较高的替代量，且在同等热量替代的前提下，其火焰温度将会下降，同时受替代燃料的燃烧特性与燃煤存在差异的因素影响，火焰的形状和刚度也会受到影响，进而影响熟料的烧成。如果要提高火焰温度恢复至燃煤燃烧时的水平，则需要燃烧更多的固废、消耗更多的热量，但需要的理论空气量和产生的废气量又要高于煤的燃烧，且火焰的形状和刚度会受到更大的影响。因此，对于热值较低的固废，不宜大量从回转窑窑头作为替代燃料加入，以免对熟料的产质量造成影响。而窑尾的燃料用量比例可以达到60%甚至更高（国内已有70%窑尾燃料比的设计工程案例），且分解炉的工作温度远低于回转窑内的烧成温度，一般情况不低于11MJ/kg（2627kcal/kg）以上的低热值固废，其在分解炉内燃烧后均能满足碳酸盐分解的要求，因此分解炉系统是处置可燃固废的主要系统。

189. 处置可燃固废对分解炉选型的要求是什么？

（1）分解炉应具备合理的炉容，气体停留时间越长的分解炉型，越适合处置可燃固废。而20世纪80、90年代和21世纪初建设投产的一些分解炉型，气体停留时间过短（有些炉型只有2~3s），且受预分解系统工艺布置和窑尾框架结构的影响难以改造，难以选择合适的入炉位置，则不适合用于处置固废。

（2）分解炉应具备合理的结构、合理的流场，尽可能利用窑尾烟室或分解炉底的喷腾、三次风的旋流、炉内缩口的多次喷腾等复合流场效应，加强可燃固废在分解炉内的分散、均布、快速起燃和燃尽。

（3）应采用在线型的分解炉，当破碎后的固废有部分较大尺寸或因窑系统的原因不能悬浮时可以直接掉入回转窑内，不会对外界环境造成污染。反之，离线型分解炉出现上述情况时，固废直接掉出炉外而排出了水泥窑系统，容易造成二次污染且需要进行后续处置。

190. 如何合理确定替代燃料进入分解炉的位置？

（1）对于带预燃室的分解炉，替代燃料最好加入到预燃室内，以保证固废在分解炉内具有更长的停留时间；

（2）对于不带预燃室的分解炉，替代燃料最好加入在线分解炉的柱体底部、窑尾烟室缩口之上的区域，并在三次风入炉之前，利用窑尾回转窑出口气体的温度烘干替代燃料水分并升温，同时在窑尾窑气低含氧量的条件下，少量替代燃料的燃烧可以实现氮氧化物的减排，之后再在三次风的作用下全部燃烧。此外该种加热方式可以尽可能利用分解炉的炉容，延长停留时间；

（3）根据替代燃料的燃烧特性不同，确定与生料入分解炉位置的距离。因为生料碳酸盐分解的大量吸热，替代燃料与生料入炉位置不合理时将会影响替代燃料的燃烧；

（4）可燃性固废不宜直接喂入窑尾烟室，更不能大批量地从窑尾烟室入窑，这样容易造成回转窑窑尾出现还原气氛使得硫酸盐分解成亚硫酸盐，并进一步分解为二氧化硫和游离钙，增加系统结皮堵塞概率，造成系统运行不正常，熟料产质量下降；

（5）对于带空气分级燃烧的系统，固废不但应喂入空气分级管道入炉位置之前，而且从固废入炉位置算起至空气分级入炉位置之间的有效炉容应保证气体停留时间在3s以上。

191. 为什么协同处置固废时，二次风量与三次风量的比例关系调整至关重要？

二次风是指来自篦冷机与熟料热交换后回收进入回转窑的高温空气，作为回转窑内燃料燃烧的助燃空气。三次风是指经三次风管将同样来自篦冷机与熟料热交换后回收进入分解炉的高温空气，作为分解炉内燃料燃烧的助燃空气。在窑尾高温风机拉风量一定的前提下，二次风量和三次风量总和是一定的，彼此互相制约，因此两者的平衡很重要。

当利用分解炉和回转窑处置可燃固废时，由于固废的热值和燃烧特性与燃煤存在差异，因此单位热值需要的理论空气量会发生变化，等热值替代燃煤的过程中，需要的空气量会发生变化，因此二次风量和三次风量会发生变化，二者的比例关系发生变化。

192. 如何通过操作和技术改造来调整二次风量与三次风量比例关系？

操作中可以通过调整三次风阀门的开度来调节二次风量与三次风量的比例关系；对于窑尾烟室有可调整式缩口的，在不明显影响系统阻力和缩口喷腾速度满足工艺要求的前提下，也可以进行适当调整。如果二次风与三次风基本上同步发生变化，也可以通过调整高温风机转速的方式进行调整。

当通过阀门控制、高温风机转速调整等操作手段难以将二次风量与三次风量的比例调整至合理值，则应考虑对水泥窑系统进行一定程度的技术改造，如对窑尾烟室的缩口加以改造，对三次风管进行一些局部的改造，增加空气分级燃烧风管等。

193. 为什么说提高窑尾分解炉燃料比例可进一步提高固废的处置量？

对于新型干法窑系统燃料比例的分配，国内有学者提出强化窑尾预热分解系统实现低氮高效燃烧的理论研究成果并进行了工程实践。强化窑尾预热分解技术原理的核心是进一步强化窑尾预热分解系统在悬浮状态下的换热，将回转窑内的部分分解和升温过程移至窑外分解炉内完成。其主要技术措施是进一步提供窑尾燃料使用比例，喂煤用量占水泥窑系统总燃料量的比例达到 70% 以上甚至更高，窑头燃料量比例降低至 30% 以下甚至更低。

如前所述，根据分解炉的热工特点及固废的燃烧特性，分解炉是处置可燃固废的主要热工装备。因此提高窑尾分解炉燃料比例，可进一步提高固废的处置量。

194. 为什么借助窑系统富氧燃烧可以提高固废的处置量？

富氧燃烧可以提高燃料和替代燃料的燃烧速度，提高燃料和替代燃料的燃尽度。对于窑头而言，可以改善火焰形状和回转窑内的热力分布，改善窑内气氛，降低空气过剩系数；对于窑尾而言，在同样分解炉容积条件下，可以燃烧更多的燃料，因此可以适应分解炉内燃烧更多的固废。

此外，由于替代燃料的燃烧特性与煤粉有区别，受各种因素的制约，其在分解炉内出现不完全燃烧的概率较高，容易造成分解炉内 CO 浓度的升高，且对水泥窑运行和熟料质量的稳定产生影响。因此处置量将受到分解炉容积、结构以及系统拉风的影响。而借助富氧可以提高空气对替代燃料的助燃作用和 CO 的再燃风，可以提高替代燃料在分解炉内的燃烧速率和燃尽度，进一步提高固废的处置量。

195. 为什么在处置固废时应尽可能降低分解炉出口的 CO 浓度？

处置固废时分解炉出口 CO 浓度的增加，意味着固废在分解炉内出现不完全燃烧现象，造成热量的浪费以及对废气处理和煤粉制备系统（当利用窑尾烟气做烘干热源时）造成安全隐患。因此应采取各种措施降低分解炉出口 CO 的浓度。

 196. 为什么分解炉处置固废时需要增设空气分级燃烧系统？

分级燃烧是从生产工艺本身来降低 NO_x 排放的重要技术手段。无论是燃料分级还是空气分级，还是两种分级方式的结合，都是要在分解炉内部一定范围内形成燃料的不完全燃烧区域即还原区，人为提高 CO 气体在还原区的浓度，将来自回转窑内烟气中的 NO_x 还原为 N_2。

与 NO_x 发生还原反应后 CO 气体浓度依然较高，需要利用分级空气中的新鲜 O_2 和一定的氧化时间将 CO 进一步燃尽。

 197. 处置固废时空气分级燃烧的设计原则是什么？

(1) 空气分级燃烧空气比例占三次风的比例为 20%～30%；

(2) 空气分级燃烧管道应设电动调节阀；

(3) 空气分级入炉位置的设计为保证固废替代燃料燃烧产生还原性气体及与回转窑内 NO_x 还原反应充分，从固体废物入炉位置开始计算气体停留时间超过 3s 后的区域引入空气分级燃烧风管。

 198. 如何确定空气分级燃烧的设计方案？

以 THQJ 水泥公司 RSP 型分解炉固废处置项目为例，确定设计方案的过程如下：

(1) 进行了回转窑烧成系统的工艺热工计算，对窑和分解炉系统进行了热工分析，确定相关部位的工况流量；

(2) 根据分解炉的结构形式、各部位有效尺寸，对分解炉各部分的有效容积进行计算；

(3) 对分解炉内 SB 室（旋流燃烧室）、SC 室（旋流室）、MC 室（混合室，即 DD 炉的柱体）等部位的烟气停留时间进行计算；

(4) 确定了在工业化应用替代燃料时，替代燃料的合理加入位置。加入位置位于三次风与 SB 室连接管道上，即 SB 室进口前的位置上。这里是分解炉区氧浓度最高的部位，利于 AF 的起燃；

(5) 根据替代燃料的燃烧特性，还原气氛区域所需要的气体停留时间，确定了空气分级燃烧入炉的位置；

(6) 根据热工计算确定的三次风量和空气分级的比例，确定分级空气管道（脱硝管）的规格尺寸；

(7) 根据上述计算结果确定了替代燃料分级燃烧和空气分级的设计方案。替代燃料分级燃烧位置和空气分级脱氮管入炉位置见图 3-3。

 199. 为什么在处置固废时容易造成分解炉内及出口 CO 浓度偏高？

分解炉结构、炉容等参数的设计是按照所用燃料的燃烧特性来进行的。随着煤炭供应紧张，用煤品质逐步降低，低挥发分、高灰分、低热值的燃料开始普遍采用。随着水泥窑协同处置固废工作的开展，从我国国情来看，低热值替代燃料的使用量也将会增大。上述因素将导致原有的分解炉对燃料燃烧的适应性变差，如果不对工艺系统进行相应的改造，分解炉内

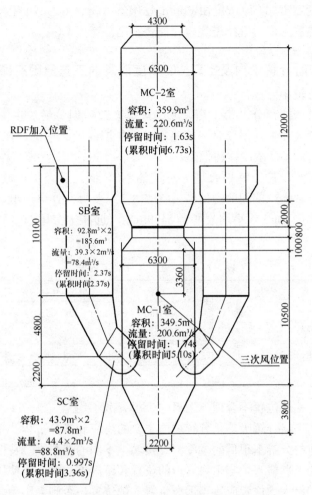

RDF入炉位置和三次风脱氮管入炉位置工艺设计方案

图 3-3　替代燃料分级燃烧入炉位置和三次风脱氮管入
炉位置工艺设计方案

CO浓度将可能上升。

以 JYTH 水泥厂为例,其分解炉为 TSD 型。在正常生产期间由分解炉 MC 室与窑尾烟室之间投入低热值固废替代燃料,投料量约 1.5t/h。经测定投料前后主要部位的 CO 含量见表 3-6。预热器出口 CO 浓度平均由 171ppm 上升到 1150ppm,说明替代燃料在炉内燃烧不完全,CO 浓度上升。

表 3-6　B 工厂 CO 测定数据

测定位置	投入低热值固废前 CO（ppm，10%O₂）		投入低热值固废后 CO（ppm，10%O₂）	
	平均值	变动范围	平均值	变动范围
窑尾烟室	0	—	385	0～770
C1 出口	171	150～192	1150	950～1350

此外，喂入固废后窑尾CO浓度由0ppm上升至385ppm，说明有未燃尽固废经缩口短路入窑或经五级预热器入窑后继续燃烧，在回转窑尾部产生CO。

200. 处置固废时分解炉内及出口CO浓度偏高的工艺原因有哪些？

（1）分解炉炉容较小

对于早期建成投产的预分解窑工厂，或经过提产改造但分解炉主体结构变化不大的工厂，其炉容较小，烟气在炉内停留时间较短，煤粉在炉内燃尽率低，预热器后燃现象明显。这种情况下分解炉内的CO浓度往往偏高。

以HUA工厂为例，其分解炉原型为早期的NSF型，后经提产改造熟料产量提高了50％以上。在某段正常生产期间的测试结果（表3-7）表明：分解炉出口CO的最低浓度为531ppm，最高浓度4644ppm，平均浓度为2479ppm，远高于窑尾烟室的浓度，说明炉内有CO大量生成。

表3-7　HUA工厂CO测定数据

指标 检测位置	CO（ppm，$10\%O_2$）		
	最小值	最大值	平均值
窑尾烟室	1	361	62
分解炉出口	531	4644	2479
C5出口	430	1822	926

（2）燃料与生料入炉位置不合理，燃料与生料分散不均

燃料燃烧放热和生料分解吸热是分解炉内主要的反应和换热过程。一般而言，燃料起燃时不宜过早和过多地与分解率很低的"冷料"接触。不同的燃料燃烧特性不同，需要的预燃空间不一样，因此要求燃料入炉与生料入炉的位置和距离不一样。当使用的燃料起燃温度高且燃尽速度慢时，燃料入炉位置应适当远离生料入炉位置，否则会影响燃料的燃烧过程，造成CO浓度的上升。

有些工厂的设计是燃料和生料几乎在同一位置进入分解炉，相当于在煤粉起燃过程中掺入了一些吸热量很大的"灰分"，其后果是使分解炉内的CO浓度上升。

燃料在炉内分散不均匀会形成浓相区，使部分燃料在局部缺氧的条件下燃烧。同样，生料不能迅速分散均布也会形成局部的浓相区和稀相区，影响燃料在炉内燃烧的稳定性，形成局部不完全燃烧而生成CO。

（3）窑列与三次风列气体流量不平衡

因为回转窑和分解炉的燃料分配问题，也相应地出现窑列与三次风列空气流量分配问题。而空气流量分配的准确性，取决于窑尾烟室缩口的面积和三次风管阀门的开度。

不考虑阀门损坏和工人操作不当等生产中的人为可控因素，从设计角度来看，当窑尾缩口设计尺寸不当时很容易影响窑列和炉列气体流量分配。尤其是对于带有离线燃烧分解炉系统且窑尾烟室缩口为固定缩口的工厂而言，对两列气体流量不平衡的问题应格外加以重视。烟气流量不平衡带来的后果是，当窑内通风不足时会造成窑内形成还原气氛而影响熟料质量和窑运转率，进而导致炉内CO含量的升高；当窑内通风过剩而三次风量不足时，将会导致窑内烧成带温度降低，分解炉内燃烧不完全，CO浓度会大幅升高。尤其是带离线燃烧系统

的分解炉，升高会更加明显。

（4）分级燃烧形成还原区

分级燃烧是从生产工艺本身来降低 NO_x 排放的重要技术手段。无论是燃料分级还是空气分级，还是两种分级方式的结合，都是要在分解炉内部一定范围内形成燃料的不完全燃烧区域即还原区，人为提高 CO 气体在还原区的浓度，将来自回转窑内烟气中的 NO_x 还原为 N_2。与 NO_x 发生还原反应后 CO 气体浓度依然较高，需要利用分级空气中的新鲜 O_2 和一定的氧化时间将 CO 进一步燃尽。当没有空气分级燃烧工艺，或分级燃烧工艺设计不合理，或 SNCR 还原剂喷射入炉位置不合理，乃至直接喷入还原区内等情况出现时，均可能使烟气在还原性气氛下进行脱硝反应，降低 SNCR 的脱硝效率。

201. 为什么在处置固废时应尽可能降低分解炉出口的 CO 浓度？

处置固废时分解炉出口 CO 浓度的增加，意味着固废在分解炉内出现不完全燃烧现象，造成热量的浪费以及对废气处理和煤粉制备系统（当利用窑尾烟气做烘干热源时）造成安全隐患。因此应采取各种措施降低分解炉出口 CO 的浓度。

202. 处置固废时如何降低分解炉内 CO 的浓度？

（1）烧成工艺的优化

①分解炉的改造

对于分解炉容积较小，气体停留时间较短的分解炉，通过对分解炉主体加高延长以及增加后置鹅颈管的方式进行扩容改造，可以减少燃料不完全燃烧现象。实际上，即使不考虑脱硝问题，这类工厂也应通过工艺的优化来实现节能降耗，而如果在确定分解炉改造方案时，能结合 SNCR 技术的实施统筹考虑 CO 的燃尽区停留时间和脱硝还原剂反应时间，则无疑是实现生产节能高效和环保高效的最佳技术路线。

②优化燃料入炉和生料入炉工艺

对采用的燃料特性进行研究分析，确定合理的燃料预燃空间，避免刚入炉的生料过早与入炉燃料接触，使燃料稳定燃烧。

生料的入炉工艺应结合燃料特点来确定。尤其是当采用低品质煤和低热值固废燃料时，应考虑生料分级入炉的工艺和设施，以灵活控制燃烧温度和炉温，防止"冷炉"而造成的燃料不完全燃烧。

应考虑加强煤粉和生料分散均布的工艺措施，防止产生局部区域燃料或生料过浓的现象。充分利用喷腾、旋流等各种流场效应来加强分散、均布、混合，延长燃料和生料在炉内的停留时间。

③优化系统用风，满足正常生产平衡要求

通过热工标定、热工计算等分析手段，可以找出系统中存在的因非操作因素造成的用风不平衡问题并加以解决。通过这种手段可以发现原始设计或安装砌筑过程中存在的问题，来解决那些在实际生产中长期存在的不明原因的困扰。如前所述的窑列与三次风列空气流量分配的问题，在实际生产中发现一些工厂的窑尾烟室固定缩口面积确实不合适，尤其是对于带离线燃烧系统的生产线，很容易造成因三次风量偏小导致燃料预燃不好而出现 CO 升高的现象。其实类似的一些问题很容易通过对系统进行热工诊断后发现，并通过一些简单的优化手段来完善。

（2）三次风分级入炉形成燃尽区

燃料分级和空气分级是氮氧化物减排的一个重要技术措施，由于在分解炉内形成 CO 浓度较高的还原区，因此将一部分三次风由主风管引出送入分解炉中后段合理部位形成 CO 燃尽区，是减少分解炉出口 CO 浓度的有效措施。未来随着新型干法窑企业的转型，低热值废物替代燃料的使用范围和用量将不断增加，CO 浓度上升的问题会进一步受到关注，而三次风分级入炉来加强 CO 再燃烧的技术手段应用会越来越普遍。

当然，并不是从三次风管引出一根管道再进入分解炉就一定会收到明显效果，设计中需要注意下述问题：

①燃料或替代燃料的燃烧特性

对于起燃温度低、燃烧速度快的燃料，要求在还原区的停留时间短；反之，要求在还原区的停留时间长。

②三次风分级入炉位置

需要通过热工计算得出的有关部位工况烟气流量，根据分解炉的结构和容积，以及燃料在还原区的停留时间要求，确定入炉的位置。

③三次风分级比例

因不同工厂的工艺条件而异。20%～30% 的分风比例无论是从研究结果还是生产实践效果来看，是被认可的。

④原有分解炉和三次风管的改造

原有三次风管与分解炉的连接尺寸应加以调整，以免过多影响三次风入炉的风速，进而对炉内流场、生料和燃料均布及热反应过程产生影响。

（3）SNCR 还原剂入炉的位置

①避免距离燃料主燃烧区过近

当采用氨水或尿素溶液时，喷射位置与燃料主燃区域过近，将会对燃料燃烧产生影响。

②避免直接喷入分级燃烧形成的还原区

还原区的 CO 浓度已经较高，还原剂喷入还原区后将消耗 OH 基，造成 CO 浓度进一步升高，而高浓度的 CO 将会影响 SNCR 脱硝效率。

③应在空气分级入炉位置后的某段合理区域喷入还原剂

分级空气入炉后可使未燃尽 CO 进一步燃烧。为保证 CO 燃烧充分，应预留出 CO 燃烧反应的时间。此时间以不低于 0.5s 为宜。

④应在分解炉内预留还原剂与 NO_x 还原反应的时间。

203. 为什么分解炉内 CO 浓度偏高对选择性非催化还原（SNCR）脱硝效率会产生影响？

高温烟气中生成的 OH 基元是 SNCR 脱硝反应所必需的，大量 OH 基元的生成可以促进更多的 NH_2 自由基生成进而还原 NO_x，但同时 OH 基元也是 CO 氧化为 CO_2 的反应参与者，因此 CO 的氧化过程和脱硝还原反应过程存在着对 OH 基元的争夺。这是 CO 浓度影响 SNCR 脱硝效率的本质原因。

（1）SNCR 脱硝机理（NH_3 与 OH 的基元反应）

SNCR 脱除 NO 的详细反应机理是由 NH_3 转化为 NH_2 基元开始的，在此过程中，OH 是关键的基元。

NH_3 对 NO_x 的还原是从 NH_3 生成 NH_2 自由基开始的：

$$NH_3 + OH \Longleftrightarrow NH_2 + H_2O \tag{1}$$

在温度窗口内，NH_2 主要有 2 条还原 NO_x 的反应途径：

$$NH_2 + NO \Longleftrightarrow NNH + OH \tag{2}$$

$$NH_2 + NO \Longleftrightarrow N_2 + H_2O \tag{3}$$

NNH 的后续反应为：

$$NNH + NO \Longleftrightarrow HNO + N_2 \tag{4}$$

（2）CO 与 OH 的基元反应

CO 主要通过以下两个基元反应，反应（5）消耗 OH 基元，生成 CO_2，反应（6）同时又促进 OH 的生成。

$$CO + OH \Longleftrightarrow CO_2 + H \tag{5}$$

$$O_2 + H \Longleftrightarrow O + OH \tag{6}$$

在不同的工况（温度、气氛等）条件下，两种反应的速率会发生变化。显然，当 CO 通过反应（5）消耗了一定量的 OH 基元而不能通过反应（6）生成更多的 OH 基元，则影响 SNCR 脱硝反应的进行，反之当 CO 消耗 OH 基元的同时还能生成更多地 OH 基元，则会提高 SNCR 脱硝效率。

（3）CO 浓度与 SNCR 脱硝效率的关系

国内外的研究结果表明，在低温条件下，CO 含量的增加，可以促进生成更多的 OH 基元，会加快总的 NO_x 的分解，因此 NO_x 的脱除效率会提高。而在高温条件下则恰恰相反，随着 CO 浓度的上升，NO_x 脱除效率会降低。因此 CO 浓度将直接影响温度窗范围和最佳脱硝温度。事实上，界定低温条件和高温条件并没有一个绝对统一的标准，因为随着实验条件不同或生产条件不同，所得到的结论也会有差异。根据对国内外相关研究成果的初步总结，当采用氨水时，烟气温度高于 850℃ 且 CO 浓度超过 1000ppm 后，可基本认为 CO 浓度与 SNCR 脱硝效率之间的关系符合高温条件下的变化规律，即随着 CO 浓度的进一步上升，脱硝效率将会降低；对于采用尿素溶液而言，当烟气温度高于 900℃ 且 CO 浓度超过 1000ppm 也开始呈现类似上述规律。而分解炉的正常操作温度恰恰大多在 850℃～920℃ 范围内，且炉内还有局部的高温区，因此如设计不当，分解炉内 CO 浓度的进一步上升对 SNCR 脱硝效率造成负面影响的机会要大得多。

（4）CO 浓度影响 SNCR 脱硝效率的结果分析

国内学者吕洪坤等在管式反应器上详细研究了 CO 含量对烟气 SNCR 脱硝效率的影响。图 3-4 表示在利用氨水的条件下，控制氨氮比为 1.5、氧含量为 4%，在不同 CO 浓度与 NH_3 含量比值下，经脱硝反应后残留的 NO_x 百分率与反应温度的变化趋势。从图中可见，对于不同的 CO 浓度，都对应于一个脱硝效率最高的温度，称为最佳脱硝温度。随着 CO 浓度的升高，最佳脱硝温度逐步降低，即脱硝温度窗口变窄并不断向低温方向偏移，同时最佳脱硝效率也有不同程度的降低。

国内学者梁秀进等在自行开发 SNCR 脱硝试验台上进行的试验研究也从其他方面验证了类似的结论。

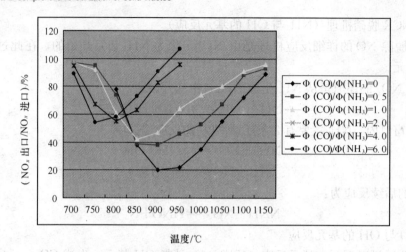

图 3-4 燃煤烟气 CO 浓度对 NOₓ 脱除的影响（采用氨水）

国外学者 Joe Horton 等，对利用 SNCR 技术控制水泥厂氮氧化物排放进行了工业试验研究。在分析 CO 浓度对 NOₓ 脱除效率的影响时，提供了如图 3-5 所示的关系曲线。说明了在利用氨水的条件下，NOₓ 原始浓度 500ppm，氨氮比 1.5，CO 浓度在 0、100ppm、1000ppm、5000ppm 时，不同温度下对应的残留的 NOₓ 的比例。同样可以看出，脱硝温度窗随着 CO 浓度的升高向低温方向偏移且温度窗范围变窄。当 CO 浓度升高至 1000ppm 以后，最佳脱硝温度降到 860℃以下，开始有低于分解炉正常操作温度的趋势；当 CO 浓度升高到 5000ppm 时，最佳脱硝温度降到 750℃，远远偏离分解炉的正常操作温度。如果分解炉的操作温度为 850℃，则 SNCR 脱硝效率不足 40％；当炉温超过 900℃后，脱硝效率为零，甚至又有新的 NOₓ 生成。

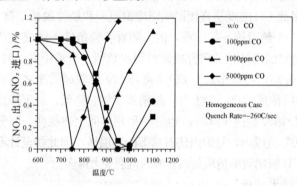

Homogeneous Case
Quench Rate=−260C/sec

图 3-5 分解炉内 CO 浓度对 NOₓ 脱除的影响

因此，根据分解炉的热工特点，CO 浓度的升高到一定程度以后，确实会明显降低 SNCR 的脱硝效率，而少量的 CO 的存在，也可能有利于 SNCR 的温度窗和最佳脱硝温度稳定在分解炉的正常操作范围内。具体的一些分析结果还有待于深入的研究。

当然，由于 CO 的存在势必会引起热耗的上升，并对后续工艺环节造成隐患，从工艺角度我们还是应该设法去减少 CO 出分解炉的浓度。

204. 什么是水泥窑协同处置废弃物气化炉系统？

气化炉是一个可以离线运行的炉型，借助少量自然空气作为气化剂，将固废气化后产生的高温可燃气提供给分解炉，对分解炉的运行情况影响较小，可以直接调节燃料用量和三次风用量来调节分解炉温度（当窑系统高温风机无富裕能力时，应同时对篦冷机余风排出量进行调整）。也可以通过对窑系统进行改造，通过降低系统阻力、提高系统的拉风能力等技术措施来减少或消除气化炉气化过程中由系统外带入的自然空气对窑系统烟气平衡的影响。

气化炉渣是经过 1100～1200℃ 高温熔融的,其中的重金属等有害成分实现了有效的固化,排出气化炉系统之后可作为混合材料用于水泥厂的生产,避免大块炉渣直接进入窑系统并参与配料而对熟料质量和产量的影响。

205. 固废气化与水泥窑系统协同关系如何?

固废气化炉与水泥窑系统的布置关系为离线。气化炉布置在水泥窑窑尾框架的一侧。固废气化后产生的 H_2、CO、C_nH_m 等可燃性气体经由管道送入分解炉的合理部位,在分解炉内再燃,实现系统处置(图 3-6)。

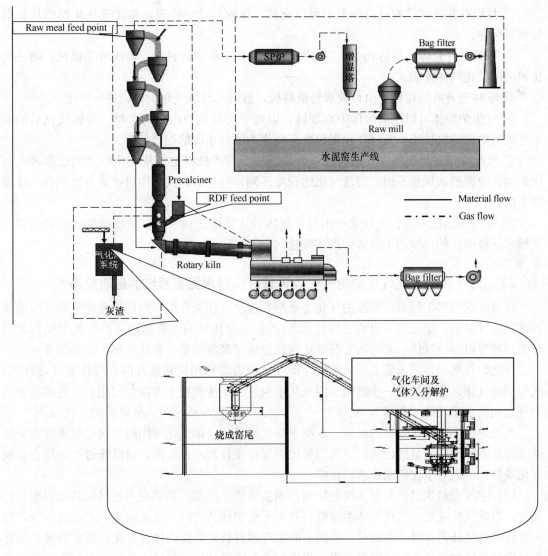

图 3-6　固废气化与水泥窑协同关系图

206. 固废气化的工艺流程是什么？

固废的气化过程中产生一定量的可燃性气体，如 H_2、CO、C_nH_m 等，随着气化炉的过剩空气经气体输送管道送入水泥窑分解炉内，既可以为分解炉提供部分热量实现燃料替代，也可以实现固废气化过程中产生的气体污染物的彻底处置。

以生活垃圾气化水泥窑协同处置工艺流程为例，说明如下：

① 垃圾进场后送往气化炉车间的垃圾接收坑，并通过行车垃圾抓斗将垃圾倒运至垃圾储存库。

② 在气化炉运行时，垃圾储库内的垃圾经行车垃圾抓斗抓取后送往气化炉的喂料设备——步进式给料机。

③ 垃圾在步进式给料机内经七个可以交替、往返运动的推板，被送至气化炉的垃圾喂料锁风竖井。

④ 喂料竖井总体高度达到 5m，利用垃圾在竖井中形成的料柱，实现可靠锁风，防止气化炉内的气化气体外溢。

⑤ 喂料竖井内的垃圾经由垃圾双辊给料机，被喂入垃圾气化炉内，进行气化。

⑥ 气化炉炉体可以围绕炉体中心旋转，以便于垃圾在炉内均匀布料。垃圾气化后的底渣经炉底的出渣机排出，可送往水泥粉磨车间作为磨制水泥的混合材料。

⑦ 气化介质采用自然空气，通过一台高压离心鼓风机将空气从气化炉体的底部鼓入气化炉内。根据鼓入风量不同，垃圾气化的程度不同，气化后的气体中可燃成分比例和气体温度不同。

⑧ 垃圾气化后的气体由气化炉出口经气体输送管道送往水泥窑系统窑尾分解炉内进一步燃尽，释放出的热量用于分解炉内碳酸盐的分解。

207. 为什么固废在气化炉内气化效果越好，对水泥窑系统的影响越小？

针对水泥窑热工特点，固废的气化主要是利用空气作为介质，按照固废完全燃烧所需要的理论空气量的一定比例（也称空气当量比），使一定比例的固废燃烧后产生热量供其余固废受热产生可燃性气体，并送入分解炉炉内燃烧继续释放热量，替代分解炉部分燃煤。

气化炉与水泥窑的布置关系为离线，即气化炉需要利用窑系统外的空气作为气化介质，气化后的气体入分解炉进一步燃烧。因此从水泥窑全系统角度来考虑，气化炉气化所需要的空气也相当于系统的"漏风"，它将进一步"挤占"从篦冷机回收入分解炉的二次风。

气化炉内固废气化效果的好坏，取决于空气当量比，即气化所用的空气量与固废完全燃烧所需要的理论空气量的比值。空气当量比应保持在合理的范围内，过低或过高，均会影响气化效果，进而对水泥窑系统造成影响。

（1）空气当量比过低对窑系统的影响。固废燃烧比例低，其热量不足以使其他固废充分气化，影响气化效果，气化气体温度低，甚至远低于回转窑的三次风温度，可燃成分少，进入分解炉后气体需要进一步加热，不但不能实现燃料替代，反而增加热耗，影响分解炉的操作稳定性，影响生料入窑分解率，进一步影响水泥窑系统的运行。

（2）空气当量比过高对窑系统的影响。固废燃烧比例过高，固废焚烧比重过大，此时虽然气体温度较高，产生的气体量大，但可燃成分很少，氧含量也低，进入分解炉后大量"挤

"占"的是高温三次风,因此在气化气体带入分解炉热量的同时,减少了三次风回收入分解炉的热量,因此从节约热耗的角度来看并不明显。但由于气化气体的氧含量较低,"挤占"了三次风的同时降低了分解炉内的氧含量,影响了分解炉内的工作气氛,进而影响了燃料在分解炉内的燃烧,同样影响分解炉的热工制度的稳定,降低生料入窑分解率,进而给回转窑运行的稳定以及熟料的产质量带来影响。

因此,气化炉气化效果的好坏,对水泥窑系统的影响很大。气化炉内气化效果越好,对水泥窑系统的影响越小。

208. 什么是水泥窑协同处置固废三路入窑技术?

固废进行一定的预处理后,无机物作为替代原料计量后进入原料粉磨系统,或直接送往回转窑窑尾烟室、分解炉等部位高温处置;高热值固废经过破碎后直接喂入分解炉内燃烧,作为替代燃料;低热值固废通过气化的方式将含有可燃成分的气体送入分解炉。

上述三种技术的组合称之为协同处置固废三路入窑技术,可以有效提高水泥窑协同处置固废的能力。

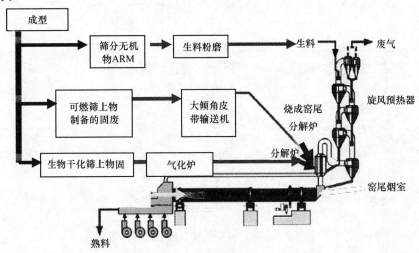

图 3-7　水泥窑综合利用 ARF 工艺流程图

209. 典型水泥窑旁路放风系统的工艺流程是什么?

典型的水泥窑旁路放风系统是采用两级冷却的工艺流程。

第一级冷却,采用骤冷风机掺入到热风中骤冷的方式。

直接将自然空气鼓入"取风骤冷室",与热烟气混合,使烟气温度从 1100℃ 迅速降低至 350℃。

第二级冷却,采用自然空气与热烟气在"空冷多管冷却器"的散热界面,进行表面热交换的冷却方式。

经一级冷却后的混合烟气,进入"空冷多管冷却器"中,通过冷却器表面向外传热,与强制吹向冷却器表面的自然空气进行热交换,强制散热冷却。由于二级冷却的空气不与热烟气直接混合,因此可以减少后续收尘系统的处理风量,降低系统投资。经过多管冷却器后的烟气温度由 330℃降低至 150℃。

经过二级冷却后的烟气，送至袋式收尘器进行除尘。净化后的烟气，再经由离心引风机送往窑头箅冷机第二风室鼓风机进口，对烟气进行处理。

空冷多管冷却器和袋收尘器收集的窑灰，送往一座储量为 30t 的钢板圆仓收集储存。集灰仓顶设单机袋收尘器，仓下设卸料机，随时将窑灰运至兴发水泥厂等金隅集团的其他水泥厂进行综合利用。

为保证设备的运转率，在窑尾烟室及取风口附近，设置一定数量的空气炮；在集灰仓采取罗茨风机充气和镶砌防挂壁内衬的措施。

系统设置若干阀门，用于实现管道的开闭、流量调节、掺入冷风、卸料锁风等功能。

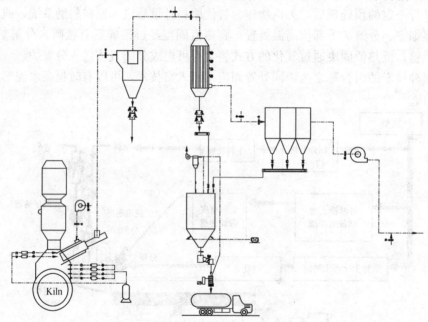

图 3-8　氯离子旁路放风系统工艺流程图

210. 固废气化气体入分解炉对环境的影响如何？

气化炉采用的气化熔融技术是目前较被认可的生活垃圾焚烧技术。气化过程中的还原气体有利于将可能成为二恶英催化剂的金属离子还原成金属单质，降低二恶英的生成量，并且实现了渣灰熔融，其产生的炉渣可直接用于水泥原料或混合材、建筑或道路应用。

可燃气体送入分解炉燃烧不仅可以替代部分燃料，燃气进入分解炉燃烧还可以有效降低氮氧化物减放，利于环保减排。

根据对 THQJ 水泥公司气化炉处置固废过程中的检测结果（表 3-8）表明，气化炉出口气体中所含二恶英等污染物，在进入水泥窑分解炉内进一步处置后，窑尾烟囱排放的烟气中污染物检测结果符合国家及北京市地方排放标准。

从检测结果（表 3-9）来看，烟气中污染物的排放浓度符合国家及北京市地方排放标准。尤其是对垃圾气化过程中产生的二恶英的分解效果明显，窑尾烟气中二恶英的排放浓度仅为 $0.012ng\ TEQ/m^3$，远低于 $0.1ng\ TEQ/m^3$。因此，生活垃圾气化后气体入分解炉燃烧进行协同处置时，不会影响周围的环境。与生活垃圾直接入炉协同处置一样，可以对生活垃圾进行安全无害处置，并减烧原煤的使用量，更有利于环境的改善。

表 3-8 气化炉出口烟气主要污染物排放检测结果

项目 日期	二氧化硫 （mg/m³）	氮氧化物 （mg/m³）	一氧化碳 （mg/m³）	氯化氢 （mg/m³）	汞 （mg/m³）	二恶英 （TEQ）（ng/m³）
2014.2.14	139	83.5	208	/	/	平均：0.088

表 3-9 回转窑窑尾烟气主要污染物排放检测结果

项目 日期	二氧化硫 （mg/m³）	氮氧化物 （mg/m³）	一氧化碳 （mg/m³）	氯化氢 （mg/m³）	汞 （mg/m³）	二恶英 （TEQ）（ng/m³）
2014.2.14	1.6	141	205	7.0	4.3×10^{-3}	平均：0.012

211. 为什么高热值固废入分解炉技术与低热值固废气化气体入分解炉技术的进行可以提高协同处置量？

由于高热值（高于 2627kcal/kg）和低热值（低于 2627kcal/kg）固废的理化特性不同，因此可以采用两种不同的技术路线进行协同处置，以减少对窑系统生产的影响。高热值的固废直接入分解炉燃烧（热值高，单位热值燃烧需氧量虽然小于低热值固废，但总的需氧量大，可以在悬浮状态下利用大量三次风燃烧），低热值固废进入气化炉（热值低，总需氧量小，利用系统外少量的空气，对三次风影响小，有利于窑系统的烟气平衡）。因此高热值固废入分解炉后，尽可能地利用了原有的三次风来燃烧固废，同时又减轻了气化炉气化垃圾带入系统的空气量对回转窑运行的影响，以达到提高协同处置量的目的。

以 XF 水泥厂生活垃圾处理项目为例，其熟料产量为 1200t/d，协同处置所在地区每天产生的 300t 城区与农村的生活垃圾，并按照未来能够处理每天 500t 的生活垃圾进行方案设计，理论上折算原生垃圾处置量与熟料生产能力的比值可以达到 0.25～0.40t 垃圾/t 熟料。

为提高水泥窑的协同处置生活垃圾量，对生活垃圾进行精细预处理。预处理后生活垃圾分为四个部分。除每天约 20t 的灰土送往填埋场填埋后，其余送往水泥厂作为替代原燃材料。

第一部分是生活垃圾分选后的高热值可燃筛上物，经过生物干化后含水率小于 20%，热值在 3200kcal/kg 左右，产生量约为 83.5t/d。送往水泥厂后直接入炉做替代燃料。为方便起见将该部分筛上物称之为 HC—固废（高热值替代燃料）。

第二部分来自经垃圾分选后的筛下物，进一步经过生物干化后再进行筛分的筛上物，含水率在 35%，平均热值在 1000kcal/kg 左右，产生量约 204.1t/d。送往水泥厂后通过热解炉热解产生气体送入分解炉再燃烧。严格来讲这部分筛上物不属于替代燃料。但由于热解气体中有少量热值且被水泥窑利用，为方便起见将该部分筛上物称之为 LC—固废（低热值替代燃料）。

第三部分为垃圾分选后得到的块状无机物，产量约 35t/d。送往水泥厂作为替代原料。

第四部分为垃圾分选后得到的灰土，产量约 20t/d。送往填埋场填埋。

考虑每年检修、日常工艺停窑等因素，窑的实际日处置量大于上述垃圾筛选物的日处理量。

（1）两种筛上物工业分析（表 3-10，表 3-12）和灰渣化学成分分析（表 3-11，表 3-13）。

表 3-10　可燃筛上物的工业分析

挥发分(%)	固定碳(%)	灰分(%)	低位热值(kcal/kg)	水分(%)	全硫(%)	Cl⁻(%)
61.39	7.26	10.85	3200	20.00	2.10	0.50

表 3-11　可燃筛上物灰分化学成分分析

名称	CaO(%)	SiO₂(%)	Al₂O₃(%)	Fe₂O₃(%)	MgO(%)	SO₃(%)	Cl⁻(%)	K₂O(%)	Na₂O(%)	总和(%)
灰分	24.21	36.83	11.34	4.96	6.13	10.12	0.60	1.94	0.91	98.04

表 3-12　生物干化筛上物的工业分析

挥发分(%)	固定碳(%)	灰分(%)	低位热值(kcal/kg)	水分(%)	全硫(%)	Cl⁻(%)
19.84	5.53	35.24	1000	35.00	1.37	0.34

表 3-13　生物干化筛上物灰分化学成分分析

名称	CaO(%)	SiO₂(%)	Al₂O₃(%)	Fe₂O₃(%)	MgO(%)	SO₃(%)	Cl⁻(%)	K₂O(%)	Na₂O(%)	总和(%)
灰分	10.61	53.99	12.98	6.81	4.69	5.25	0.477	1.85	0.78	97.437

（2）根据利用替代性燃料后进行的热平衡计算，单位熟料燃料燃烧热耗为 3609kJ/kg 熟料（862kcal/kg 熟料）。

热平衡计算结果见表 3-14。

表 3-14　熟料烧成系统热平衡计算

热收入				热支出			
序号	项目	kJ/kg.cl	kcal/kg.cl	序号	项目	kJ/kg.cl	kcal/kg.cl
1	煤粉燃烧入烧成系统热	1839.90	439.45	1	熟料形成热	1776.00	424.19
2	生物干化筛上物热解入炉热	555.84	132.76	2	生料水分蒸发热	64.56	15.42
3	可燃筛上物燃烧入炉热	1213.67	289.88	3	预热器出口废气带走热	908.74	217.05
4	燃料带入的显热	11.56	2.76	4	预热器出口粉尘带走热	36.38	8.69
5	生料带入的显热	59.42	14.19	5	箅冷机余风排出带走热	468.69	111.94
6	一次风带入显热	1.31	0.31	6	箅冷机余风粉尘带走热	11.04	2.64
7	箅冷机鼓风带入显热	61.24	14.63	7	不完全燃烧带走热	6.52	1.56

热收入				热支出			
序号	项目	kJ/kg. cl	kcal/kg. cl	序号	项目	kJ/kg. cl	kcal/kg. cl
8	系统漏风带入显热	8.35	1.99	8	系统表面散热带走热	273.82	65.40
				9	箅冷机出口熟料带走热	78.20	18.68
				10	旁路放风热量损失	96.46	23.04
				11	其他热损失	30.88	7.38
	合计	3751.29	895.98		合计	3751.29	895.98
	燃料燃烧热耗合计 (1+2+3)	3609.41	862.09				

（3）配料设计。

① 熟料率值的确定

熟料率值如下：$KH=0.91\pm0.02$，$SM=2.85\pm0.10$，$AM=1.35\pm0.10$。

② 原料配比和理论料耗

表 3-15　原料配比和理论料耗（干基）

名　称	石灰石	砂岩	铝矾土	无机物	理论料耗
物料配合比（%）	89.8	5.6	2.5	2.1	1.529

③ 生、熟料化学成分

表 3-16　生料、熟料化学成分　　　　　　　　　单位：%

名称	配合比	Loss	CaO	SiO_2	Al_2O_3	Fe_2O_3	MgO	SO_3	Cl^-	K_2O	Na_2O
生料		35.75	42.75	14.13	2.75	2.12	1.13	0.0889	0.0114	0.4820	0.0823
灼烧生料	98.25		66.54	21.99	4.28	3.30	1.76	0.1384	0.0178	0.7502	0.1281
燃料渣灰	1.75		0.44	0.66	0.24	0.12	0.06	0.1689	0.0472	0.0301	0.0150
熟料	100		65.81	22.26	4.44	3.37	1.78	0.5700	0.1027	0.8107	0.1544

熟料中的碱当量：0.69%

④ 熟料率值及矿物组成等

表 3-17　熟料率值及矿物组成

矿物名称	C_3S	C_2S	C_3A	C_4固废
矿物组成（%）	58.44	18.30	6.07	10.23
熟料率值	$KH=0.91$	$SM=2.85$	$IM=1.32$	

计算液相量：24.22%

⑤ 物料平衡

表 3-18　物料平衡表

物料名称	生产损失（％）	天然水分（％）	干物料配比（％）	消耗定额（t/t熟料）			物料平衡量湿基（t）	
				理论	干	湿	小时	日
石灰石	3	2	89.8	1.373	1.416	1.445	61.39	1473.5
砂 岩	3	10	5.6	0.086	0.088	0.098	4.17	100.1
铝矾土	3	6	2.5	0.038	0.039	0.042	1.78	42.8
无机物	3	13	2.1	0.032	0.033	0.038	1.62	38.7
生 料	3	1	100	1.529	1.576	1.592	67.68	1624.2
熟 料				1	1		42.5	1020
原 煤	3	8		0.076	0.078	0.085	3.60	86.38
可燃筛上物		20				0.091	3.85	92.4
生物干化筛上物		35				0.221	9.40	225.7

212. 水泥窑系统结皮堵塞产生的原因有哪些？

水泥窑系统产生结皮堵塞产生的原因有两种，即化学性的堵塞和物理性的堵塞，而且在很多时候两种原因是同时存在并相互作用造成堵塞。

化学性堵塞是预热分解系统耐火材料内衬表面形成生料黏滞并越滞越多，或形成结皮并越结越厚，阻碍生料的运动造成堵塞。

物理性堵塞是指由于规格、尺寸等参数选取不当，机械设备设计不合理或发生故障、操作控制及系统维护不良等原因引起的料流停止运动。如卸料管直径偏小、锥体或卸料管的角度偏小、预热器进口和窑尾烟室斜坡的角度、形式不合理、各种可能积料的平面设计不当、耐火材料的掉落、内筒烧坏脱落、导流板烧坏脱落、降阻整流器的烧坏脱落、翻板阀灵活性差或不动作、翻板阀烧坏、预热器系统漏风大等都会造成物理性的堵塞。

213. 形成化学性堵塞的因素有哪些？

主要有温度、低熔点挥发性矿物成分，以及料、风、煤匹配等方面的因素。

（1）温度

这里主要是指温度的超高对系统的影响。大多数的化学性的堵塞都是温度大幅度的超过了该部位正常的操作温度。造成这种现象的因素较多，但大多都是因为入窑和入炉的煤粉量难以控制，甚至出现跑煤的现象，造成系统温度超高。一般而言，当系统温度超过 900℃以后，堵塞的概率会开始增加，而当操作不当时，例如某些工厂的炉温甚至曾经达到过 1200℃以上，这时在系统内已经开始大量出现液相，堵塞的现象会很容易发生。

（2）原料和燃料灰渣中低熔点挥发性矿物成分含量

该种粘结堵塞出现的温度段集中于 650～850℃之间，以带五级预热器的预分解窑为例，经常出现于分解炉锥部、出口以及五级、四级、三级预热器的锥体等部位。

生料投入系统后，经过各级预热器的过程，是一个不断与热烟气换热和升温的过程，随着温度的变化，会发生一系列的物理和化学过程，物料本身的性能也在不断地发生变化，如产生黏性，黏结在预热器壁面上，或者物料结团、结块等，它们在通过旋风筒下锥体和管道时最容易出现结皮、滞留和堵塞。

低熔点矿物成分主要指钾、钠、氯、硫等，俗称有害成分，会在窑和分解炉内进行挥发，随气流进入预热器。随着预热器系统内气流温度的不断下降，以及低温度的生料不断地进入，再冷凝下来并随生料重新回到窑内，这样形成一个循环富集的过程。由于在熟料矿物多组分系统中，上述成分形成的化合物的熔点较低，熔点范围在 $650\sim850℃$ 之间的居多，当预热器内物料本身有害成分物质含量越来越高后，在上述温度条件下其生料的表面就会产生液相，使生料的表面具有黏性。当这种表面具有黏性的生料与壁面接触时，可使物料表面液相降温，进而附着在壁面上，形成锥体结皮或下料管道结皮现象，这样就减小了物料通过面积，并最终形成堵塞。

当水泥窑使用废弃物做替代原料和替代燃料时，由于废弃物中的有害成分尤其是氯离子等元素含量往往较高，如不采取相应措施，更容易造成窑系统产生化学性堵塞。

（3）生料、燃料、窑系统用风匹配的影响

① 生料量和燃料用量。当系统生料量大或系统燃料用量小时，生料分解吸热造成系统温度低于正常值，引起燃料的不完全燃烧；不完全燃烧后的燃料则会进入到预热器系统继续燃烧，使预热器系统温度超高引起堵塞。不完全燃烧还会形成还原气氛，使有害成分的挥发量增加。当使用废弃物做替代燃料时，受废弃物二维或三维尺寸的影响以及燃烧特性的影响，更容易出现在分解炉内燃烧不尽或落入回转窑内燃烧的现象，使上述现象出现的概率加大。反之，当生料量小或系统燃料量大时，煤粉燃烧大量放热，系统的温度相应提高，或者在系统局部过热产生高温，加速物料表面形成液相，进而形成结皮堵塞。

② 系统拉风。拉风的不足会造成煤粉的不完全燃烧和还原气氛，和燃料用量不足的情况一样，形成黏结堵塞。

由于煤粉的燃烧和碳酸盐的分解会释放出大量的 CO_2，当拉风不足时，CO_2 浓度将会增大，由于碳酸盐分解是可逆反应，此时，CO_2 与 CaO 能够再化合成 $CaCO_3$。由于逆向反应后形成的 $CaCO_3$ 活性变差，流动性变差，结构较为致密，导致生料板结而造成堵塞。

214. 为什么当水泥窑协同处置废弃物时氯元素是造成水泥窑系统堵塞的最主要因素？

在钾、钠、氯、硫等挥发性有害成分中，氯元素是挥发性最强的一种成分，在正常的烧成温度下，其在回转窑内的挥发率能够达到 98％ 以上，最高可以超过 99％，且主要以氯化钾化合物形态挥发，并可以从固态直接升华为气态挥发。

根据国内外多年的生产实践，当生料中氯离子含量小于 0.015％ 时，即折合熟料中氯离子含量（含燃料带入）小于 0.025％ 时，一般不会出现因氯离子循环富集而造成窑系统的结皮堵塞现象。

从国外的实践经验来看，出于环境保护的原因，替代原料的使用日益增加，同时化石类燃料的价格日益提高，利用各种废弃物做替代燃料的用量不断增加，因此带入水泥窑系统的氯离子也不断增加，超过了水泥窑对氯元素含量要求的限值，成为造成水泥窑系统结皮堵塞的最主要原因。相应的，针对氯离子的旁路放风系统在水泥窑协同处置废弃物的生产线上得以普遍应用。

215. 水泥窑的旁路技术有哪些?

为解决钾、钠、氯、硫等元素对水泥窑生产过程中造成的不良影响,使系统运行稳定,生产合格质量的熟料,采用水泥窑的旁路技术是解决上述问题的有效途径。

水泥窑旁路技术主要分为三种:

(1) 旁路窑灰技术。是将窑尾收尘器收集的窑灰,作为水泥混合材料或生产其他建材制品。该技术简单,但在减少循环富集方面的效果相比较而言是最差的。

(2) 旁路热生料技术。由于入窑热生料中的有害成分循环富集程度较高,因此其旁路效果优于旁路窑灰的效果。但由于热生料排放量较大,不但热耗损失加大,其后续的处理和使用会造成成本增加幅度较大。

(3) 旁路放风技术。由于在窑尾烟室的烟气中含有浓度较高的挥发性组分,因此在烟室的合理部位抽取一定比例的烟气放出系统外,并经过冷却、收尘等工艺处理,使挥发性的有害成分凝结吸附在窑灰中而排出系统外,进而减少了窑系统内挥发性组分的循环富集量。该技术在减少循环富集方面的效果最好,是目前应用最为普遍的一项技术,但投资相对而言也最大,并有一定的热耗损失。

216. 针对氯离子旁路放风的系统与传统的旁路放风系统有何不同?

传统的旁路放风系统主要是指对碱金属含量高而设计的旁路放风系统。这些系统往往是间歇放风,不连续运行,放风比例高。由于钠金属的挥发率低,因此放风比例可达 30% 以上,明显影响正常生产,且热耗损失较大。

而针对氯离子旁路放风的系统放风比例以 2%~10% 居多,多为小比例连续放风系统,与窑系统同步运转,窑尾烟室缩口、窑头罩等关键部位的尺寸均考虑了旁路放风的影响,因此氯离子旁路放风系统运行时对水泥窑的运行工况几乎不产生影响。

217. 国外及国内氯离子旁路放风系统的建设和运行情况如何?

(1) 国外

① 欧、美、日等国家水泥窑协同处置废弃物工作起步早,处置废弃物的水泥工厂较多,氯离子旁路放风系统应用普遍,技术成熟可靠。

② 多家水泥技术装备公司为众多家水泥企业提供具有不同特点的氯离子放风技术和装备,如 KHD 公司合计为超过 50 家水泥工厂提供技术装备,POLYSIUS 公司也达到 50 家以上,FLS 公司超过 40 家,Taiheiyo 公司超过 30 家,UBE 公司达到 17 家,ATEC 公司、KOBE 公司、IMMB 公司等也提供了部分技术和装备。

③ 氯离子旁路放风系统放风比例以 2%~10% 居多,多为小比例连续放风系统,几乎不影响水泥窑的运行工况;多数工厂运行情况表明熟料综合热耗不增加。

(2) 国内

① 国内带旁路放风系统的生产线较少,少数已建成的旁路放风系统也是以碱金属元素放风系统为主。

② 国内的碱金属旁路放风系统为间歇放风,不连续运行,放风比例可达 30% 以上,因此,放风时明显影响正常生产,且热耗损失较大。

③ 中材集团所属的新疆米东天山水泥公司的电石渣生产线，于 2013 年新增一套氯离子旁路放风系统，2013 年 10 月投入运行，其放风比例约 7% 左右，为连续放风。经对现场考察，运行后因氯离子原因造成的粘结堵塞现象明显下降，生产线运行稳定，运转率提高，熟料质量提高，且热耗没有明显变化。

218. 氯离子旁路放风技术的实施对窑系统的运行会带来哪些有利因素？

（1）窑系统稳定运行。当按照小比例、连续旁路放风技术进行针对性设计，并对生产操作进行优化后，可使窑稳定运行。

（2）减少结皮堵塞，提高运转率。由于减少了氯离子等有害元素的循环富集，减少了不必要的止料或停窑，提高了窑的运转率，降低热耗。

（3）熟料质量得以提高，可以稳定生产高强度等级水泥，还能够降低水泥的综合能耗。

（4）利于适当提高分解炉炉温，提高窑系统的烧成能力，利于处置废弃物，节能降耗。

（5）设备稳定性改善，机械维护费用和耐火材料费用下降。烧成系统长时间稳定运行，改善机械设备运行状况，延长耐火材料使用周期。

（6）减少清堵频率，降低劳动强度，提高劳动生产率，实现安全生产。

219. 确定是否增设氯离子旁路放风的原则是什么？

（1）原则一：根据各种原料、替代原料、燃料、替代燃料带入窑系统氯离子含量的总量，计算出熟料中氯离子理论含量，进行综合分析判断。当熟料中氯离子含量<0.025%（250ppm）时，不用增设旁路放风系统；当熟料中氯离子含量≥0.025%（250ppm），而≤0.030%（300ppm）时，可根据三氧化硫组分的含量高低进一步分析是否增设旁路放风系统；当熟料中氯离子含量>0.030%（300ppm）时，需要增设旁路放风系统。

表 3-19　熟料中氯离子浓度与旁路放风系统的关系

熟料中氯离子浓度	是否需要增设旁路放风系统
<250ppm	不需要
250~300ppm	根据硫组分确定是否需要
>300ppm	需要

以 XF 项目案例说明如下：

XF 项目利用水泥窑协同处置替代性原燃材料主要分三个部分：可燃筛上物、生物干化筛上物、块状无机物。

经计算在可燃筛上物入分解炉以及生物干化筛上物热解入分解炉的条件下，在无旁路放风的情况下熟料中的 Cl^- 含量理论计算值高达 0.1027%（1027ppm），远高于 250ppm 的限值。因此需要考虑设置氯离子旁路放风系统（表 3-20）。

表 3-20　生料、热生料、熟料中有害元素含量分析（处置垃圾无旁路时）

指标名称	Cl^-
生料中含量（%）	0.0114
灼烧生料带入熟料量（%）	0.0174
煤粉及 AF 燃烧燃烧带入熟料量（%）	0.0473
生物干化筛上物热解气体带入熟料量（%）	0.0380
熟料中有害元素含量（无旁路时）（%）	0.1027

（2）原则二：通过对有害元素的循环富集量进行计算，得出热生料中氯离子和三氧化硫的含量，对水泥窑系统粘结堵塞概率进行计算。当轻度结皮概率≥50％时，应增设氯离子旁路放风系统。

以 XF 项目案例说明如下：

根据有害元素在窑系统内的循环富集量进行计算，处置垃圾后（在无旁路放风时）入窑热生料中 Cl^- 的富集浓度为 4.6726％，SO_3 的富集浓度为 1.2959％。根据对结皮风险进行评价（表 3-21、图 3-9），轻微结皮概率为 100％、重度结皮概率为 66％，因此应设计氯离子旁路放风系统以降低结皮堵塞现象，保证窑系统处置垃圾时能保持较高的运转率。

表 3-21　生料、热生料、熟料中有害元素含量分析（处置垃圾无旁路时）

指标名称	Cl^-	SO_3	K_2O	Na_2O
生料中含量（％）	0.0114	0.0889	0.4820	0.0823
灼烧生料带入熟料量（％）	0.0174	0.1359	0.7370	0.1258
煤粉及 AF 燃烧燃烧带入熟料量（％）	0.0473	0.1689	0.0301	0.0150
生物干化筛上物热解气体带入熟料量（％）	0.0380	0.2652	0.0436	0.0136
熟料中有害元素含量（无旁路时）（％）	0.1027	0.5700	0.8107	0.1544
热生料中富集浓度（％）	4.6726	1.2959	1.8893	0.2215

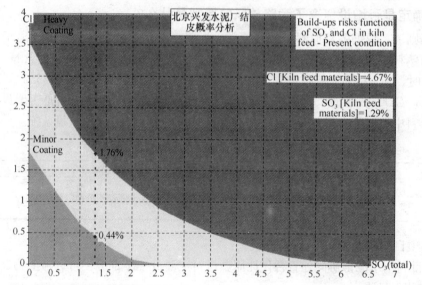

Minor coating risk		100%		
Heavy coating risk		66%		
Present condition		Minor coating limit		Heavy coating limit
Cl [Kiln feed materials]	4.67%	0.44%	4.67%	1.76%	4.67%
SO_3[Kiln feed materials]	1.29%	1.29%	0.00%	1.29%	0.00%

图 3-9　氯离子对结皮概率的影响（处置垃圾无旁路放风）

220. 设计旁路放风系统需考虑哪些关键因素？

设计旁路放风系统，需要考虑放风比例的确定、采用的取风方式、取风位置、烟气冷却方式、窑灰的收集与处理、旁路放风废气中污染物的排放控制等因素。

 221. 如何确定氯离子旁路放风的比例？

氯离子放风比例的确定应同时满足下述两个条件：

(1) 旁路放风后熟料中的 Cl⁻ 含量≤250ppm；

(2) 旁路放风后预热分解系统的重度结皮概率降至 0％，轻度结皮概率降低至≤50％。

因此在确定旁路放风比例前，应对水泥窑系统的有害元素的循环富集进行分析，根据各有害组分的挥发率，计算出在不同放风比例条件下热生料中有害元素含量，进而计算出在不同放风比例条件下熟料中氯离子浓度和窑系统结皮堵塞概率。

以 XF 项目案例说明如下：

根据项目基础数据，通过对有害元素进行循环富集计算，计算出不同放风比例下热生料中有害元素含量、熟料中氯离子含量和窑系统结皮概率。

表 3-22 不同旁路放风比例下的氯离子及其他有害元素的循环富集浓度及分析

放风比例（％）	Cl⁻（％）	SO₃（％）	K₂O（％）	Na₂O（％）	重结皮概率（％）	轻结皮概率（％）	熟料中 Cl⁻（ppm）
0	4.6726	1.2959	1.8893	0.2215	66	100	1028
1	3.2337	1.2796	1.8645	0.2205	51	100	711
2	2.4724	1.2637	1.8403	0.2196	34	100	544
3	2.0012	1.2482	1.8168	0.2186	13	100	440
4	1.6809	1.2331	1.7938	0.2177	0	90	370
5	1.4489	1.2183	1.7715	0.2168	0	72	319
6	1.2732	1.2039	1.7496	0.2158	0	58	280
7	1.1356	1.1899	1.7283	0.2149	0	47	250
8	1.0247	1.1761	1.7076	0.2140	0	37	225
9	0.9336	1.1627	1.6873	0.2131	0	30	205
10	0.8574	1.1495	1.6675	0.2122	0	24	189
11	0.7927	1.1367	1.6481	0.2114	0	19	175
12	0.7370	1.1241	1.6292	0.2105	0	14	162
13	0.6887	1.1118	1.6107	0.2096	0	11	152
14	0.6463	1.0998	1.5926	0.2088	0	7	142
15	0.6088	1.0881	1.5750	0.2079	0	3	134
16	0.5755	1.0766	1.5577	0.2071	0	0	127

根据上述数据，当旁路放风量＜4％时，仍存在重度结皮概率；当旁路放风量≥4％时，重度结皮概率降至 0％，轻度结皮概率随着放风量的增加从 90％逐步下降；当旁路放风量为 8％时，热生料中的 Cl⁻ 浓度为 1.0247％，熟料中的 Cl⁻ 浓度降至 250ppm 以下达到 225ppm，SO₃浓度为 1.1761％，轻度结皮概率为 37％，能够满足设计目标要求；随着放风量的进一步提高，轻度结皮概率下降幅度变缓，而热耗损失将明显增加，旁路放风的经济性明显变差，对系统产量、质量的影响幅度将明显增大；当旁路放风量达到 16％时，轻度结

皮概率才能降至 0%，从经济性和可操作性方面来看均是不可取的。因此从生产运行、熟料产质量、经济性等方面综合考虑，8%的旁路放风量是合理的。在此放风比例条件下轻度结皮概率已经较低，可通过在生产中加强监控、巡检等手段，及时对出现的结皮进行清理，同时在易结皮堵塞的部位增设空气炮，通过 PLC 控制进行自动清堵，或根据实际情况人工开启空气炮清堵。通过采取上述措施，不会影响水泥窑的正常运行。

由于本项目是以处置固体废弃物为建设目的，以氯离子旁路放风满足窑系统运转要求为主要设计目标，因此旁路放风的设计比例为 8%。

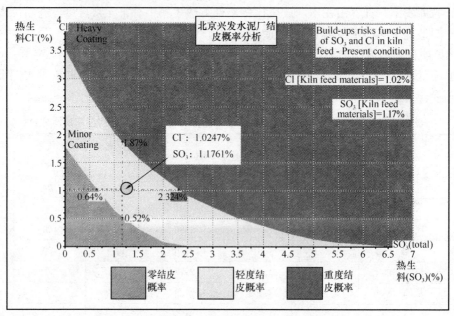

图 3-10   氯离子对结皮概率的影响（旁路放风 8%时）

222. 氯离子旁路放风的取风工艺有哪些？

世界上比较著名的技术供应商主要有德国 POLYSIUS 公司、丹麦 FLS 公司、日本 TAIHEIYO 公司；国内技术供应商主要有中材国际公司等。

（1）德国 POLYSIUS 公司

其主要技术特点是以较低的风速（2～7m/s）抽取细粉颗粒，主要原因是根据该公司的研究，75%的氯离子分布于 <20μm 的粉尘中，相应地可以减少窑灰的外排量。因风速较低，因此取风系统规格偏大，布置不灵活。

从窑尾烟室的抽取的气体进入混合室后，被鼓入混合室底部的冷空气急速冷却，在混合室内完成混合冷却过程后再进行二次空气冷却，然后经过收尘器进行处理。

（2）丹麦 FLS 公司

其主要技术特点是以较高的风速（30～35m/s）从窑尾烟室抽取烟气，因此抽气管道较细。烟气进入骤冷室后，与鼓入的冷空气进行混合。混合后的烟气送入系统单独设置的增湿塔内进行二次冷却和除尘，然后送往收尘器进一步进行处理。因该骤冷器的冷却原理仍为简单的气体混合，为减少对窑况的影响及保证冷却效果，其骤冷室设计的依然偏大，布置的灵活性仍然较差。

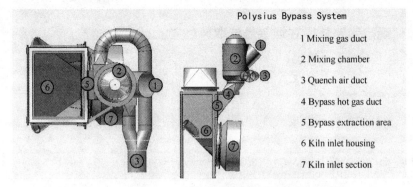

图 3-11 德国 POLYSIUS 公司的旁路放风取风工艺

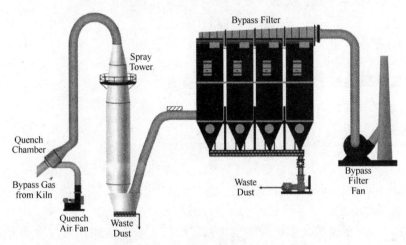

图 3-12 丹麦 FLS 公司的旁路放风取风工艺

（3）日本 TAIHEIYO 公司

其主要技术特点是采用了一台与窑尾烟室一体化设计的取风急冷探头来同时实现旁路烟气的抽取和急冷。冷空气进入取风急冷探头后在顶部就开始对混合冷却后的风进行再冷却，因此其冷却速率高。此外由于冷却风是通过探头外筒和内筒之间的间隙旋转向下运动，因此在烟室侧壁取风位置形成尾涡，可以卷吸窑尾烟气并实现一定程度的料气分离，使部分粗颗粒回入窑内，减少带出系统的粉尘量。

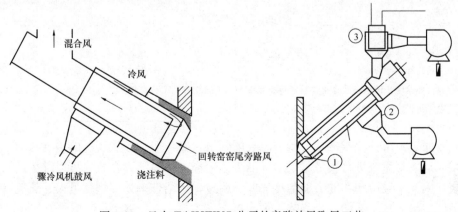

图 3-13 日本 TAIHEIYO 公司的旁路放风取风工艺

223. 如何确定旁路放风在烟室最佳取风位置？

主要按照以下方法进行确定：

（1）一般情况下在烟室的取风位置应位于回转窑的上部；

（2）选择烟气中氯离子浓度高的区域，可按照以下几个原则进行分析：

① 停窑时观察烟室内部结皮较多的区域，并对结皮样品进行分析，确定氯离子含量较高的结皮区域；

② 测量烟室内的局部温度，温度最高的区域是热生料浓度最高的区域，也是氯离子浓度最高的区域；

③ 尽可能选择烟室结构扩大的区域，并尽可能靠近窑尾窑口；

④ 应与"料幕"（倒数第二级预热器卸料管部分生料喂入回转窑窑尾形成料幕，用于脱硫）隔离，防止抽取大量生料旁路出窑系统。

 224. 旁路放风烟气的冷却方式有几种？各有什么优缺点？

按照冷却的级数计算，烟气的冷却方式有两种即一级冷却和二级冷却。

一级冷却是指利用骤冷风机对烟气进行一次性冷却，将烟气温度由 1100～1200℃ 直接冷却至 200℃左右，然后通过袋收尘器进行处理。

二级冷却是指利用骤冷风机对烟气进行第一次冷却，将烟气温度由 1100～1200℃ 直接冷却至 350℃左右，然后再通过二次冷却装置（如多管空气冷却器或增湿塔等）将烟气温度冷却至 150℃左右。

一级冷却和二级冷却在氯离子旁路放风系统中均有较多应用，两种冷却方式各有优缺点。详见表 3-23。

表 3-23　一级冷却与二级冷技术特点对比

一级冷却	二级冷却
优点： （1）设备布置简洁； （2）工艺流程简单； （3）抑制二恶英再合成效果好	优点： （1）由旁路放风系统排放的烟气量小，利于水泥窑系统再处理； （2）收尘器、排风机的规格小，电耗低，设备投资小； （3）对袋收尘器滤袋耐温性能要求低，利于延长滤袋使用寿命
缺点： （1）需要直接掺入更多的冷空气，袋收尘器规格大，排风机规格大，电耗高，设备投资大； （2）由旁路放风系统排放的烟气量大，后续处理量大，对水泥窑工艺系统带来的影响大于二级冷却方案	缺点： 工艺流程复杂

相比较而言，虽然一级冷却抑制二恶英的效果较好，但由于从环保的角度考虑，旁路放风系统排风送入窑系统进行再处置是最佳的工艺选择，二恶英再合成后可以继续进入水泥窑系统焚烧，因此一级冷却在此方面的优势并不明显，还会带来处理烟气量大、热耗高等不利因素，因此二级冷却工艺的综合优势更加明显。

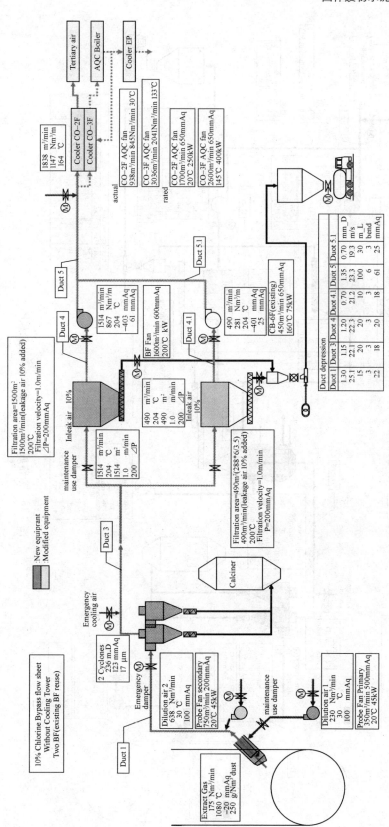

图 3-14 旁路放风烟气一级冷却工艺流程图

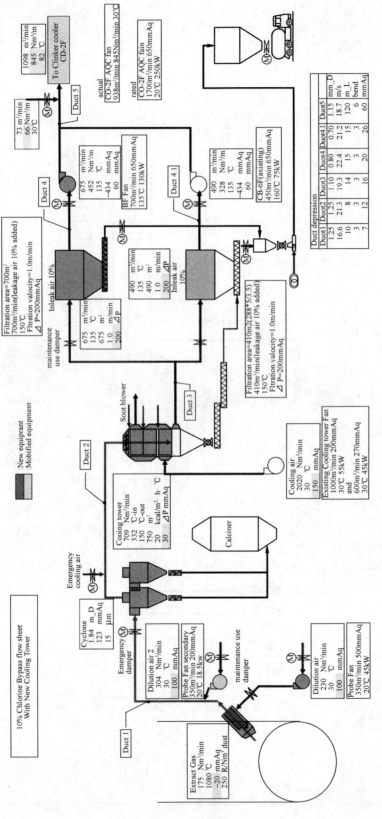

图 3-15　旁路放风烟气二级冷却工艺流程图

225. 如何进行氯离子旁路放风系统的热工计算？

（1）通过氯元素在系统内的循环富集工艺计算，确定氯离子旁路放风比例。

（2）确定热工计算的基础数据：平均海拔高度、熟料产量、窑尾烟室烟气流量、窑尾烟室烟气温度、窑尾烟室粉尘浓度。

窑尾烟室烟气流量、温度与烟室粉尘浓度可以通过热工标定得到相应数据，如果没有热工标定数据，可以通过热工计算来确定。

（3）确定采用的氯离子旁路放风系统的工艺流程和工艺参数，按照工艺流程分段进行热工计算。

 226. 为什么氯离子旁路放风烟气急冷后需增设一个分离器？

主要目的是将氯含量很低的粗窑灰返回熟料烧成系统，既不影响旁路放风的效果，又能减少窑灰的处置量。

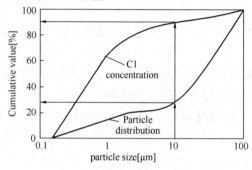

图 3-16　窑灰的粒度及氯离子在
窑灰中的分布关系

根据对氯离子旁路放风系统急冷后粉尘中氯离子在不同粒径的窑灰中的分布进行分析，90%的氯离子分布在粒径小于 $10\mu m$ 的窑灰颗粒中，10%的氯离子是分布在粒径大于 $10\mu m$ 的窑灰颗粒中；另一方面，旁路放风系统急冷后的粉尘中有 30%的窑灰粒径小于 $10\mu m$。也就是说，只有 10%的氯离子分布在大于 $10\mu m$ 的窑灰中。

由于旋风分离器对大于 $10\mu m$ 的颗粒的捕集能力强，因此如果采用旋风分离器对第一次骤冷后的烟气进行分离，将大于 $10\mu m$ 的约占总窑灰量 70%的窑灰但且只含 10%氯离子返回窑系统，则不会对窑系统的运行造成影响，且大幅度减少了窑灰的外排量。

 227. 如何对外排的旁路放风窑灰进行处理？

水泥窑协同处置废弃物旁路放风系统的窑灰中含有水泥熟料的常规组分，钾、钠、氯、硫等挥发性组分，以及部分重金属。Kanda 水泥厂和 Tagawa 水泥厂旁路放风的窑灰成分见表 3-24。

表 3-24　氯离子旁路放风系统窑灰成分分析

序号	窑灰成分	Kanda 工厂	Tagawa 工厂
1	CaO（%）	50.8	38.5
2	SiO_2（%）	9.1	5.1
3	K_2O（%）	8.9	19.6
4	Cl（%）	6.3	13.9
5	Al_2O_3（%）	2.8	2.5
6	Na_2O（%）	2.2	4.0

序号	窑灰成分	Kanda 工厂	Tagawa 工厂
7	Fe_2O_3（%）	1.9	1.4
8	SO_3（%）	5.6	11.8
9	MgO（%）	0.9	0.4
10	P_2O_5（%）	0.19	0.09
11	TiO_2（%）	0.16	0.14
12	PbO（%）	0.16	1.76
13	MnO（%）	0.08	0.03
14	ZnO（%）	0.08	0.12
15	CuO（%）	0.06	0.19
16	CdO（%）	0.00	0.17

窑灰的主要利用方式如下：

（1）综合利用方式一：部分掺入水泥中作为混合材料，水泥中氯离子含量以满足国家水泥产品标准规定的 0.06% 限值作为控制指标。

（2）综合利用方式二：用于生产免烧砖。旁路放风产生的窑灰，加入一定量的水泥等胶凝材料按一定的配比，通过自动化制砖设备，可以制成建筑混凝土砌块等。

（3）综合利用方式三：通过水洗窑灰的方式提取氯化钾盐，水泥后的窑灰用做水泥混合材。

228. 如何对旁路放风系统排放的烟气进行处理？

旁路放风系统排放的烟气中有 SO_2、NO_x、HCl、二噁英等污染物，因此不能单独设烟囱直接排放。旁路放风系统排出的烟气中的气体成分组成见表 3-25（Le Havre 水泥厂）。

表 3-25　旁路放风系统排出的烟气中气体成分组成

序号	成分	浓度
1	粉尘	$0.2mg/Nm^3$
2	O_2	18.1%
3	CO_2	3.8%
4	SO_2	$6000mg/Nm^3$
5	NO_x	$580mg/Nm^3$
6	CO	$11mg/Nm^3$
7	VOCs	$9mg/Nm^3$
8	HCl	$10.7mg/Nm^3$
9	HF	$0.4mg/Nm^3$
10	Cd+Tl+Hg	$9.3\mu g/Nm^3$
11	As+Co+Ni+Se+Te	$0.024\mu g/Nm^3$
12	Sb+Cr+Cu+Sn+Mn+Pb+V+Zn	$1.2\mu g/Nm^3$

目前烟气的处理方式主要有以下几种：

（1）送入原料粉磨系统。其优点是浓度很高的 SO_2 可以通过原料粉磨系统，在有水分的条件下被石灰石中的 $CaCO_3$ 吸收，而其他气体成分因含量较低，被原料粉磨系统的大量气体稀释并经过后续的袋收尘器处理，不会影响窑尾烟气达标排放。缺点是当原料粉磨停运时会面临 SO_2 排放浓度超标的问题，需另行采取处理措施。

（2）送入三次风管或分解炉系统。其优点是烟气中的污染物在分解炉内高温条件下进行处置，尤其是 SO_2 经各级预热器中的生料粉进行捕捉入窑，不会造成窑尾废气中 SO_2 排放浓度超标排放的现象出现。其缺点是烟气入三次风管或分解炉后，影响了高温三次风入炉的风量，并会降低分解炉内的 O_2 浓度，因此对熟料产量和热耗会造成一定影响。

（3）通过篦冷机高温区鼓风机将烟气入回转窑和分解炉。其优点是烟气中的污染物在分解炉内高温条件下进行处置，尤其是 SO_2 可以在回转窑内氧化为硫酸盐矿物随熟料出窑，以及经各级预热器中的生料粉进行捕捉入窑，不会造成窑尾废气中 SO_2 排放浓度超标排放的现象出现。其缺点是对篦冷机的设备运行会带来一定的影响，对熟料的冷却效果产生一定影响。

根据国外的经验，将烟气送往篦冷机前段高温区进行处置是方案的首选。

第四节　水泥窑协同处置固体废物的污染控制

229. 协同处置固体废物水泥窑大气污染物最高允许排放浓度是多少？

利用水泥窑协同处置固体废物时，水泥窑及窑尾余热利用系统排气筒大气污染物的最高允许排放浓度见表 3-26。

表 3-26　协同处置固体废物水泥窑大气污染物最高允许排放浓度

单位：mg/m^3（二恶英类除外）

序号	污染物	最高允许排放浓度限值
1	氯化氢（HCl）	10
2	氟化氢（HF）	1
3	汞及其化合物（以 Hg 计）	0.05
4	铊、镉、铅、砷及其化合物（以 Tl＋Cd＋Pb＋As 计）	1.0
5	铍、铬、锡、锑、铜、钴、锰、镍、钒及其化合物（以 Be＋Cr＋Sn＋Sb＋Cu＋Co＋Mn＋Ni＋V 计）	0.5
6	二恶英类	0.1ng TEQ/m^3
7	颗粒物	30（20）[2]
8	二氧化硫	200（100）[2]
9	氮氧化物（以 NO_2 计）	400（320）[2]
10	氟化物（以总 F 计）	5（3）[2]
11	氨	10（8）[1][2]

[1] 适用于使用氨水、尿素等含氨物质作为还原剂，去除烟气中的氮氧化物。

[2] 重点地区企业执行括号中的排放限值。

230. 协同处置固体废物的水泥窑生产的水泥产品中污染物的浓度应控制在什么范围？

协同处置固体废物的水泥窑生产的水泥产品，其质量应符合国家相关标准。协同处置固体废物的水泥窑生产的水泥产品中污染物的浸出应满足相关的国家标准要求。

水泥工厂协同处置废物时，水泥熟料和水泥产品中重金属含量应满足表 3-27 要求。

表 3-27　水泥熟料和水泥中重金属含量要求（mg/kg）

元素	熟料	水泥（P·I）
锑	5	—
砷	40	—
铍	5	—
镉	1.5	1.5
铬	150	—
钴	50	—
铜	100	—
锡	25	—
汞	未检出	0.5
镍	100	—
铅	100	—
硒	5	—
铊	2	2
锌	500	—

231. 协同处置固体废物的水泥厂界恶臭污染物浓度应控制在什么范围？

协同处置固体废物的水泥生产企业厂界恶臭污染物限制见表 3-28。

表 3-28　恶臭污染物厂界标准值

序号	控制项目	单位	一级	二级		三级	
				新扩改建	现有	新扩改建	现有
1	氨	mg/m³	1.0	1.5	2.0	4.0	5.0
2	三甲胺	mg/m³	0.05	0.08	0.15	0.45	0.80
3	硫化氢	mg/m³	0.03	0.06	0.10	0.32	0.60
4	甲硫醇	mg/m³	0.004	0.007	0.010	0.020	0.035
5	甲硫醚	mg/m³	0.03	0.07	0.15	0.55	1.10
6	二甲二硫	mg/m³	0.03	0.06	0.13	0.42	0.71
7	二硫化碳	mg/m³	2.0	3.0	5.0	8.0	10
8	苯乙烯	mg/m³	3.0	5.0	7.0	14	19
9	臭气浓度	无量纲	10	20	30	60	70

232. 固体废物中的重金属在水泥窑协同处置过程中的流向是什么？

固体废物中的重金属流向包含三部分：被熟料固化，随窑灰排出，随烟气、粉尘带出。窑灰如入窑回收利用，则不会对环境造成影响，而对环境存在潜在危险的是由烟气、粉尘带出而进入大气的重金属。

 233. 固体废物中的重金属含量应控制在什么范围？

入窑物料（包括常规原料、燃料和固体废物）中重金属的最大允许投加量不应大于表 3-29 所列限制，对于单位为 mg/kg-cem 的重金属，最大允许投加量还包括磨制水泥时由混合材带入的重金属。

表 3-29　重金属最大允许投加量限值

重金属	单位	重金属的最大允许投加量
汞	mg/kg-cli	0.23
铊＋镉＋铅＋15×砷 （Tl＋Cd＋Pb＋15×As）		230
铍＋铬＋10×锡＋50×锑＋铜＋锰＋镍＋钒 （Be＋Cr＋10Sn＋50Sb＋Cu＋Mn＋Ni＋V）		1150
总铬（Cr）	mg/kg-cem	320
六价铬（Cr^{6+}）		10
锌（Zn）		37760
锰（Mn）		3350
镍（Ni）		640
钼（Mo）		310
砷（As）		4280
镉（Cd）		40
铅（Pb）		1590
铜（Cu）		7920
汞（Hg）		4

注：（1）计入窑物料中的总铬和混合材中的六价铬。
　　（2）仅计混合材中的汞。

 234. 什么是二恶英？二恶英有哪些危害？

二恶英实际上是二恶英类物质（Dioxins）一个简称，它指的并不是一种单一物质，而是结构和性质都很相似的包含众多同类物或异构体的两大类有机化合物的总称，全称分别是多氯代二苯并二恶英（polychlorinated dibenzo-p-dioxin, PCDDs）和多氯代二苯并呋喃（polychlorinated dibenzofuran, PCDFs）。它们的结构式如图 3-17 所示。

根据苯环上的氯取代数目不同，二恶英有 210 种不同的物质，其中 PCDDs 有 75 种，PCDFs 有 135 种。二恶英非常稳定，熔点较高，极难溶于水，可以溶于大部分有机溶剂，

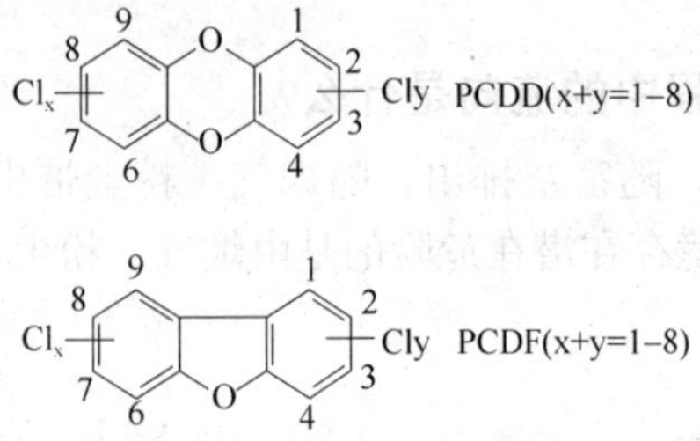

图 3-17 二恶英的结构简图

是无色无味的脂溶性物质，所以非常容易在生物体内积累。自然界的微生物和水解作用对二恶英的分子结构影响较小，因此，环境中的二恶英很难自然降解消除。

二恶英是一种典型的持久性有机污染物，致癌性和高毒性突出。1995 年，美国环境保护局公布的对 PCDD/Fs 的重新评价结果中指出，PCDD/Fs 不仅具有致癌性，还具有生殖毒性、内分泌毒性和免疫抑制作用，特别是其具有环境雌激素效应，可能造成男性雌性化。二恶英中，毒性最强的是 2，3，7，8-四氯代二苯并对二恶英。在 2001 年 5 月签署的《关于持久性有机物的斯德哥尔摩公约》中，二恶英被列为首批采取全球控制行动的 12 种化合物之一。

235. 二恶英的来源有哪些？

自然界中，森林火灾、火山喷发等一些自然过程会产生少量二恶英，但 90％以上的二恶英还是来源于人类活动，包括生活垃圾焚烧、化工生产、燃料燃烧等。

根据斯德哥尔摩公约，下列工业来源类别具有相对较高的形成和向环境中排放二恶英的潜在性：（1）废物焚烧炉，包括城市生活废物、危险性或医疗废物或下水道中污物的多用途焚烧炉；（2）燃烧危险废物的水泥窑；（3）以元素氯或可生成元素氯的化学品为漂白剂的纸浆生产；（4）冶金工业中的下列热处理过程：铜的再生生产、钢铁工业的烧结工厂、铝的再生生产、锌的再生生产等。

垃圾焚烧是环境中二恶英的一个重要来源。根据日本环境省对近几年环境中二恶英排放源的调查，垃圾焚烧炉一直都是日本环境中二恶英的主要排放源，几乎每年的排放比例都在 50％以上；美国 EPA 的调查也表明，垃圾焚烧排放是二恶英最大的排放源。英国 1993 年垃圾焚烧炉排放的二恶英占二恶英排放总量的 60％，但到 1998 年这个值下降到了 4％，这与英国环保机构对垃圾焚烧炉的二恶英排放采取严厉控制措施和在焚烧系统中采用先进的烟气净化装置有关。

236. 二恶英是如何产生的？

垃圾焚烧过程中二恶英的形成过程进行了大量研究。垃圾焚烧过程是一个非常复杂的固气相反应，空气、挥发性有机物、含重金属的飞灰等在超过 1000℃的高温和强烈的气流扰动情况下发生复杂的物理化学变化，二恶英生成就是这些复杂变化中的一种。影响二恶英生成的因素很多，其中前驱物、氧气、催化剂、残碳、氯、温度等因素对二恶英的生成影响较大。当垃圾中存在氯酚、氯苯、多氯联苯以及芳香族化合物时，很容易在焚烧过程中转化成二恶英。氧气也是二恶英生成的一个重要影响因素，有研究表明，在 300℃时，环境中的氧含量越多，越有利于二恶英的合成。因此控制燃烧过程中的剩余空气量是焚烧炉设计的一个重要指标，一般以保证烟气中氧含量为 6％～8％为宜。另外残碳和氯也是二恶英合成的重要原料。温度和催化剂对二恶英的生成影响也很大，温度超过 1000℃时，二恶英会分解，而在 800～500℃时前驱物会发生分子解构和重排，生成二恶英，而 300℃左右时则会发生从头合成；垃圾原料中含有的过渡金属元素，在二恶英的生成过程中也起到了十分重要的催化作用。

237. 水泥窑协同处置废弃物二恶英排放情况如何？

世界水泥可持续发展促进会于 2006 年编制了水泥行业关于持久性有机污染物排放的研究报告。该报告是迄今为止水泥行业可得到的有关二恶英类排放最全面的研究报告。报告评估了从 20 世纪 70 年代开始大约 2200 次二恶英类的检测结果。数据涵盖了湿法窑和干法窑在正常运行条件下和最差运行条件下、未协同处置废弃物以及协同处置不同种类和数量的替代燃料和燃料、废弃物和危险废物从主燃烧器、窑尾烟室、预热器/分解炉处喂入等各种运行条件。研究结果表明，如果采取初步措施，大多数水泥窑能够满足 0.1ng TEQ/Nm³ 的排放标准。水泥窑协同处置替代燃料和原料，从主燃烧器、窑尾烟室或预分解窑似乎对 POPs 的排放没有影响。发展中国家干法预热器/预分解窑二恶英类的排放水平非常低，远低于 0.1ng TEQ/Nm³。

238. 如何减少水泥窑窑尾烟气中二恶英类的排放？

为了抑制固废在焚烧过程中产生二恶英，必须针对二恶英产生的物质基础、环境条件和形成机理提出相应的削弱和抑制措施。在固废焚烧过程中，要求在技术上能够满足"3T+E"控制要求：即燃烧温度（Temperature）、烟气停留时间（Time）、湍流扰动现象（Turbulance）和空气供给量（Excess Air），另外在焚烧过程中添加吸收剂或抑制剂以及从源头上控制进入焚烧炉垃圾的氯含量，实现二恶英类物质生成的控制过程，满足环保的控制要求。一般情况下，要求燃烧温度大于 850℃，烟气在高温区的停留时间在 2s 以上；保证固废与空气充分混合，实现完全燃烧。实验证明二恶英的产生量与 CO 的含量成正比，因此保证固废的充分完全燃烧，降低 CO 的产生量，可有效地抑制和降低二恶英的产生。空气供给量是保证垃圾中的各种有机物能否彻底分解和有机物产生量多少的决定性因素之一，因此在垃圾焚烧炉内实际空气供给量要比理论值多，过剩空气比一般为 1.5～2。另外还要求从源头上控制含氯有机物和含氯成分高的物质进入焚烧炉，控制二恶英产生需要的氯源；添加适量的吸收剂或碱性抑制剂，消除垃圾焚烧过程产生的含氯元素的气体，抑制二恶英产生所需要的元素成分，尽量缩短燃烧烟气在处理和排放过程中处于 250～600℃（尤其 300～400℃时）之间的时间，避免二次合成。

对于利用水泥窑处置固废是在水泥生产的同时借助水泥窑炉替代传统的垃圾焚烧炉，利用水泥窑炉的诸多优点来弥补传统固废焚烧工艺的不足。生产水泥所用的原料就是固硫、固氯剂，而且系统内的固气比和气体温度远远超过热解熔融焚烧炉，处理过程不具备二恶英产生的条件，从而抑制了二恶英的产生。水泥窑减少二恶英排放的主要技术方案是：

（1）通过旁路放风等技术措施从源头上减少二恶英产生所需的氯源。

为了保证窑系统操作的稳定性和连续性，通过旁路放风的技术措施对生料中干扰生产操作的化学成分（K_2O，Na_2O，SO_3，Cl^-）的含量进行控制。应用上述技术通过合理的调整，使硫（SO_3^{2-}）和碱（以 R_2O 计，即用 100%Na_2O 和 65.8%K_2O 的和作当量碱）摩尔比在 1.0 左右，并保持 Cl^- 离子与 SO_3^{2-} 的含量维持合理的比例和总量，以保证窑况正常、稳定运行。

此外通过旁路放风系统的设计使氯离子在热生料中的富集浓度降至 1.0% 左右，使该部分的氯离子能够随熟料带出窑系统之外，不对窑系统产生影响，不成为二噁英的氯源，使得二噁英形成失去了第一条件。

(2) 将固废喂入分解炉的合理位置和回转窑内，通过空气分级燃烧保证氧化气氛，并利用高温工况确保二噁英不易生成、彻底分解。

固废中含有一定量的二噁英前体物，为了保证这部分前体物的彻底分解，以免在处置过程中转化为二噁英，必须提高固废的处置温度。大量的试验表明，二噁英族类物在 500℃时开始分解，到 800℃时 2、3、7、8-TCDD 可以在 2s 内完全分解，如果温度进一步提高，分解时间将进一步缩短。根据国家标准《生活垃圾焚烧污染控制标准》(GB 18485—2001) 中规定的焚烧炉技术要求，烟气温度高于 850℃时，烟气在高温区停留时间应大于 2s，或烟气温度高于 1000℃时，高温区停留时间应大于 1s。

固废可以直接喂入分解炉底部温度约为 850~1100℃的区域，并从固废入炉位置算起气体在分解炉内的停留时间尽可能高于 3s 以上；也可以根据固废的性质和用量喂入窑尾烟室或喷入回转窑内，其温度可达 900~1800℃，且停留时间更长。上述措施均可以彻底分解二噁英。

此外固废入分解炉后处于悬浮态，不存在潮湿环境和不完全燃烧区域。高温下有机物和水分迅速蒸发和热解，通过空气分级燃烧技术在氧化气氛下燃烧完毕，而且在燃烧过程中高温气流与高温、高细度（平均粒径为 35~40μm）、高浓度（固气为 1.0~1.5kg/Nm³）、高吸附性、高均匀性分布的碱性物料（CaO、MgO）充分接触，有利于 Cl⁻ 的吸收，控制氯源。可燃物燃烧生成水蒸气和 CO_2，硫转化成 SO_3^{2-}，随即与生料分解产生的活性 CaO 和 MgO 反应生成了 $CaSO_4$ 和 $MgSO_4$；Cl⁻ 和 CaO 反应生成了 $CaCl_2$，而后以水泥多元相钙盐或氯硅酸盐的形式进入灼烧基物料中，被可熔性矿物包裹进入熟料中。高碱性的环境可以有效地抑制酸性物质的排放，使得 SO_3^{2-} 和 Cl⁻ 等化学成分化合成盐类固定下来，有效地避免二噁英的产生。

此外，对于低热值固废在离线气化炉进行热解气化，之后将产生的热气体引入分解炉的固废处置工艺，和上述固废直接入水泥窑系统的原理相同，这部分烟气经过分解炉的高温处置后，实现二噁英的焚毁。

(3) 优化设计预热器系统，充分利用碱性物料的吸附作用

一套具有合理结构的预热器系统，其预热器分离效率高、上升管道内的生料悬浮效果好，与烟气接触充分，可充分利用碱性物料吸附作用抑制二噁英的再生成。

替代燃料随其他原料一起进入原料磨，在原料磨里进行烘干、粉磨。原料磨的进口烟气温度约为 200℃，出口气体温度约为 90℃，因此在原料磨里不会产生二噁英，也不会出现二噁英的再合成。

粉磨合格的物料经均化后进入窑尾预热器系统，原料（含替代原料）中的 Cl⁻，与预热器内烟气中含有大量的生料粉相遇。生料粉的主要成分为 $CaCO_3$ 和 $MgCO_3$ 及飞灰夹带的少量 CaO 和 MgO，其中的 Fe 元素主要以 Fe_2O_3 形式存在，生料粉的平均粒径约为 35~40μm，浓度较高（固气为 1.0~1.5kg/Nm³），因此原料产生的 Cl⁻ 与生料粉中 CaO 和 MgO 迅速反应，消除二噁英产生所需的氯离子，抑制预热器内二噁英的生成。

(4) 优化五级预热器结构设计，降低预热器出口温度，或采用改进型六级预热器，使烟气在预热器最顶部预热器得以迅速冷却，抑制二噁英的再循环。

对于传统的五级预热器系统而言，通过对工艺进行优化，在窑尾一级预热器的进口气体温度为 500～530℃时，可将出口气体温度控制为 290～315℃。因窑尾预热器系统内为气固悬浮换热，因此随着生料在一级预热器进口气体管道中的喂入，因此气体温度在 1.0s 内迅速降至 290～315℃左右（预热器出口温度），可以使烟气迅速急冷，抑制二恶英的再合成。

此外，国内已经出现改进型的六级预热器，既适用于原有五级预热器的改造，也适用于新建工程，可以在 2.0s 的时间内使窑尾一级预热器的进口气体温度从 450～480℃降低至250～270℃。因该温度区段是二恶英可以大量再合成的温度区域，该区域的迅速急冷可有效抑制二恶英的再合成。

第四章
工业固体废物水泥窑协同处置技术

239. 水泥窑协同处置工业废物有哪些？

我国利用水泥窑协同处置的工业废物主要包括：废轮胎、工业废塑料、存放在固体容器中的废溶剂类、废油、油墨、废油漆等，主要作为水泥窑替代燃料使用。

240. 废轮胎在水泥行业的应用现状？

国外废旧轮胎的数量最大，仅北美每年就有 2.8 亿只轮胎需改换处置，形成很大的环境压力，因此，废旧轮胎是国际水泥工业循环利用可燃废料最多的替代燃料，约占其燃料替代总量的 16%。现在世界各国大致有近 80 家水泥厂利用废轮胎为替代燃料。我国当前这个问题还不很突出。然而，随着我国汽车工业的发展，废轮胎的数量将会迅速增加。

废轮胎的热值较高，一般为（7500±4.18）kJ/kg 左右，其中硫含量为 0.9%~1.5%，锌含量为 1.2%~1.6%，它们通常不会影响熟料的质量和废气排放指标，其中的橡胶、炭、纤维都将在窑内烧成灰分，钢丝则作为铁质成分与灰分一起熔合于熟料矿物中。唯一需要注意的是，当熟料中的锌超过 0.4%时，可能会引起水泥熟料凝结时间的延长。

241. 废旧轮胎在水泥窑中的加入方式有几种？

国外水泥厂将废轮胎作为替代燃料时，一般会采用两种方式入窑：一种是将整个轮胎由窑尾上升烟道顶端按一定的速率逐个喂入，使轮胎在下落过程中烧尽；另一种是先对废轮胎进行前处理，将废轮胎削切成短条或小块，经提升机喂入 4 级预热器，然后在上升烟道中燃烧；也可以采用专门的喂料称量转子秤和燃烧器喷入分解炉或窑头燃烧。一般对中小型的废轮胎，多采用整个燃烧法，而对大型废轮胎，由于体积较大，难以在 2000t/d 以下窑的上升烟道中及时烧尽，往往要进行切碎预处理，这样又多了一道工序，增加费用。

242. 我国行业废塑料产生现状如何？

随着塑料制品消费量不断增大，废弃塑料也不断增多。目前我国废弃塑料主要为塑料薄膜、塑料丝及编织品、泡沫塑料、塑料包装箱及容器、日用塑料制品、塑料袋和农用地膜等。另外，我国汽车用塑料年消费量已达 40 万 t，电子电器及家电配套用塑料年消费量已达一百多万吨，这些产品报废后成了废塑料的重要来源之一。据了解，2011 年，我国废塑料产生量约为 2800 万 t，2012 年为 3413 万 t。这些废塑料的存放、运输、加工，等待被加工的废弃塑料原料应用及后处理若不得当，势必会破坏环境，危害百姓健康。

243. 我国工业废塑料用作水泥窑替代燃料的优点有哪些？

工业废塑料用作水泥窑替代燃料，除了具有普适性的有点外，还更有独特的优点：来源丰富；无机成分含量低，对率值调整影响较小；硫分含量低，对窑操影响小；因废塑料含有的元素以 C、H 居多，所以作为水泥窑替代燃料可降低水泥窑氮氧化物排放。但废塑料里含有的氯组分较高，作为替代燃料时，必须注意氯的影响。

244. 哪些废塑料可以做水泥窑替代燃料的使用？

卤族元素中的氟、氯、溴、碘等影响水泥的质量以及工艺过程，所以凡是不含卤族元素的热塑性废塑料均可直接用作水泥窑的燃料。成品型、块状等重量型废塑料，可以粉碎成粒径 20mm 以下的颗粒使用；薄膜、薄片等轻量型废塑料，可以粉碎成尺寸 30mm 以下的碎片使用。

245. 液体状的工业废物作为水泥窑替代燃料，可以分为哪几类？

考虑到水泥窑处理废液的多样性、复杂性，按废液性质、数量，将水泥窑处理的废液分为 4 类：第 1 类为亲水型废液，包括混合醇、四氢呋喃、乙酸残余物、乙醛残余物、维生素 C 下脚料、有机废水等，总量约 3500t/a；第 2 类为亲油型废液，包括丙酮、羧酸脂、废油、苯精馏残余等，总量约 1100t/a；第 3 类为中间型废液，包括高碳醇、皂类、有机溶剂等，总量约 240t/a；第 4 类为高黏度型废液，包括蒸馏残余、二氯丁烯残余物、苯类加工残液等，总量约 140t/a。

246. 液体状的工业废物作为水泥窑替代燃料应该如何处置？

液体状的工业废物作为水泥窑替代燃料，由于来源较为复杂，一般应该先混配成均质化的液体，然后将混配好的废油、废溶剂等液态燃料用泵从窑头喷入窑内燃烧。

247. 液体状的工业废物作为水泥窑替代燃料，其混配工艺有哪些？

（1）互溶性好的废液混配工艺

由于废液的互溶性良好，无需外加搅拌或乳化，利用泵送推力即可将多种废液充分溶解混合。因此只需考虑混配好的废液具备替代燃料在水泥窑中焚烧的要求即可。

互溶性好的废液混配工艺流程如图 4-1 所示。

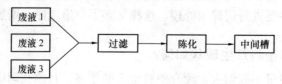

图 4-1　互溶性良好的废液混配工艺流程

（2）一般性废液混配工艺

收集的可燃性有害废液，其主要成分均为有机化合物，按相似相溶原理，其互溶性一般不会太差。废液的混配工艺不仅要满足替代燃料的要求，而且还必须保证一定时间内体系的相对稳定性。对于溶度相差较大的废液之间的混配，需加入能够起到一定分散、乳化、稳定作用的废液（如脂肪酸、皂类等），以调节体系的稳定性。

一般性废液混配工艺流程如图 4-2 所示。

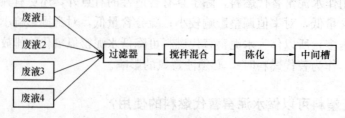

图 4-2　一般性废液混配工艺流程

（3）固体（或半固体）废渣与液体废物混配工艺

固体废渣破碎到一定尺寸后进入密封搅拌釜，同时加入由几种废液配制的对该固渣溶解性良好的溶剂，在密封搅拌釜中进行搅拌。搅拌好的混合液从密封搅拌釜由泵打入胶体磨进行研磨分散，并配以量大的废液及稳定性废液，研磨好的物质呈胶体溶液状，由泵打入陈化釜陈化，再经过滤器过滤进入成品中间槽，作为生产水泥的替代燃料，而不合格的胶体溶液重新进入胶体磨，进行再加工。其工艺流程如图 4-3 所示。

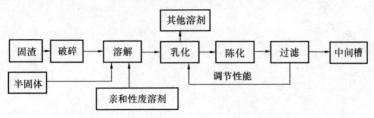

图 4-3　固体废渣与液体废物混配工艺流程

第五章
生活垃圾水泥窑协同处置技术

第一节　生活垃圾替代水泥生产燃料

248. 我国垃圾常规处理方法有哪些？各自占的比例如何？

垃圾常规处理方法有：填埋处理、生物处理及焚烧处理。

根据建设部统计年报，2001～2008 年间，我国生活垃圾填埋、焚烧及堆肥处理处置比例如图 5-1 所示。

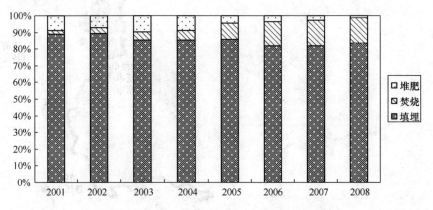

图 5-1　2001～2008 年间我国生活垃圾处理处置情况

随着我国经济建设的发展，很多地方都建设了不同类型的垃圾处理设施，城市生活垃圾的处理走向了一个规范化的道路。虽然垃圾焚烧发展很快，2008 年卫生填埋的处理量占总处理量的 80％以上，说明卫生填埋仍将作为我国城市生活垃圾的主要处理处置手段，这意味着不管是现在还是将来，我国都还需要大量的土地资源来处置生活垃圾。

249. 与水泥窑相比，垃圾焚烧处理存在哪些缺点？

由于我国城市垃圾混合收集，水分高、热值较低，在直接焚烧的情况下焚烧炉燃烧温度难以达到 850℃以上，物料在高温下停留时间一般为 2s，废弃物很难完全分解，可能产生不完全燃烧产物和酸性气体及二恶英等有害物质，造成大气污染；焚烧飞灰属于危险废弃物，如果运输、贮存、处理和处置不当，将会对人类健康、生态环境形成严重的危害。因此，尾气污染控制和灰渣处置一直是困扰垃圾焚烧厂建设的主要因素。由于人们对生活垃圾焚烧二次污染的担心，我国生活垃圾焚烧厂的建设遇到了相当大的阻力，根据建设部统计年报，图 5-2 所示的规划焚烧厂迟迟未能开工建设。

与传统的垃圾焚烧炉相比，水泥回转窑具有更加理想的焚烧生活垃圾的条件，利用水泥回转窑焚烧城市生活垃圾是垃圾处理的新途径。

250. 为什么水泥窑协同处置垃圾技术是有效解决城市生活垃圾的新途径？

利用水泥回转窑处理生活垃圾，与传统的焚烧处理方式相比，具有很大的优越性，可实现对生活垃圾的无害化、减量化处置，而且这项技术还可以充分利用生活垃圾的热能，帮助水泥企业降低燃煤消耗，真正实现生活垃圾处理的资源化。我国在近几年也将利用水泥回转窑处置生活垃圾提到议事日程，已在北京、上海等地水泥厂进行了工业性试验，取得了可喜

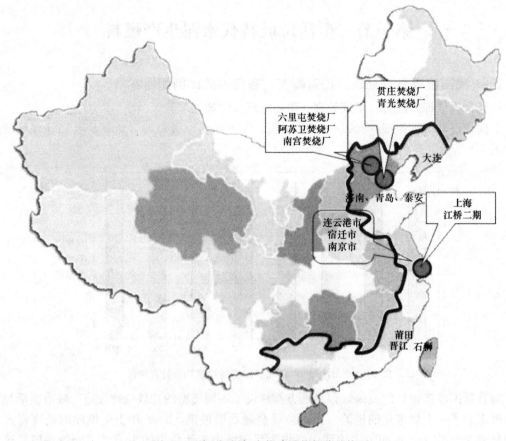

图 5-2　列入规划但未能建设的部分焚烧厂

的成果，正加紧付诸工业推广实施。

 251. 水泥窑协同处置垃圾的可行性如何？

国外利用生活垃圾衍生燃料（RDF）作为水泥窑的替代燃料的研究和实践历史悠久。目前，水泥生产企业常用的水泥窑干法技术在处置、利用废物方面具有高温、停留时间长和焚烧彻底的"3T 原则"优势。在欧洲国家，常用来作为水泥厂替代燃（原）料的固体废物有工业废物、焚烧灰渣和生活垃圾衍生燃料等，并且积累了一定的运行经验。根据国外调研的数据，欧洲国家此类工程实例的处理量为 100~500t/d，RDF 的替代率为 30%~50%，而亚洲国家的垃圾衍生替代燃料占原生垃圾的比例不超过 30%。欧洲国家同类项目投资额相差较大，主要原因可能在于衍生燃料的用途。若作为水泥窑替代燃料，则垃圾预处理过程需要进行精细分选，如磁选、非红外分选（NIR）除氯、烘干破碎等环节，相应的设备投资和运营费用会增加。另一方面，由于欧洲国家原生生活垃圾的特点是含水率低、有机物含量少、垃圾进行分类收集，这给分选系统和后续的利用带来了便利。

 252. 水泥窑处理垃圾应注意哪些问题？

（1）氯：城市生活垃圾中含有大量的氯化物，而水泥窑对原料中氯的含量是有限制的。通常生料中氯含量应小于 0.015%，而垃圾中的氯的含量一般大于允许含量，它会在系统中

700℃的区域生成低温共熔物，在窑尾、风管和排风机等气体通过的地方，附着结皮和造成堵塞。如果氯含量超标，水泥产品在水化时会溶出大量的氯离子，硬化体在养护和使用过程中也会释放出含氯水化物，这会侵蚀水泥中的钢筋等增强材料。为解决这一问题，必须在入回转窑前做好垃圾的分选，降低入窑垃圾的氯含量，确保水泥生产过程的连续性和稳定性，避免对水泥质量产生影响。

（2）水分波动：我国生活垃圾中含水率较高，一般在40％以上，最高可达到70％左右，远远高于水泥窑要求的20％以上，由于生活垃圾的含水率与热值之间均存在显著的相关性关系，垃圾含水率是造成水泥窑处理量偏低的主要原因。一般垃圾在热处理利用之前，首先进行干化处理。

（3）二恶英：水泥煅烧时的温度很高，超过了产生二恶英的温度范围，破坏了它的生成条件，所以水泥回转窑在焚烧废弃物时一般不会产生二恶英。但在气体冷却过程中可能产生二恶英，所以出窑废气在增湿塔里应该急速冷却到250℃以下，以防止在250～350℃的温度范围内重新生成二恶英。

（4）重金属：通过各种渠道进入水泥窑煅烧的重金属，有三个流向：固结在水泥熟料中；与窑灰一起排出；与烟气粉尘等一起排出。其中随着烟气一起排出的重金属离子，具有对环境的潜在威胁。固结在水泥熟料中的重金属，在水泥制成品的使用过程中，由于老化、风化等因素影响，重金属会发生迁移现象，虽然经过研究发现，金属离子的浸出率非常低，但这势必也会对周边环境造成一定影响。

 ## 253. 适合于水泥窑处理的垃圾包括哪些？

适合于水泥窑处理的垃圾包括：直接来源于收集设施的原生垃圾、填埋场填埋数年后形成的矿化垃圾以及垃圾堆肥筛分后形成的堆肥筛上物等。

254. 矿化垃圾的定义？

矿化垃圾是指在填埋场中填埋多年，基本达到稳定化，已可进行开采利用的垃圾。

这一概念在国内最早是由同济大学赵由才课题组首次提出的，认为填埋场稳定化垃圾在广义上可论述为：垃圾填埋数年后，垃圾中易降解物质完全或接近完全降解，垃圾填埋场表面沉降非常小（如小于1cm/a），垃圾本身已很少或不产生渗滤液和填埋气，垃圾中可生物降解含量较小，渗滤液中COD_{Cr}浓度较低，垃圾填埋场达到稳定化状态即无害化状态，此时填埋场内的垃圾称为矿化垃圾。

 ## 255. 矿化垃圾组成与生活垃圾有何不同？

矿化垃圾不像新鲜垃圾那样易腐易臭。矿化垃圾中未腐有机物组分主要是塑料、布类和木竹等，既是良好的燃料，又是占据体积的主要物质。笔者2012年测定的北京市丰台区生活垃圾组成及北天堂村垃圾填埋场矿化垃圾组成的比较见表5-1。

表5-1　两种垃圾的物理组成比较（湿基，质量分数％）

项目	塑料、橡胶	木竹	织物	纸类	灰土、砖瓦	电池	有机物
矿化垃圾	52.74	8.29	2.76	—	34.89	0.13	1.17
生活垃圾	20.34	1.03	3.11	19.94	0.65	—	54.93

256. 举例说明垃圾堆肥筛上物的来源及所占比例?

垃圾堆肥筛上物来源于垃圾堆肥后的滚筒筛分。以北京南宫堆肥厂为例,根据北京市政管委的统计,垃圾堆肥经过两次筛分,可进入市场销售的精肥仅占堆肥原料的10%左右,其他的90%均为堆肥筛上物,被送入垃圾填埋场填埋。

 257. 垃圾堆肥筛上物组成与原生垃圾有何不同?

以北京南宫堆肥厂为例,笔者2012年测定的进入堆肥厂的原生垃圾与堆肥筛上物的组成比较见表5-2。

表5-2 两种垃圾的物理组成比较 (湿基,质量分数%)

项目	塑料、橡胶	木竹	织物	纸类	灰土、砖瓦	电池	有机物
原生垃圾	16.25	4.92	0.65	24.36	9.27	0.16	44.39
堆肥筛上物垃圾	16.51	7.15	2.16	3.04	28.35	2.01	40.78

 258. 确定垃圾进入水泥窑处理方案之前,要进行哪些前期准备?

一般来说,垃圾进入水泥窑处理之前,首先要对垃圾进行多次采样,并在实验室内对垃圾的物理组成、含水率、热值、化学元素及重金属含量等理化特性进行分析。

 259. 垃圾应如何采样?

(1) 国外标准

① 前联邦德国

前联邦德国按下式计算垃圾采样量:$G=0.06d$,式中:G 为样品质量 (kg);d 为垃圾的最大粒度 (mm)。

② 美国材料与试验协会 (ASTM)

在 ASTM (American Society for Testing and Materials) 制定的 "Determination of the Composition of Unprocessed Municipal Solid Waste" (D 5231—1992) 中规定:垃圾采样样品质量范围宜为 96~136kg。

(2) 我国标准

我国1995年颁布的《城市生活垃圾采样和物理分析方法》行业标准 (CJ/T 3039—1995) 中对垃圾采样的规定为:应采集当日收运到堆放处理场的垃圾车中的垃圾,在间隔的每辆车内或在其卸下的垃圾堆中采用立体对角线法在3个等距点采等量垃圾共20kg以上,最少采5车,总共100~200kg。

2009年,我国颁布了《生活垃圾采样和物理分析方法》行业标准 (CJ/T 313—2009),用以代替 CJ/T 3039—1995。新标准中对垃圾采样点、采样量均制定了详细规定,垃圾采样量的规定如下:根据生活垃圾最大粒径及分类情况,选取的最小采样量应符合表5的规定。如:当生活垃圾最大颗粒直径在120mm时,最小采样量应为200kg (混合生活垃圾)。

(3) 其他研究

根据 Caruth 和 Klee 的研究,样品的重量范围变化对分析精度没有显著影响,基于经济上的考虑，他们推荐 110～130kg 为宜。台北市在对垃圾采样次数的研究中，认为 93.75kg 是合理的垃圾采样样品质量。

 260. 垃圾的物理指标包括哪些？

垃圾的物理指标包括：组成、含水率、容重等。

 261. 垃圾的物理组分如何测定？

将垃圾样品按无机物（灰土、砖瓦等）、有机物（食品类，包括未完全降解的食物与动物残体等）、可回收物（纸类、塑料、金属、玻璃、织物、木竹等）以及其他（废电池）等分类方法进行手工分拣，记录各类成分的质量并计算其湿基质量百分比。

按下式计算各成分的含量：

$$C_i = \frac{M_i}{M} \times 100\%$$

式中　C_i——湿基某成分含量，%；

$\quad$ M_i——某成分质量，kg；

$\quad$ M——样品总质量，kg。

 262. 垃圾含水率如何测定？

将垃圾放入烘箱，105℃烘干至恒重后按下式计算含水率：

$$W_i = \frac{M - M_g}{M} \times 100\%$$

式中　W_i——垃圾含水率，%；

$\quad$ M_g——垃圾干重，kg；

$\quad$ M——样品总质量，kg。

 263. 垃圾容重如何测定？

将垃圾放入塑料桶，振动 3 次，不压实，按照下式计算陈腐垃圾容重：

$$d = \frac{1000}{M} \sum_{j=1}^{n} \frac{M_j - M}{V}$$

式中　d——生活垃圾容重，kg/m³；

$\quad$ n——重复测定次数；

$\quad$ j——重复测定序次；

$\quad$ M——生活垃圾桶质量，kg；

$\quad$ M_j——每次称量质量（包括容器质量），kg；

$\quad$ V——生活垃圾桶容积，L。

 264. 垃圾的化学指标包括哪些？如何测定？

垃圾的化学指标由后期处理方式决定。例如，将垃圾堆肥处理时，需要测定其 C/N、有机质含量、重金属含量等。进入水泥窑处理时，需要测定热值、元素分析等。灰分、挥发分、固定碳等含量的测定可参照国家标准《煤的工业分析方法》（GB/T 212）中的缓慢灰化法；热值测定可采用《煤的发热量测定方法》（GB/T 213）；元素分析可采用《煤的元素分析方法》（GB/T 476）。

265. 垃圾中的氯主要存在于哪些组分中？如何测定？

生活垃圾中的氯是引起焚烧炉过热器高温腐蚀和造成有机剧毒污染物二噁英类物质的重要元素。垃圾中的氯以 PVC 类塑料、硬质塑料中为最高，均在 100mg/g 以上。厨余部分中以灰尘含氯量最高，3.37mg/g。低氯物中，纤维、菜叶、灰土和其他纸的氯含量相对较高，均在 0.99mg/g 左右；而报纸、包装袋、橡胶中相对较低，在 0.4mg/g 左右。

大多数垃圾组分中的氯可以采用硫氰酸汞分光光度法和离子色谱法测定，误差在允许的范围内（<3%），但高氯物质如塑料类则须用硝酸银容量法来减少不必要的实验误差。考虑经济因素，实验室中可以优先选用硫氰酸汞分光光度法测定垃圾组分含氯量。

266. 如何测定垃圾热值？垃圾热值与含水率的相关性怎样？

生活垃圾的干基热值可采用氧弹仪测定。生活垃圾的湿基热值可采用经验公式计算。

$$Q_L = [4400(1-a) + 8500a]R - 600W$$

式中　R——垃圾中可燃成分含率（质量分数），%；

　　　a——可燃成分中塑料的百分含量（质量分数），%；

　　　W——垃圾含水率（质量分数），%。

经笔者测定，垃圾的湿基热值与含水率之间的关系如图 5-3 所示。

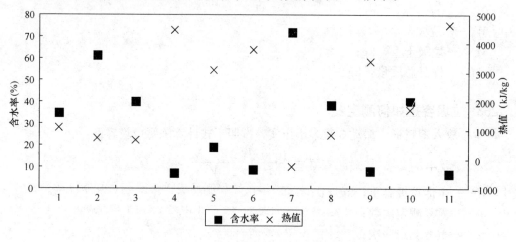

图 5-3　垃圾含水率与热值的关系

267. 为何要降低垃圾含水率？如何降低？

我国生活垃圾中的含水率较高，一般为 40% 以上，最高可达到 70% 左右。含水率较高的垃圾不仅热值较低，焚烧过程中需要补充其他热源，而且水分会成为环境中恶臭、渗滤液等二次污染的来源，因此，垃圾热处理的关键是降低垃圾的含水率。

降低垃圾含水率一般采用机械脱水、生物干化或热脱水处理等技术，其中以生物干化技术应用较为普遍。

268. 什么是生物干化？

生物干化是利用微生物高温好氧发酵过程中有机物降解所产生的生物热能，通过过程调控手段促进水分蒸发，从而实现快速去除水分的一种干化处理工艺，最早由美国康奈尔大学Jewell等人于1984年研究牛粪生物干燥的操作参数时提出。生物干化的特点在于不需外加热源，干化所需能量来源于微生物的好氧发酵活动，属于物料本身的生物能，因此是一种非常经济、节能、环保的干化技术，被作为垃圾焚烧处理的前期有效降低含水率的手段。

 269. 影响生物干化的因素有哪些？如何提高生物干化的效果？

影响生物干化的因素包括：温度、调理剂、通风、翻堆等。温度越高，生物降解速率提高得越快，水蒸气也容易散失，因此，生物干化的效率越高。

从调理剂是否参与发酵过程的角度，将调理剂分为活性调理剂和惰性调理剂。活性调理剂指的是本身含有易降解有机物，在堆肥过程中参与有机质降解过程的调理剂，如稻草、秸秆、树叶、木片、锯末和回流堆肥等，主要成分为有机物，能够在堆肥过程中被微生物分解。惰性调理剂在堆肥过程中不被微生物降解，仅仅起到调节堆体的物理结构和改善堆肥品质的作用，如碎轮胎、粉煤灰、斜发沸石、铝土矿渣等。垃圾生物干化中常用的调理剂有：玉米秸秆、稻草、木片等，其中玉米秸秆因为含有较多的疏松结构，在生物干化的同时，还兼有除臭的效果。

通风是影响干化进程的关键因素。通风的作用主要体现在三个方面：供氧、散热和脱水。适宜的通风率是水分散失取得成功的重要保障。通风率过低容易造成堆体厌氧，也不利于物料水分脱除，延迟干化时间；通风量过大将导致热量散失，不利于堆体的热量积累，对生物降解不利，同时也可导致NH_3的大量排放并增加能耗。一般认为堆体中的氧气含量保持在8%~18%之间比较适宜。

水分是生物干化过程中微生物生长代谢所必需的条件。一般适宜的含水率为重量计的50%~60%，若超过70%，则明显降低生物分解速度，温度也会受到影响。翻堆工艺对干化产品含水率有一定影响，增加翻堆次数可显著降低物料含水率。

 270. 垃圾中的重金属来源有哪些？分布如何？

城市生活垃圾中重金属污染既来源于垃圾中金属制品或镀金属制品中金属离子溶出的直接贡献，如电池、废灯管、废旧电器及表面镀金属的各种生废弃物，也来源于含重金属成分的各类原材料在使用与废弃过程中的重金属离子的释放，如含重金属的纸张、油漆油墨及染料等，甚至包括由源自生物链富集食物。

垃圾中的重金属总量由高到低的依次顺序一般为：Zn、Cr、Cu、Ni、Pb、As、Hg、Cd。而Pb、Cr、Zn、Ni的一般在纸张、织物、塑料中较高。

水泥生料中常见的重金属种类有Cu、Zn、Cd、Pb、Cr、Ni、Mn、As等，大量的水泥生产统计数据表明，其含量一般处于mg/kg数量级。生活垃圾中的常见重金属与生料中的类似，含量也处于同一数量级，因此，生活垃圾作为水泥生产的替代原、燃料时，不会超过安全生产的许可范围。

271. 不同重金属单质及其化合物的熔沸点特性是怎样的?

聂永丰等人的研究结果表明,重金属及其不同化合物形态在不同温度下的熔沸点特性差异较大,见表 5-3。

表 5-3　不同重金属的高温熔沸点 (℃)

重金属	熔点	沸点	氧化物	氯化物
Hg	−39	357	500	熔点：276 沸点：302 升华：300
Cd	320.9	765 (767)	沸点：1559 分解：950 升华：900	熔点：570 沸点：960
Pb	327	1620	熔点：886 沸点：1516	熔点：501 沸点：950
Zn	419	907	升华：1800	熔点：283 沸点：732
As	808	603 (615)	氧化亚砷升华：218	熔点：−16 沸点：130
Cr	1857	2672 (2200)	熔点：1377 沸点：3000	熔点：83
Cu	1083	2595 (2300)	熔点：1326	熔点：620
Ni	1555	2837 (2900)	NiO 熔点：1990 NiO$_2$ 熔点：1980	熔点：1001

很多学者都认为:在垃圾焚烧过程中,金属本身的特性是决定重金属分布最重要的因素。从表 5-3 中可以看出,重金属本身的特性决定了其高温挥发能力。8 种重金属单质熔点由高到低排序依次为:Cr>Ni>Cu>As>Zn>Pb>Cd>Hg;8 种重金属单质沸点由高到低排序依次为:Ni>Cr>Cu>Pb>Zn>Cd>As>Hg。

除 Cr 和 As 外,对于同一种重金属来说,其氧化物的熔点要高于氯化物和单质的熔点。

272. 垃圾中的重金属挥发特性与重金属单质有何不同?

垃圾成分中,氯的存在使焚烧过程中大多数重金属的挥发都有不同程度的增加。这是与重金属单质挥发的不同。从表 5-3 也可看出,金属氯化态的沸点通常低于氧化态,当垃圾内无机氯或有机氯含量较多时,燃烧过程就有氯的存在,一定条件下与重金属反应生成颗粒小沸点低的氯化物而加剧了重金属的挥发,使其由底灰向飞灰或由飞灰向烟气的迁移增加。

垃圾中的氯元素主要包括两种:有机氯与无机氯。有机氯主要存在于塑料中,尤其以 PVC 中含量较高。无机氯主要存在于厨余垃圾的盐分中,以 NaCl 为主要代表。

273. 垃圾中的氯源对重金属挥发有何影响?

笔者在垃圾中添加了 10% 的 PVC 与 NaCl 后,不同氯源对重金属迁移的影响如图 5-4 所示。

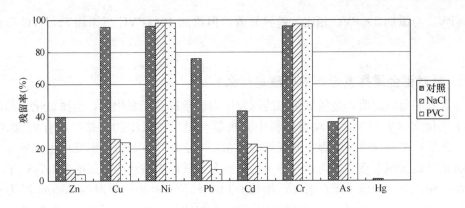

图 5-4　添加氯源对重金属残留率影响

在垃圾中分别加入垃圾总量的 5％的 PVC 与 NaCl 后，在 800℃温度下，与对照相比，无论有机氯还是无机氯的加入，除 Ni、Cr、As 外，其他 5 种重金属元素在残渣中的残留率都显著减少，添加无机氯后，Zn 的残留率从对照的 39.91％降为 6.93％，Cu 的残留率从对照的 95.62％降为 26.12％，Pb 的残留率从对照的 76.16％降为 12.47％，Cd 的残留率从对照的 43.56％降为 22.80％，Hg 的残留率从对照的 0.093％降为 0.07％；添加有机氯后，Zn 的残留率从对照的 39.91％降为 3.86％，Cu 的残留率从对照的 95.62％降为 23.87％，Pb 的残留率从对照的 76.16％降为 6.93％，Cd 的残留率从对照的 43.56％降为 20.72％，Hg 的残留率从对照的 0.093％降为 0.03％。因此，有机氯对重金属挥发的影响大于无机氯，尤其是对难挥发重金属 Cu 的影响更大。

274. 垃圾中的氯源对重金属挥发有何影响？

近年来，随着城市生活垃圾组成结构的不断变化，垃圾中塑料的含量呈明显增加的趋势，垃圾焚烧炉中氯含量也逐年增加。高氯含量的垃圾焚烧时，无论是对焚烧炉还是水泥窑都有不利的影响，而且，相比于垃圾焚烧炉来说，对水泥窑的影响更大。

在焚烧温度为 800℃，添加 1％、5％、10％的 PVC 后，重金属的挥发特性如图 5-5 所示。

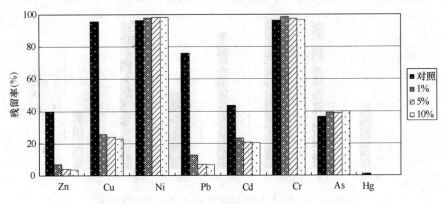

图 5-5　不同氯量对垃圾 RDF 重金属残留率影响

随着 PVC 含量的增加，焚烧后残渣中重金属残留率均呈减少的趋势，尤其是重金属 Zn、Cu、Pb、Cd，残留率与对照相比，差异极显著，即添加有机氯促进了重金属的挥发。

添加 1%PVC 与添加 5%PVC 相比，差异显著，但添加 10%PVC 与添加 5%PVC 相比，差异不显著。

275. 氯对重金属挥发影响的机理是什么？

许多学者的研究表明，金属氯化态的挥发压力通常都高于氧化态，金属氯化态的沸点通常都低于氧化态（表 5-3），当垃圾给料中无机氯（厨余垃圾中的氯盐）或有机氯（塑料、车胎等）含量较多时，燃烧过程中就有氯的存在，一定条件下与重金属反应生成粒径小、沸点低的氯化物而加剧了重金属向烟气和飞灰中散布，其原因被认为是氯的参与延迟了金属化合物凝结过程，并且降低了露点温度，如对于 Pb，峰值粒径由无氯时的 $0.2\mu m$ 减为有氯时的 $0.08\mu m$。Greenberg 等人也认为烟气中高浓度的 HCl（$10^2 \sim 10^3\,mg/m^3$）会对金属产生挥发影响。

276. 水分对重金属挥发有什么影响？

垃圾中水分的变化会对燃烧系统中氯及重金属种类产生影响。Susan 等人指出：在恒定焚烧温度 950℃时，增加垃圾中的水分含量，将减少飞灰中的含铅量，使铅由氯化态转为氧化态。而另外一种情形下，维持恒定的空气流，提高垃圾给料中的水分，即降低燃烧温度，将使飞灰中的重金属含量增加，金属由氧化态转向氯化态。同时他还指出，Cd 和 Hg 不受垃圾中水分含量多少的影响，Cd 在到达饱和温度时完全冷凝到飞灰中，而 Hg 则以气态排出烟囱。对于金属 Cr，由于 Cr 多为液体或固体形式，水分的变化对其影响甚微，而含钠量的变化，则因为其与钠有很高的亲和力形成 Na_2CrO_4 而可以影响很大。另外的研究还表明，焚烧炉中适量的水分有助于净化设备颗粒的捕集。

277. 水泥窑钙环境对重金属挥发有什么影响？

新型干法水泥窑中钙环境主要集中在分解炉部分和旋窑窑尾部分，分解炉部分又包括五级预热器和分解炉，这部分钙环境的主要成分是 $CaCO_3$ 和 CaO，因此，笔者在垃圾 RDF 中分别加入一定含量的 $CaCO_3$ 和 CaO 后，重金属的挥发特性如图 5-6 所示。

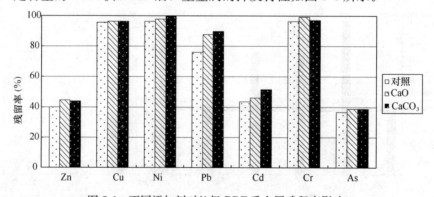

图 5-6　不同添加剂对垃圾 RDF 重金属残留率影响

在垃圾 RDF 中分别加入一定含量的 $CaCO_3$ 和 CaO 后，重金属的挥发特性出现减小的趋势，其中，CaO 对重金属 Zn、Cr 的吸附效果较好，$CaCO_3$ 对 Pb、Cd、Ni 的吸附效果较好。因此，垃圾焚烧炉中可添加一定含量的 $CaCO_3$ 和 CaO 作为吸附剂，达到控制烟气中的重金属 Pb、Cd、Ni 排放目的。垃圾进入水泥窑焚烧时,水泥窑的碱性环境对重金属挥发有显著的抑制作用,减少了烟气中的重金属处理难度。

 278. 水泥窑协同处置垃圾可采用哪些技术路线?

用水泥窑协同处理城市生活垃圾可以采用多种技术路线:

(1) 不将垃圾进行分拣,将全部垃圾直接送入水泥窑处理;

(2) 由水泥厂对垃圾进行前处理,将处理后的垃圾分别作为替代原料和替代燃料从不同位置送入水泥窑;

(3) 先对垃圾进行分选,水泥窑只是作为整个处理过程的一个环节参与垃圾处理,只消灭部分垃圾,例如,垃圾的筛上物送入水泥窑焚烧。

这就说明,水泥厂可以参与生活垃圾处理的各个环节。因此,可以直接与市政府环卫部门协调,将所有生活垃圾送至水泥厂处理;也可以在设立垃圾分拣站的基础之上,只参与处理分拣出来的轻质可燃物;也可以在垃圾处理的后端,在给予一定补贴的情况下,参与处理垃圾焚烧厂的灰渣。

 279. 概述垃圾替代水泥窑原燃料的技术有哪些?

(1) 垃圾衍生燃料(RDF)作为水泥工业的替代燃料

该技术需要建设专门的预处理厂,将垃圾中可燃部分选出,去除杂质,并对选出的可燃部分进行破碎、烘干、加入添加剂、成型和筛分,制成 RDF 成品。该处理方式方便了水泥厂对垃圾衍生燃料的使用,而且,对分拣后的不可燃物还可另行处理。再者,RDF 制作过程中添加的添加剂还可降低烟气中污染物排放,是国外主要的水泥窑协同处理方式。

(2) 垃圾分选后作为水泥工业的替代原料和燃料

该技术是利用垃圾预处理设备将生活垃圾分为可燃部分与不可燃部分。将可燃部分作为水泥厂的燃料加以利用,燃烧后的灰渣和不可燃部分一起作为水泥原料被加以利用。该方式是欧洲诸国多年处理城市生活垃圾技术路线的模式。由于水泥窑系统热容量大、温度高,垃圾处理过程不需要外加化石燃料。新型干法水泥窑是处理城市生活垃圾的最友好的生产工艺。若处理混合生活垃圾,处理量小于熟料 10% 时,对水泥烧成系统没有影响,若处理分类后的可燃垃圾,添加比例可适当增加。

(3) 垃圾焚烧炉和水泥窑联合处理垃圾

该技术是在水泥回转窑旁设置垃圾焚烧炉来联合处理原生城市生活垃圾。以冷却水泥熟料的热风做燃烧空气,进入回转式垃圾焚烧炉。垃圾在热风的作用下焚烧,垃圾焚烧产生的高温烟气(1100℃左右)进入窑尾分解炉和预热器,与水泥生料换热,为水泥生料分解提供热量,然后被窑尾废气处理系统净化后排放。垃圾焚烧灰渣直接进入回转窑作为水泥原料,结合于熟料之中。垃圾焚烧灰渣也可以从焚烧炉排出,作为混合材,用于磨制水泥。该技术以冷却水泥熟料热风作为垃圾燃烧空气,采用回转式垃圾焚烧炉,弥补了我国垃圾成分复杂、水分高、热值低的缺陷,同时很好地解决了垃圾储存时散发的臭气等有机气态物的污染源。

 280. 什么是垃圾衍生燃料(RDF)?

由于生活垃圾成分复杂,焚烧性能很不稳定,因此,1980 年英国科学家提出了垃圾衍生燃料（RDF）的概念。后来美国、德国等西方发达国家迅速投资进行研发并将成果应用于实践。

垃圾衍生燃料（RDF）技术即将垃圾制成燃料棒的技术。生活垃圾经破碎、分拣、干燥、添加助剂、挤压成型等处理过程，制成固体形态（圆柱条状）燃料。按照美国 ASTM（American Society for Testing and Materials）的分类标准，垃圾衍生燃料可以分为七类，见表 5-4。美国所讲的 RDF 一般指 RDF-2 和 RDF-3，瑞士、日本等国家通常所讲的 RDF 一般是 RDF-5，为直径在 10～20mm，高 20～80mm 的圆柱体。

表 5-4　美国 ASTM 标准 RDF 分类

分类	内　　容
RDF-1	仅仅是将普通城市生活垃圾中的大件垃圾除去而得到的可燃固体废弃物
RDF-2	将城市生活垃圾中去除金属和玻璃，粗碎通过 152mm 的筛后得到的可燃固体废弃物
RDF-3	将城市生活垃圾中去除金属和玻璃，粗碎通过 50mm 的筛后得到的可燃固体废弃物
RDF-4	将城市生活垃圾中去除金属和玻璃，粗碎通过 1.83mm 的筛后得到的可燃固体废弃物
RDF-5	将城市生活垃圾中去除金属和玻璃等不燃物，粉碎、干燥、加工成型后得到的可燃固体废弃物
RDF-6	将城市生活垃圾加工成液体燃料
RDF-7	将城市生活垃圾加工成气体燃料

281. 国外如何制备 RDF？

国外 RDF 的制备工艺包括散装制备工艺、干燥成型工艺、化学处理工艺等。散装制备工艺主要在美国应用，由原生垃圾经一次分选和两次破碎得到，工艺简单，产物不易长期储存和运输。干燥成型工艺主要在美国、欧洲一些国家应用，由原生垃圾经粉碎、分选出厨余和不燃物、干燥、粉碎、高压成型后得到，产物呈圆柱状，适于长期储存、长途运输，性能较稳定，但是分选困难，不易将城市生活垃圾中的厨余除去，且干燥后短时间内较稳定，长时间储存后易吸湿。化学处理工艺主要有两种，即瑞士卡特热公司的 J-carerl 法和日本再生管理公司的 RMJ 法。J-carerl 法工艺流程的特点是先将含有厨余、不燃物的生活垃圾进行破碎，然后将金属、无机不燃物分选除去，在余下的可燃生活垃圾中加入垃圾量 3%～5% 的生石灰，最后进行中压成型和干燥得到圆柱状 RDF 产品，其热值为 14600～21000kJ/kg。该法制得的 RDF 产品可长期储存不发臭，燃烧时 NO_x、HCl 和 SO_x 的量少，并抑制了二恶英的产生，且不需高压设备，运行费用低，设备投资少。J-carerl 法在日本札幌市和小山町等地分别建成处理能力 200t/d 和 150t/d 的 RDF 加工厂。RMJ 法与 J-carerl 法的不同之处在于，将金属、无机不燃物分选除去后，RMJ 法是先干燥，再加入消石灰添加剂，加入量约为垃圾的 10%，接着进行高压成型。RMJ 法目前在日本的资贺县和富山县分别建成生产能力为 3.3t/h 和 4t/h 的 RDF 加工厂。

282. 按照美国 ASTM 分类，我国水泥窑处理垃圾 RDF 有几种形式？

我国利用水泥窑处理垃圾 RDF 主要有三种形式：RDF-3、RDF-5 和 RDF-7。

283. 如何将垃圾制备成 RDF-3?

（1）原生垃圾 RDF-3 加工工艺流程如图 5-7 所示：

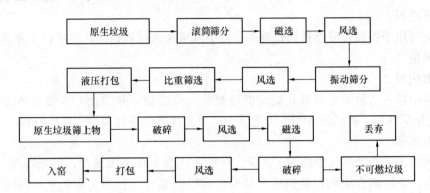

图 5-7　原生垃圾 RDF-3 加工流程图

（2）矿化垃圾 RDF-3 加工工艺流程如图 5-8 所示：

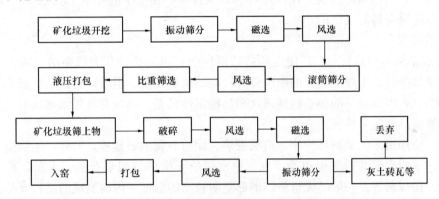

图 5-8　矿化垃圾 RDF-3 加工流程图

经过加工后的 RDF-3，可以直接入窑焚烧。这也是国外很多水泥窑对塑料、动物内脏等替代燃料的焚烧前处理方式。

284. 如何将垃圾制备成 RDF-5?

笔者将经过处理后得到的 RDF-3 再送入粉碎机，全部破碎至 5mm 以下，添加一定比例的粘结剂、助燃剂等添加剂后，送入成型机成型，即制备成 RDF-5。

285. RDF-5 的添加剂包括哪些?

为了改善 RDF-5 的物理特性及其在锅炉中的燃烧特性，需要向其中添加一定的添加剂，添加剂包括引燃剂、催化剂、疏松剂、粘结剂和固硫剂等。

（1）引燃剂

由于垃圾中的主要可燃成分为极易释放和燃烧的挥发分，而当燃料中挥发分含量过高，大量挥发分会因为无法及时与足够的空气混合而导致燃烧不完全，并产生黑烟。另外，由于垃圾中的物理组分不同，热值也会发生波动。因此，向垃圾衍生燃料中加入引燃剂，可改善其中的挥发分含量，使燃料易着火，并且使燃料热值稳定。可加入的引燃剂有煤、秸秆、木屑等。

（2）疏松剂

疏松剂可用于提高合成燃料的孔隙率，使空气可深入燃料内部，使燃料充分燃烧，降低炉渣的含碳量。

（3）催化剂

在燃料中掺入适量的金属氧化物能促进炭粒完全燃烧，并阻止 CO_2 被灼热的炭还原成 CO 而造成化学热损。英国的 MHT 工艺就为改善型煤燃烧条件而加入铁矿石粉。

（4）固硫剂

固硫剂可用于降低烟气中的 SO_2 含量。一般采用石灰作为固硫剂，但是石灰不能助燃，若添加过多，会影响合成燃料的热值。另外也有以钙基化合物作为固硫剂，固硫添加剂选 Al_2O_3、Fe_2O_3 和 MnO_2。

（5）防腐剂

一般选择石灰作为防腐剂。在投加石灰的条件下，使 pH 值升至 12 以上，可以杀灭传染病菌，并防腐与抑制臭气的产生。

（6）粘结剂

RDF 的粘结剂包括目前广泛使用的粘结剂包括有机粘结剂和无机粘结剂两类。有机粘结剂的粘结性能好，干燥固化后的燃料具有较高的机械强度。但是，有机粘结剂在高温下容易分解和燃烧，因而成品的热态机械强度和热稳定性较差。有些有机粘结剂具有一定的吸水性，从而使成品的防水性较差。

目前，应用最多的是制糖废液、造纸废液、淀粉和腐殖酸盐等。另外，生物质、制革和酿造废液、木质素磺酸盐等也很受重视。最常用的无机粘结剂是石灰、水泥、黏土、硅酸钠、石膏、粉煤灰等。一般的无机粘结剂都能耐较高的温度，因而制成的燃料成品具有较好的热态强度和热稳定性。

286. 如何评价 RDF-5？

RDF-5 一般采用成型率和抗压强度两个指标评价。

成型率的测定方法：将加工好的 RDF 成品放入烘箱，105℃充分干燥后，过 5 mm 圆孔筛，称取筛上物的质量，用筛上物质量除以总质量，得到样品成型率。

抗压强度测定：采用万能电子实验机测定。

287. 影响垃圾 RDF-5 成型的因素有哪些？

影响矿化垃圾 RDF 成型的因素主要有：垃圾初始含水率、破碎粒径、含土量以及添加剂含量等。

288. 垃圾 RDF-5 成型的最佳粒径是多少？

笔者将不同粒径制备的 RDF-5，测定其成型率和抗压强度如图 5-9 所示。

随着垃圾粒径的降低，RDF 成型率逐渐增加，说明垃圾破碎粒度越小，越有利于 RDF

成型。如果采用平模成型机，则垃圾破碎到与模孔接近或者略小于模孔的粒径大小较为合适。

随着垃圾粒径的降低，RDF 的抗压强度也逐渐增加，说明垃圾破碎粒度越小，越有利于垃圾之间的黏合，RDF 的抗压强度越高。

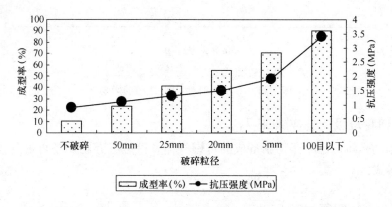

图 5-9　破碎粒径对 RDF 成型的影响

289. 垃圾 RDF-5 成型的最佳含水率是多少？

在成型压力范围内，含水率能显著影响 RDF 的机械强度。笔者经过实验发现：有利于 RDF 成型的最佳垃圾含水率为 25％，其次为 30％，过高或过低的含水率均不利于 RDF 成型，强度相对也很低（图 5-10）。

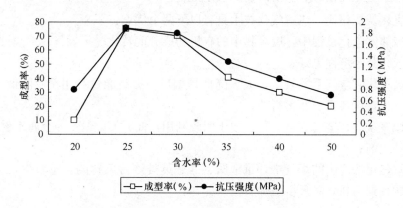

图 5-10　含水率对 RDF 成型的影响

290. 垃圾 RDF-5 成型的最佳添加剂含量是多少？

笔者将石灰作为 RDF-5 的粘结剂，对最佳添加量进行了研究，结果显示：随着石灰等添加剂添加量的增加，RDF 成型率和抗压强度也呈现增加的趋势，但差异不显著。但是，由于石灰等钙基添加剂均为无机物，添加大量的添加剂会显著降低 RDF 成品的热值。因此，灰土含量以不超过 10％为宜。添加剂对 RDF 成型的影响如图 5-11 所示。

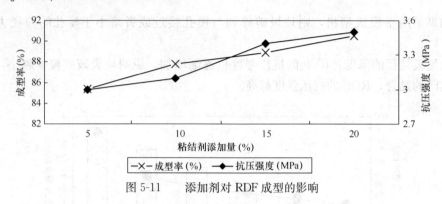

图 5-11　　添加剂对 RDF 成型的影响

291. 如何将垃圾制备成 RDF-7？

RDF-7 指的是将可燃废弃物制备成的可燃气体。可燃废弃物制备可燃气体可通过热解或者气化的形式。

292. 什么是热解气化？

垃圾热解气化是指在无氧或缺氧的条件下，垃圾中有机组分的大分子发生断裂，产生小分子气体、焦油和残渣的过程。垃圾热解气化技术不仅可实现垃圾无害化、减量化和资源化，而且还能有效克服垃圾焚烧产生的二恶英污染问题，因而成为一种具有较大发展前景的垃圾处理技术。

293. 与垃圾焚烧相比，热解气化有何优点？

与垃圾直接焚烧相比，热解气化技术具有以下两个优点：

（1）垃圾热解气化过程中，废弃物中的有机物成分能转化为可燃气体、焦油等不同的可利用能量形式，其经济性更好；

（2）垃圾气化时空气系数较低，大大降低排烟量，提高能量利用率、降低 NO_x 的排放量，减少烟气处理设备投资及运行费；

（3）还原气氛下，金属未被氧化，便于回收利用，同时 Cu、Fe 等金属不易生成促进二恶英形成的催化剂；

（4）热解气化法产生的烟气中，重金属、二恶英类等污染物的含量较少，二次污染小，污染控制问题得到简化，对环境更加安全。

294. 热解与气化有何区别？

热解与气化都是将可燃废弃物分为气体、液体和固体三部分的过程。但二者的区别是：

（1）氧气量不同。热解是完全无氧，气化是缺氧，即 O_2 不足。

（2）产物不同。热解产物是可燃气体、焦油和炭黑，气化产物是可燃气体、焦油和无机残渣。

295. 热解气化反应可分为几个阶段？

热解气化可分为两个阶段：

（1）初次反应阶段：在受热条件下，可燃固废首先发生一次裂解，析出挥发分、焦油和甲烷、氢气等气体产物，初次反应阶段是造成初始反应失重的主要原因。

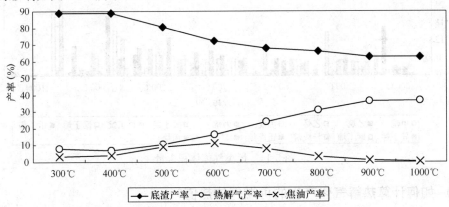

（2）二次反应阶段：随着温度的升高，大分子物质再次裂解，生成复杂的气体及甲烷、氢气。二次反应阶段可分为小分子物质二次反应和大分子二次反应。小分子二次反应是指乙烯、乙烷等再次分解为甲烷、氢气等。大分子二次热解反应是指含有苯环的化合物、羰基化合物、氨基化合物等再次裂解，分解为甲烷、苯、水、碳等小分子物质的过程。随着温度的升高，二次裂解加剧，使得气体产量快速增加。

296. 温度对热解气化产物有何影响？

笔者经过实验得出，随着热解气化温度的升高，可燃气体的产率逐渐升高，底渣的产率逐渐降低，可见，温度越高，越有利于挥发分的析出。这是因为固废 RDF 中的有机大分子不断裂解，生成更多的焦油和可燃气，留下很多空隙，有利于气固反应的进一步发生，使得底渣的产率进一步降低。随着热解温度的升高，可燃气体的产率持续增加，当温度在 1000℃时，固废的产气率达到最高值。焦油产率在 500～600℃时达到最高。温度对热解气化产物的影响如图 5-12 所示。

图 5-12 温度对热解气化产物的影响

297. 热解气化产生的可燃气体包括哪些成分？

笔者经过测定发现，当热解温度在 400℃以下时，除 CO 外，各种可燃气体的含量均很少。随着温度的升高，各可燃气体产生的体积百分比含量也逐渐增加，如图 5-13 所示。这表明，随着热解终温的提高，垃圾中大分子量的物质得到裂解，产生了更多的烷烃类气体。

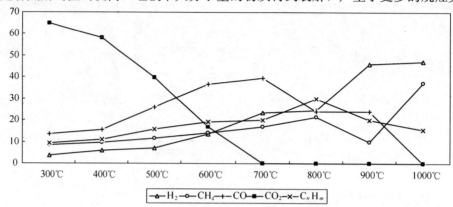

图 5-13　不同温度下垃圾气化可燃气体体积含量

298. 热解气化产生的可燃气体中，烃类组分的特性如何？

笔者经过测定发现，当热解温度在 300℃时，烃类气体含量很少。当热解温度在 400℃时，主要为正戊烷，其他组分均很少。随着温度的升高，不仅各可燃气体的产生的体积百分比含量逐渐增加，而且主要气体逐渐向低分子物质偏移，异戊烷、正丁烷、丙烯及甲烷的产量逐渐增加，不同气体产量的最高点并不相同：异戊烷在 500～600℃达到最高；在 700℃时，以正丁烷为主；在 800～900℃，主要产物为丙烯；甲烷的产量随着温度的升高一直增加，在 1000℃达到最高，如图 5-14 所示。这表明，随着热解终温的提高，垃圾中大分子量的物质得到裂解，产生了更多的小分子类烷烃气体。

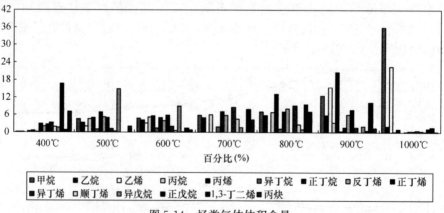

图 5-14　烃类气体体积含量

299. 如何计算热解气化产生的可燃气体热值？

热解气化产生的可燃气体热值可由下式计算：

$$LHV = (30.0 \times CO + 25.7 \times H_2 + 85.4 \times CH_4 + 151.3 \times C_nH_m) \times 4.2$$

式中　CO、H_2、CH_4 和 C_nH_m——分别是气体产物中 CO、H_2、CH_4 和碳氢化合物的体积比率。

300. 热解气化产生焦油，其化学组分有哪些？

笔者经过测定发现：500℃和600℃时，热解气化产生的焦油组分变化不大，然而随着热解温度的进一步提高，焦油中的许多含氧化合物发生了二次裂解，生成了水蒸气、氢气和CO等，使焦油的组分减少，烯烃和芳香化合物的组分和含量增加，如生成了较多的茚（Indene）、萘（Naphthalene）、苊烯（Acenaphthylene）和芴（Fluorene）等。而600℃时焦油中含有更多的较高化工利用价值的乙酸（Acetic acid）、异亚丙基丙酮（3-Penten-2-one, 4-methyl-）和苯酚（Phenol）等，另外600℃时焦油的产量最高，有价值的组分最多，因此，从焦油生成及后利用的角度来看，600℃是热解气化制油的最佳温度。

301. 热解产生的残炭，其化学组分有哪些？

固体废弃物在300～1000℃温度下热解后，产生的残炭中，化学元素以碳为主，其次还有硫、氧、氯以及重金属等。

302. 气化产生无机底渣，其化学组分有哪些？

笔者经过测定发现：固体废弃物在300～1000℃温度下热解后，产生无机的底渣，其化学组成与热解底渣完全不同，主要成分为Si，与垃圾焚烧厂焚烧底渣近似。因此，可用此底渣制备免烧砖、透水砖等建材。

303. 水泥窑协同处置垃圾技术有何主要原则？

（1）不能影响水泥质量。替代性燃料和原料应满足一定的要求，限定能够适合处理的废物，确保水泥生产的正常运行及水泥产品的质量。如果在处置中会增加有害物质（例如有害气体）的排放，或者可能对人们生活及健康产生不利影响的，将不能使用。使用替代性燃料和原料的公司应做好使用传统燃料和原料的长期的跟踪记录。

（2）在接受任何替代性燃料和原料之前，水泥厂的经营者必须了解其来源和产地，所有替代性燃料和原料在使用之前必须进行测试。工厂必须配置良好且实用的质量控制系统，生活垃圾进入水泥生产系统前，需要进行破碎、分选等预处理，这样不仅可以提高系统的垃圾接纳量，还可稳定系统的操作控制。替代性燃料和原料的收集、运输、储存必须符合一定的安全要求，工厂必须制订、执行系统的应急计划，并告知所有员工。

（3）对污染物的排放作出限制。污染物的排放包括粉尘、有害气体和有害微量元素，在水泥生产中处置垃圾废物，必须对系统的排放进行严格限制，保证进入空气中的排放物不高于采用传统原料、燃料生产时所排放的废物浓度，根据具体情况，对空气污染物的排放采取连续和间断的监控。

（4）我国要真正推广应用水泥窑协同处置垃圾技术，企业应高度重视，国家应辅以配套的政策，建立适当的法律和规章制度，从许可证发放、税收优惠、保证废弃物来源等一系列手段加以引导与鼓励。

（5）在环境影响评价的基础上，预测使用原料和替代燃料的潜在影响和可能存在的问题，确定使用原料和替代燃料的基准，制定废物的排放标准及可使用废物种类的选择。

304. 垃圾作为水泥窑替代燃料时，应如何选择投料口？

水泥窑替代燃料和原材料进料点应根据所用替代燃料和原材料的特性（或毒性）进行选择。替代燃料应从水泥窑系统的高温燃烧区（主燃烧器、煅烧炉燃烧器、预加热器的次级燃烧区）送入。一般地，含高稳定分子的替代燃料，如高氯化合物，应优先在主燃烧器送入，以保证燃料有较高的燃烧温度和较长的停留时间供完全燃烧。其他进料点只有在经过测试证明具有较高的燃烧效率时才能采用。含不稳定有机成分的替代原材料不应与工艺中所采用的其他原料一起送入，除非测试结果证明不会产生不希望产生的污染排放物，例如酸性气体、二恶英等。在生料的预热过程中，有机物极易在低氧低温烟气中发生不完全燃烧形成大量污染物。

305. 水泥窑协同处置固废 RDF-3 可分几种情形？

水泥窑协同处置垃圾 RDF-3 可分三种不同情形：

（1）热值在 5000kcal/kg 以上、Cl 含量在 0.0015％ 以下的 RDF-3，可将 RDF-3 粉碎至 20mm 以下，然后从窑头多通道燃烧器的废弃物专用通道喷入窑内。这类 RDF-3 包括废旧轮胎、含油布匹等。在国外应用较多。

（2）热值在 2000～5000kcal/kg、Cl 含量在 0.01％～0.05％ 的 RDF-3，可将 RDF-3 破碎至 50mm 以下，然后送入分解炉。这类 RDF-3 包括废塑料、纸类等。是我国水泥窑处理垃圾的主要形式。

（3）热值在 2000kcal/kg 以下、Cl 含量在 0.05％ 以上、含水率较高的 RDF-3，可将 RDF-3 先送入热解气化炉，产生的可燃气体再进入分解炉焚烧的方式。这类 RDF-3 包括未经处理的生活垃圾、矿化垃圾等。

306. 为什么说分解炉是替代燃料的主要投入区域？

若在窑头加入替代燃料，则会降低窑头的温度，从而给整个生产线带来影响。所以，替代燃料主要的投入区域应定为生料分解炉。

RDF 主要作为替代燃料在分解炉使用，通过分解炉增设燃料分散装置，在分解炉内悬浮燃烧，分解炉内的温度为 870～900℃，高于 RDF 所有组分的着火温度，RDF 在分解炉内呈可均相燃烧。

307. 举例说明 RDF-3 进入分解炉的工艺？

以北京金隅某水泥厂处理垃圾的实验线为例说明 RDF-3 入分解炉的工艺。该水泥厂窑型为新型干法窑，有 1 条 3200t/d 的熟料生产线，年产熟料 110 万 t，年产水泥 150 万 t。

在北京某水泥厂的实验中，水泥窑的处理对象是矿化垃圾筛上物，热值 2800～3200kcal/kg，含氯量为 0.13％，含水率为 15％～27.15％，粒径为 200mm。因此，选择从分解炉进入的方式。垃圾 RDF-3 送入分解炉，饲喂量为 2.5t/h。分解炉的工艺改造如图 5-15 所示。实验采用螺旋输送的方式将垃圾 RDF-3 送入分解炉，同时为方便投料及防止漏风和热量损失设置三层气动锁风闸。

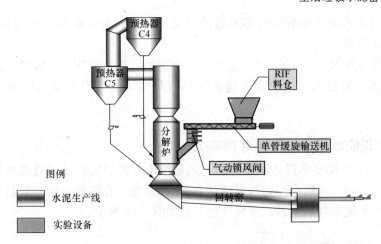

图 5-15　垃圾 RDF-3 入分解炉方式示意图

308. 垃圾以 RDF-3 的方式进入分解炉，会对烟气系统产生什么影响？

笔者经过测定发现：当垃圾以 RDF-3 的形式进入分解炉，窑尾烟气中 NO_x 的排放浓度和排放速率均呈显著下降趋势，这对水泥窑的氮氧化物减排十分有利。但是，如果 RDF-3 中含有的灰土量较高，如矿化垃圾，则造成尾气中 TSPs 实测浓度和排放速率显著增加。当垃圾以 RDF-3 的形式进入分解炉，由于垃圾中的重金属含量高于煤粉中的重金属含量，所以可能造成水泥窑尾气中重金属排放浓度增加。此外，由于垃圾中氯及重金属的双重作用，当垃圾以 RDF-3 的形式进入分解炉，可能会造成窑尾烟气中二恶英含量超过国家标准。因此，水泥窑协同处置垃圾等废弃物，应加强对窑尾烟气排放的监测和分析。

309. 垃圾以 RDF-3 的方式进入分解炉，会对窑系统产生什么影响？

笔者经过测定发现：当垃圾以 RDF-3 的形式进入分解炉，一般不会造成滞后燃烧。如果 RDF-3 的粒径较大，会导致喂煤量的调整较为频繁。如果 RDF-3 的含氯量较高，会造成窑系统的结皮、堵塞。如果 RDF-3 的含水率较高，会降低熟料产量。如果 RDF-3 的热值较低，则单位时间内的投加量也相应降低。

310. 垃圾以 RDF-3 的方式进入分解炉，会对熟料产生什么影响？

笔者经过测定发现：当垃圾以 RDF-3 的形式进入分解炉后烧制的水泥熟料，当窑况变化不大时，对水泥熟料的性能一般影响不大，如抗压强度、抗折强度、标准稠度需水量、比表面积、初凝时间和终凝时间等。如果 RDF-3 中含有的灰土量较高，如矿化垃圾，则会造成熟料饱和比显著下降。如果 RDF-3 的粒径较大，煤配比不均匀时，则会造成水泥熟料中的 f-CaO 含量波动很大。

如果 RDF-3 的含氯量、含硫量较高，则会造成入窑热生料中的 S、K、Cl 的含量显著升高，严重时会导致窑严重结皮。

311. 举例说明 RDF-5 进入分解炉的工艺？

由于分解炉内的物料是呈现悬浮的粉尘状态，而 RDF-5 是加工成型的垃圾衍生燃料，因此，RDF-5 进入水泥窑分解炉时容易造成燃烧不完全，对分解炉的炉型选择比较苛刻，国内外运用的案例很少。

适合于处理垃圾 RDF-5 的分解炉是流化床分解炉，即 N-MFC 分解炉。由于它的助燃空气直接从三次风管抽入，出炉烟气进入预热器与窑尾烟气混合排出因而也叫半离线分解炉。

312. 举例说明水泥窑如何利用 RDF-7?

国内目前运行的 RDF-7 进入水泥窑的工艺是位于安徽铜陵的垃圾处理项目，项目建设单位为海螺水泥公司。海螺水泥通过引进日本 CKK 设备，在安徽铜陵建设运行了一条原生垃圾气化后进入水泥窑焚烧项目，垃圾气化工艺如图 5-16 所示。

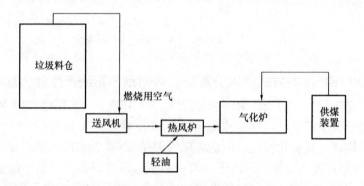

图 5-16　垃圾 RDF-7 工艺示意图

由图 5-16 可以看出：原生垃圾由于含水量过高，气化是需要消耗热源，因此要利用燃煤或者燃油供给热源，而且，由于原生垃圾的粒径不均匀，一般采用流化床气化的方式，流化床介质采用石英砂，气化后的砂及不燃混合物经过多级分选后再次回用。

海螺水泥的石英砂分离流程如图 5-17 所示。

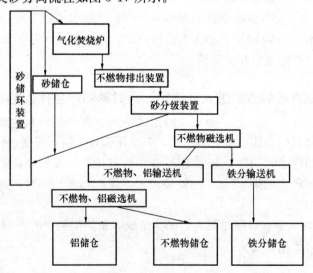

图 5-17　石英砂分离流程

313. 垃圾以 RDF-7 的方式进入水泥窑，一般会对窑系统产生什么影响？

（1）对预热器的影响：气化焚烧炉产生的可燃气体温度较低，只有 $500\sim550℃$，废气量 $25000Nm^3/h$，约占系统总风量的 $8\%\sim10\%$。虽然其含有一定的热值，但加入分解炉后对预热器和分解炉的热工制度有一定影响。应当选取适当的加入位置，并通过操作进行平衡，尽量减少对分解炉的影响。

（2）另一个问题是可燃气体如何引入。由于垃圾气体温度较高，含有腐蚀性，不适合采用风机加压，在分解炉处的负压不足的情况下，为了将可燃气体引入分解炉，可增加窑系统风机的抽力来解决负压不足的问题。

（3）有害成分的影响：可燃气体引入预分解系统的又一影响是其中的有害成分，主要是氯离子的含量。由于氯离子含量增加，会引起窑尾预热器的结皮堵塞，也会造成水泥产品中氯离子含量超标。

314. 当垃圾中的氯含量超标时，可采用什么补救措施？

当垃圾中的氯含量超标时，可采取旁路放风措施。旁路放风措施是解决有害组分循环，降低熟料中有害组分的切实可行办法。但由于该技术存在增加窑系统热损失、高温废气难以进行收尘处理的问题，在国内水泥行业并未得到广泛的应用。

315. 当垃圾中的重金属含量较高时，对水泥窑烟气排放有什么影响？

重金属随烟气、粉尘排放到大气中的浓度受其挥发性、在熟料中的固化率、粉尘中含量等的影响。水泥回转窑内的煅烧温度一般控制在 $1400℃$ 以上，难挥发的重金属（如 Zn、Cu、Co、Ni、Cr、Pb、Cd 等）90% 以上会发生化合反应，进入熟料相的矿物晶格内，其中即使有一定挥发性的重金属也只在窑和预热器系统内形成动态平衡的内循环，最终被固化在水泥熟料中，很少带出窑外；极少数挥发性金属（如 Hg）以气相状态或者吸附在微细粉尘上，往复于系统循环，仅有痕量随烟气排出。

模拟结果和实际生产过程中，各重金属含量的排放浓度处于痕量级别，均远远低于美国、欧盟及我国 GB 18485 和 GB 50295 等规范的限值，不会对环境造成污染。

316. 当垃圾中的重金属含量较高时，对水泥窑烧成系统有什么影响？

重金属对烧成系统的影响主要表现在重金属对熟料形成过程以及熟料质量等影响。大量的研究指出：含量低于 0.5% 的 Cr、Ni 和 Zn 可以降低 f-CaO 的含量，对 C_3S 的形成没有任何影响；MnO_2 可以提高 C_3S 的含量，其固溶度大约是 1%；Ni 优先进入铁相，即使很高含量，对于熟料的形成和水化作用都不明显；0.5% 的 CuO 至少可以把烧成温度降低 $50℃$，1% 的 CuO 可以降低 60% 的 f-CaO。由此可知：生料中的重金属含量只有达到百分数量级上，才会对熟料中 f-CaO 含量、熟料的化学组分和矿物组成等产生不良影响。生活垃圾中的重金属含量均属微量，不会超过 $1‰$，因此，不会对水泥产品的质量带来不利的影响，相反有些重金属元素还具有助熔剂或者矿化剂的作用，对熟料的煅烧过程有利。

317. 当垃圾中的水分含量较高时，对水泥窑烧成系统有什么影响？

根据水泥回转窑物料平衡及热平衡计算出，城市生活垃圾热值不同会产生不同热量的结果，直接进入分解炉系统中焚烧，垃圾中可燃成分可替代一部分煤炭。但由于垃圾含水率较高，将水从常温加热到废气尾温约340℃时需消耗热量，一条5000t/d熟料生产线的城市生活垃圾处理量为600t/d时（按垃圾水分70.2%，热800kcal/kg最不利情况计算），可计算出其窑系统多增加的煤量约为：年增加煤3167t，折合标准煤2967t。

垃圾含水率40%、干基热值2700kcal/kg时，利用水泥窑系统焚烧垃圾可降低系统热耗，5000t/d窑每小时可降低标准煤耗3.366kg/t熟料。而当垃圾水分增大、热值降低时，垃圾自身的热量不能维持燃烧，需要消耗窑系统热量，增加系统煤耗，但相对于垃圾单独焚烧来说，还是节约能源的。

318. 水泥窑协同处置垃圾，对烟气量有什么影响？

焚烧垃圾作为替代燃料进入水泥窑焚烧对熟料煅烧系统气体量的影响较大，主要表现在垃圾中水分的蒸发和焚烧产生的烟气量与煤燃烧产生的烟气量的差别。

以垃圾替代燃煤煅烧水泥熟料，垃圾水分的气化所产生的废气量和垃圾焚烧所产生的废气量，使系统排放废气量有所增加。对于现有熟料煅烧系统，在保持产量不变的情况下，各部分风速将增加，窑尾排风机能力紧张。研究表明：若不改变熟料煅烧系统设施配置，垃圾替代率以30%为宜，即每吨熟料焚烧0.2t生活垃圾为比较合理。若要提高垃圾的替代量，应该改变垃圾的前处理方式，提高垃圾热值，降低垃圾水分，进而降低对窑尾的烟气排放量。

319. 水泥窑协同处置垃圾，对回转窑耐火材料有什么影响？

回转窑窑衬耐火材料的作用主要是保护窑筒体，使窑筒体免受高温火焰和窑内炽热物料的直接影响。耐火材料的损坏机理主要是机械应力、热应力和化学损坏。由于生活垃圾中的硫、碱含量几乎与水泥原料相当，不会比一般水泥生料对耐火材料化学损坏更严重。

水泥回转窑中各段采用的耐火材料通常为抗剥落高铝砖（加热分解段）、镁铝尖晶石砖（上过渡段）、镁铬砖（烧成带）、镁铝尖晶石砖（下过渡段）。生料中以硫酸碱和氯化碱为主的挥发性组分对其中的碱性耐火材料（镁铬尖晶石砖、镁铬砖）具有腐蚀作用，而且碱、硫、铝含量越高、碱对硫的摩尔比偏离越多，耐火材料越易损坏。

320. 水泥窑协同处置垃圾，对水泥质量有什么影响？

施惠生等学者的研究发现，大多数重金属在水泥熟料中的吸收率均能达到或超过90%。即使极具挥发性的Hg，在预分解系统内反复，吸收率也可达到50%。高沸点的不挥发重金属如Cu、Cr、Ni等，90%以上都能被生料吸收，直接进入熟料；难挥发的重金属，如Pb和Cd等，在水泥熟料煅烧过程中，首先形成硫酸盐和氯化物，这类化合物在700~900℃温度范围内冷凝，在窑和预热器系统内形成内循环，很少带出窑系统外，外循环量很少；易挥发的重金属Zn，一般在450~500℃的温度区冷凝，93%~98%都滞留在预热器系统内，其余部分可随窑灰带入回转窑系统，随废气排放的约占0.01%。

城市生活垃圾中的有机物主要为碳、氢、氧等元素，在水泥窑系统的高温环境中可分解，城市生活垃圾中的无机物主要为水泥原料需要的硅、铝、铁、钙，是水泥原料的组分，因此不会对水泥的产品质量构成影响。

321. 水泥窑协同处置垃圾，对水泥窑烧成系统操作有什么影响？

预热器废气量增加会造成预热器内风速提高，增加预热器各级旋风筒的阻力，对窑尾排风机的能力有一定影响。一般设计时，2500t/d 和 5000t/d 水泥窑窑尾排风机的能力约有 15% 的富余，但考虑正常生产时系统均处于超 15% 左右负荷生产，窑尾排风机富余能力基本用完，若要焚烧城市生产垃圾，而窑尾排风机不进行改造，考虑降低窑系统产量至设计产量运行，降低 7.5%。

垃圾焚烧炉产生气体进入预热器后，有害成分的含量会增加，经过计算窑尾氯及 R_2O 的含量将超过预热器结皮允许的含量，造成预热器结皮堵塞，为了降低其含量，需要通过旁路放风除去一部分有害成分。设计旁路放风装置不仅会增加设备操作人员和基建投资，对生产操作控制带来一定的麻烦，而且系统热耗、料耗及电耗会有所增加。通过旁路放风系统风量计量以及热平衡计算可知，每旁路放风 1% 的窑尾气体，系统热耗约增加 $8.36 \sim 12.54 kJ/kg$ 熟料，旁路窑灰量约增加 $1.5 \sim 2.5 g/kg$ 熟料，窑系统电耗增加 $0.1 \sim 0.2 kW \cdot h/t$ 熟料。

322. 水泥窑协同处置垃圾，垃圾成分波动会对水泥窑有什么影响？

我国城市生活垃圾的主要特点是水分含量高，热值低，成分随季节和地区不同变化较大。因此，在应用时必须加以分选控制和调整，以满足水泥生产过程的接纳要求。

对于 5000t/d 生产线而言，日处理垃圾量 732t/d 左右（湿基），垃圾中的干扰组分含量不会对烧成系统带来不利影响。但是，垃圾中无机物产生的灰渣，会对熟料率值产生影响。因此，在配料过程中应该考虑垃圾灰渣的影响，采取措施对所配生料进行必要调整和配合。

323. 用于水泥窑协同处理生活垃圾的焚烧炉主要有哪几种？

目前世界上焚烧炉型号已达二百多种，而用于水泥窑协同处理生活垃圾的焚烧炉主要有三种，分别是机械炉排焚烧炉、流化床焚烧炉（气化热解炉）和旋转式燃烧回转炉，另外还有丹麦斯密斯公司最近几年推出的热盘炉。

（1）机械炉排焚烧炉

工作原理：垃圾通过进料斗进入倾斜向下的炉排分为：干燥区、燃烧区，燃烬区，由于炉排之间的交错运动。将垃圾向下方推动。使垃圾依次通过炉排上的各个区域，垃圾由一个区进入到另一区就实现一次翻转，直至燃尽排出炉膛。燃烧空气从炉排下部进入并与垃圾混合；高温烟气通过锅炉的受热而产生热蒸汽，同时烟气也得到冷却。最后烟气经烟气处理装置处理后排出。

特点：炉排的材质要求和加工精度要求高，要求炉排与炉排之间的接触面相当光滑、排与排之间的间隙相当小。另外机械结构复杂，损坏率高，造价及维护费用大。

（2）气化熔融焚烧炉

工作原理：炉体是由多孔分布板组成，在炉膛内加入大量的石英砂，将石英砂加热到 600℃ 以上并在炉底鼓入 200℃ 以上的热风，使热砂沸腾起来，再投入垃圾，垃圾同热砂一起沸腾。垃圾喂入气化炉内与流化砂混合、沸腾。部分垃圾燃烧产生的热用于保持流化砂的温度在 $500 \sim 550℃$，另一部分垃圾气化，生成可燃气体送到水泥窑分解炉内进一步燃烧,彻底分解有害物质。未燃尽的垃圾比重较轻,继续沸腾燃烧。燃尽的垃圾比重较大,落到炉底、经过水冷后由分选设备将粗渣、细渣送到厂外,少量的中等炉渣和石英砂通过提升设备送回到炉中继续使用,分离出铁、铝金属后最终剩下的块状灰渣用作水泥生产的原料。

特点:城市生活垃圾气化熔融焚烧技术被称为 21 世纪的二恶英零排放化生活垃圾焚烧技术,能最大限度地利用垃圾自身所含有的能量,辅助热源消耗少,低二恶英类排放,高效综合回收,最大限度地减容、减量,但要求生活垃圾的热值高于 6000kJ/kg。

(3)回转窑式燃烧炉

工作原理:回转窑式焚烧炉与回转式烘干机极为类似。一般有 3%~5% 的倾斜度。利用窑篦冷机 900~950℃ 的冷却风作为热源,充分利用了回转炉在回转过程中的输送、换热功能,通过炉身的不停运转,炉体内的垃圾实现加热、烘干以及充分燃烧,同时使燃烧后的飞灰向炉体倾斜的方向移动,直至燃尽并排出炉体;高温烟气则进入窑尾分解炉进行利用。为了保护炉体不受腐蚀同时增强回转炉保温、蓄热效果。参考水泥回转窑模式在回转炉内增加了耐腐蚀、耐热材料,一般为耐火砖。

特点:设备利用率高,灰渣燃烧完全,含碳最低、过剩空气最低,有害气体排放最低。与窑系统配合比较好,另外就是对垃圾的适应性很好,尤其适合我国没有分选的混合垃圾,但燃烧不易控制,垃圾热值低时燃烧困难。

(4)热盘炉

工作原理:炉盘即是以一个圆盘给料机,在转动的过程中将垃圾从喂料口输送到分解炉缩口处的接口处,炉盘上方是三次风通道。当可燃垃圾计量后喂入锁风喂料阀进入喂料盘后即与高温二次风接触被烘干后在炉盘上燃烧,随炉盘的不断转动垃圾灰渣在炉盘尾部卸出。其中粗粒直接落下进入窑尾、细粉(飞灰)则随燃气进入分解炉。

特点:垃圾处理极为彻底,处理过程中没有灰渣的产生,全部入窑,同时燃气温度高于窑系统一次风在 950~1500℃、燃气在高温下的燃烧时间有保证(5~7s)以彻底避免二恶英气体的产生。对垃圾的适应性也比较高,比较适合目前的中国市场。但仍需要建立垃圾储存废气、废水处理厂房等。

四种焚烧炉的对比:目前国内使用焚烧技术或设备以机械炉排焚烧炉为主占 60% 左右,流化床气化炉占 30% 左右,旋转焚烧炉占极少数。而热盘炉则是史密斯公司近几年的产品,在国内还没有业绩。

324. 水泥窑协同处置垃圾,应主要关注哪些环境因素?

水泥窑协同处置生活垃圾应关注的环保问题有:废气、废水和固体废物三类。

(1)废气污染源。废气主要包括垃圾储存及运输时的恶臭气体、焚烧废气等。其中,垃圾在预处理和转运时,产生的恶臭气体包括含硫化合物(如 H_2S,SO_2,硫醇,硫醚等)、含氮化合物(如氨气、胺类、酰胺、吲哚等)、卤素及衍生物(如氯气、卤代烃等)、烃类及芳香烃以及含氧有机物(如醇、酚、醛、酮、有机酸等)。焚烧废气主要有酸性气体、二恶英及重金属污染物等。

(2)废水污染源。水泥窑处理生活垃圾项目涉及的废水主要是垃圾渗滤液、地面冲洗水等,有机物浓度较高。

（3）固体废物。固体废物包括飞灰和活性炭两部分。其中，产生的飞灰随着气流进入分解炉，与分解炉和预热器内的物料充分混合后，大部分随着生料进入熟料烧成系统进行高温处理，一小部分飞灰与物料混合后，随气流依次经过分解炉、预热器、窑尾余热锅炉（或增湿塔）、生料磨和窑尾收尘器，最终进入窑尾收尘器，经收尘器收集后再次回到窑系统。所以，通常不考虑飞灰污染。活性炭主要来自垃圾储仓废气处理系统，一般每年更换一次产生的废活性炭。

325. 国内外水泥窑协同消纳城市垃圾工程的现状如何？

英、美、法、德、加等国家已转向采用水泥回转窑处理废弃物的方式。合理利用二次燃料和危险废弃物，再加上水泥工业对废渣、废料（煤矸石、矿渣等）及其他工业及生活垃圾的应用，正在赋予现代水泥工业新的内涵，正逐渐改变其在一些发达国家的"夕阳工业"的地位。因此，利用生活垃圾替代部分原燃料煅烧水泥熟料，不仅处置了废料，而且节约了能源，并减少了氮氧化物等有害气体的排放量，是有百利而无一害之举，应大力推广和实施。

国内水泥企业焚烧处理生活垃圾的成功案例为：

（1）安徽铜陵海螺水泥（20 万 t/a）；

（2）四川广元天台水泥（300t/d）；

二者都是采用水泥窑处理原生垃圾，其中四川广元天台水泥对水泥窑窑头罩进行了改造，并增加了简易分解炉和三次风管，而安徽铜陵海螺水泥采用原生垃圾气化方式，对水泥窑工况基本没有影响。

（3）都江堰拉法基水泥有限公司拟采用水泥窑焚烧垃圾衍生燃料，规模为 350t/d，项目已通过环评。

其他水泥企业也都在陆续转入垃圾处理行业，如华新水泥股份有限公司与湖北武穴市人民政府在武汉签订了"新型干法窑协同处理武穴市政垃圾合作协议"，年处理垃圾 10 万 t；国家发展改革委已同意吉林亚泰水泥有限公司在吉林省长春市、磐石市利用新型干法熟料生产线的大型回转窑，处理一汽集团汽车漆渣、吉林镍业公司镍渣、吉化公司化工废渣、废旧橡胶制品和城市生活垃圾等项目。

第二节　生活垃圾替代水泥生产原料

326. 垃圾中哪些组分可以替代水泥窑原料？

垃圾中的无机组分可以替代水泥窑原料，如灰土、煤渣、废金属以及垃圾焚烧后的残渣、飞灰等。

327. 垃圾中灰土的主要成分是什么？如何替代水泥窑原料？

垃圾中的灰土概念与建材中三合土或石灰与土的混合物的概念完全不同。垃圾中灰土的主要来源于道路清扫的浮土、居民生活中产生的煤灰渣细颗粒等，含量大约为 0%～50%不等，农村垃圾中的灰土含量高，城市垃圾中的灰土含量少。灰土的主要成分以无机物为主。

浮土中含有大量的氧、硅、铝、铁、钙、镁、钾、钠等元素，此外还有微量元素硫、磷、锰、铜、锌等，这些元素均以化合物的形式存在于土中。煤灰渣细颗粒的化学成分为 SiO_2（40%～50%）、Al_2O_3（30%～35%）、Fe_2O_3（4%～20%）、CaO（1%～5%）及少量镁、硫、碳等。由于垃圾中灰土的主要成分是硅、铝、铁，因此，垃圾中的灰土可以作为水泥窑替代原料。

替代水泥原料的方法是：通过计算水泥窑生料的硅率、铝率和KH值，将垃圾中灰土送入生料磨粉磨后配料，替代水泥生料中的硅、铝、铁三种主要原料，同时要检测灰土中 K、Na、Mg、Cl 等有害元素含量，使有害元素不要超过水泥生料的限值。

328. 垃圾中煤渣的主要成分是什么？如何替代水泥窑原料？

垃圾中的煤渣主要来源于北方居民的取暖、做饭等烧过的煤球。含量大约为 0%～35% 不等，平房区垃圾中的煤渣含量高，双气区中的煤渣含量少；冬季含量高，夏季含量少。

煤灰渣的化学成分为主要有 SiO_2（40%～50%）、Al_2O_3（30%～35%）、Fe_2O_3（4%～20%）、CaO（1%～5%）及少量镁、硫、碳等。其矿物组成主要是：钙长石、石英、莫来石、磁铁矿和黄铁矿、大量的含硅玻璃体（$Al_2O_3 \cdot 2SiO_2$）和活性 SiO_2、活性 Al_2O_3 等。由于垃圾中煤渣的主要成分是硅、铝、铁、钙，因此，垃圾中的煤渣可以作为水泥窑替代原料。

替代水泥原料的方法是：通过计算水泥窑生料的硅率、铝率和KH值，将垃圾中煤渣首先进行粗破碎，再送入生料磨粉磨后配料，替代水泥生料中的硅、铝、铁三种主要原料。

329. 垃圾中的废金属主要有哪些？如何替代水泥窑原料？

垃圾中的废金属主要来源于易拉罐等饮料包装器皿、铁质容器、金属碎片、碎屑，以及报废的金属器物等。垃圾中的废金属一般都被垃圾收集者回收了，所以在垃圾处理设施中很少见到。如果可以收集到，则垃圾中的铁、铝类废金属可以直接送入水泥窑生料系统，作为水泥窑的校正材料。

330. 垃圾焚烧后残渣的主要成分是什么？如何替代水泥窑原料？

垃圾焚烧后的残渣，其主要成分是 SiO_2（40%～45%）、Al_2O_3（10%～15%）、Fe_2O_3（5%～10%）、CaO（15%～20%）及钠（3%～5%）、镁（3%～5%）、钾（1%～2%）、氯（0.3%～0.6%）等。由于垃圾焚烧后的残渣中，主要成分是硅、铝、铁、钙，因此可以作为水泥窑替代原料。

将垃圾焚烧后的残渣作为水泥窑替代原料，可采用直接添加到生料中和先水洗后再添加到生料中两种方式。

直接添加垃圾焚烧后的底渣，与不掺底渣的水泥熟料相比，水泥的安定性、标准稠度用水量、凝结时间相差不大，但3d和28d的抗压强度随着炉渣掺量的增加而不断下降，这是由于垃圾焚烧后的底渣含有较高的氯硫碱以及少量的重金属元素，这些组分在煅烧过程中降低了KH值，使得实际煅烧出来的熟料的KH值降低，从而导致了熟料矿物中 C_3S 的含量降低，C_2S 的含量相对升高，进而熟料的抗压强度下降，因此在实际生产中是可以通过调整率值配方来达到减少这些废物中有害组分对强度的影响。而且，随着炉渣掺量的增加，熟料的 f-CaO 含量是呈下降的趋势，即垃圾焚烧后的底渣的掺入有利于生料的易烧性，这主要是由于炉渣中的氯硫碱等有害组分对煅烧有助熔效果，因此，把垃圾焚烧后的底渣用于水泥生料配料可以通过适当提高硅酸率来达到提高熟料抗压强度的目的，同时由于炉渣中的助熔成分，使得生料的易烧性变好，不会减少水泥的产量。适当的提高硅酸率，使得熟料矿物中硅酸盐矿物的含量增加，使得实际 KH 值下降也不减少，从而保证水泥熟料的质量。

但是，由于垃圾焚烧后的残渣中碱性物质含量较高，且含有金属等，在进入水泥生产线替代水泥原料之前，须经过去除大块、磁力筛选和水洗等工序，分选出金属物质及脱除碱性物质。经过去除大块、磁力筛选和水洗等工序处理后的垃圾焚烧残渣，虽然易磨性得到提高，碱性物质含量均在水泥窑允许的范围内，但由于含水率较高，还要经过干化处理，才能送入水泥窑生料磨粉磨后配料，替代水泥窑的钙、硅、铝、铁。

尽管垃圾焚烧后的残渣，其主要成分适合作为水泥窑替代原料，但由于我国将垃圾焚烧后产生的残渣列为普通废弃物，而且产生的量不大，一般都送入填埋场填埋或者制备免烧砖，很少送入水泥厂来替代水泥原料。

331. 垃圾焚烧后飞灰的主要成分是什么？如何替代水泥窑原料？

垃圾焚烧后产生的飞灰，主要成分为 SiO_2（15%~20%）、Al_2O_3（5%~10%）、Fe_2O_3（3%~5%）、CaO（35%~40%）及钠（3%~5%）、镁（3%~5%）、钾（3%~5%）、氯（10%~13%）及 SO_3（3%~5%）等。其中，钙、硅、铝、铁共占总量的 60% 以上，这些都是水泥中所需要的成分，可以作为水泥窑替代原料。

但是，由于垃圾焚烧飞灰中的碱性物质含量较高，在进入水泥生产线替代水泥原料之前，须经过水洗工序，脱除氯及碱性物质。经过水洗工序处理后的垃圾焚烧飞灰，虽然碱性物质含量在水泥窑允许的范围内，但由于含水率较高，还要经过干化处理后，才能送入水泥窑，替代水泥原料中的钙、硅、铝、铁。

332. 举例说明飞灰水洗预处理工艺流程是怎样的？

以北京金隅某水泥厂为例，垃圾焚烧飞灰的水洗预处理工艺流程为：

飞灰→两级逆流水洗→卧螺离心脱水→烘干→水泥窑窑尾烟室→烧成熟料

两级逆流水洗工艺如图 5-18 所示。

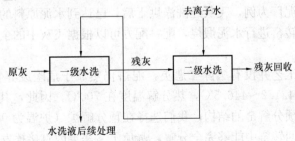

图 5-18　两级逆流水洗工艺流程

水洗时，水灰液固比比例为 3∶1 时较为合适，此比例对氯离子的去除率达到 90% 以上。经过两级逆流水洗后，氯含量进一步降为 0.4% 以下，钾钠含量分别降为 3% 和 2% 以下，而且用水量比顺流水洗节约 50％以上，降低水洗液处理规模。

333. 举例说明飞灰水洗后的污水处理工艺是怎样的？

以北京金隅某水泥厂为例，垃圾焚烧飞灰水洗液中，钠、钾、钙元素和氯化物含量较高，主要重金属元素为：铅、钡等。其中影响后续脱盐和结晶单元的主要指标为钙及重金属，是水洗液预处理主要的去除对象。

水洗液处理的工艺流程如图 5-19 所示。

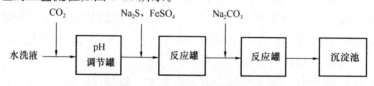

图 5-19　水洗液处理的工艺流程

具体步骤是：

（1）由于原水 pH 值很高，首先，通过投加二氧化碳进行预软化，在 pH 值降至 13 以下时，停止投加二氧化碳；然后，向水中投加硫化钠和硫酸亚铁，降低水中铅等重金属含量，以保证后续蒸发结晶单元得到的结晶体中无机元素及化合物的浸出毒性满足《危险废物鉴别标准 浸出毒性鉴别》（GB 5085.3）中规定。

（2）其次，通过向水中投加碳酸钠，把原水中的钙离子含量降低到 10mg/L 以下，以降低后续蒸发结晶装置的结垢。在化学沉淀除钙的同时，降低了水中钡离子、锶离子、硅酸盐的含量。

（3）第三，垃圾焚烧飞灰中含有一定量二恶英，二恶英在水中溶解度极低，飞灰水洗时不会溶于水洗液中。但是，飞灰水洗液中含有一定量悬浮物，这些悬浮物中可能夹带一定量二恶英。因此，安全起见，化学沉淀出水设置两级过滤装置——石英砂过滤器及微滤设备（CMF），以确保二恶英不会进入后续处理单元。过滤装置冲洗排水返回化学沉淀设施重新处理。

（4）最后，通过投加硫酸，把水洗液 pH 值调至 8～9 之间，以解决后续结晶单元因为 pH 值过高，导致结晶设备腐蚀加快，使用寿命缩短的问题。

334. 举例说明水洗后飞灰的水泥煅烧工艺是怎样的？

以北京金隅某水泥厂为例，飞灰经洗涤烘干后，已达到水泥原料的标准，可以与水泥的其他原料一起进入回转窑进行水泥煅烧，配料配方可以根据飞灰中的全分析的成分变化进行调整。

但是，由于水洗工艺并没有去除二恶英，泥饼仍然属于危险废弃物。二恶英熔融点在 303～306℃，沸点在 421.2～446.5℃，热分解温度在 700℃，因此，其加料位置应在 700℃以上的高温段。根据预分解窑的结构，我们选择在预分解炉（炉温为 900℃以上）加入，从而使得二恶英在水泥回转窑中能够完全分解，避免了二恶英因直接挥发进入尾气。

添加飞灰后，窑尾烟气中的污染物排放均有增加，以酸性气体和二恶英类增加最多，但均满足《水泥窑协同处置固体废物污染控制标准》要求。添加飞灰后烧制的水泥熟料，其标准稠度需水量、比表面积及氯含量均有所升高，但抗压强度、抗折强度、初凝时间、终凝时间均有所降低，但差异不显著。

第三节 生活垃圾替代水泥混合材料

335. 垃圾中哪些组分可以作为水泥混合材料？

垃圾中，经过烧结形成的无机组分可以作为水泥混合材料，如垃圾中的煤渣、垃圾焚烧后的残渣、处理后的飞灰等。

336. 垃圾中的煤渣如何作为水泥混合材料？

垃圾中的煤渣为烧结火山灰质材料，磨细后仍具有水硬胶凝性能，可同水泥熟料、水泥或同石灰和石膏等配制加工成少熟料或无熟料的水泥，其强度可达 325 号。煤渣作为水泥混合材料，一般掺量控制在 30％左右。

337. 垃圾焚烧后的残渣如何作为水泥混合材料？

由于垃圾焚烧后的残渣中含有氯硫碱等有害组分，大量在窑炉中煅烧将会对窑炉的正常运转带来影响，因此垃圾焚烧后的残渣亦可以作为水泥混合材来消耗一部分，但是要协调好掺量，保证出厂水泥的氯含量小于 0.06％。

将垃圾焚烧后的残渣作为水泥混合材料，可采用直接添加到熟料中和先水洗后再添加到熟料中两种方式。

338. 垃圾焚烧后的残渣作为水泥混合材料对水泥强度有何影响？

由于垃圾焚烧炉渣是一种没有火山灰活性的材料，因此，在保证出厂水泥的氯含量小于 0.06％的条件下，随着炉渣掺量的不断增加，水泥胶砂强度呈下降趋势，而且，水洗后的垃圾焚烧炉渣制备的水泥胶砂，其强度要比没有水洗要高，这主要是因为炉渣中含有大量的碱以及有机物，这些物质在水泥胶砂中破坏了水泥凝胶的胶结界面，使得强度下降。

339. 垃圾焚烧后的残渣作为水泥混合材料对水泥与外加剂的相容性有何影响？

垃圾焚烧炉渣做水泥混合材对水泥工作性能，即对水泥与外加剂的相容性的影响主要通过 Marsh cone 法进行评定。从流变学角度看，饱和点掺量是指充分破坏浆体中絮凝结构时的外加剂最小掺量，饱和点 Marsh 时间（即流速）反映了该系统浆体屈服应力及黏度系数降低至恒定值的大小。饱和点掺量小，饱和点 Marsh 时间短，Marsh 时间经时损失小及浆体泌水少时，水泥与外加剂的相容性好。

实验表明，无论是直接添加到熟料中的垃圾焚烧炉渣，还是先水洗后再添加到熟料中的垃圾焚烧炉渣，对水泥与外加剂的相容性影响不大。

340. 垃圾焚烧后的残渣作为水泥混合材料对水泥胶砂体积稳定性有何影响？

垃圾焚烧炉渣做水泥混合材对水泥胶砂体积稳定性的影响主要通过测定水泥胶砂干缩率来表示。

垃圾焚烧炉渣和水洗后的垃圾焚烧炉渣不具有火山灰活性，它们作为水泥混合材降低了水泥的力学性能，但是当掺量小于 7.5% 的时候，其力学性能能够满足 PII 42.5 水泥的要求，水泥胶砂干缩曲线基本重合，相差不大。但掺入粉煤灰和炉渣能够降低水泥胶砂的干燥收缩，尤其是 20d 后的胶砂干缩值。

对于纯 PI 水泥，水泥水化的 C-S-H 凝胶为层状结构，层与层之间存在着大量的自由水，干燥条件下水分蒸发，故干缩较大。而炉渣是一种没有火山灰活性的惰性材料，不参与水化反应，在水胶比相差不大的情况下，胶凝生成量减少，凝胶孔明显减少，孔洞的张力也减小，因此干缩率低。而相比于炉渣，粉煤灰的水化率高，因而干缩率介于二者之间。

因此，垃圾焚烧炉渣作为水泥混合材生产的水泥，相比与纯熟料水泥，其干缩率较小，配制的混凝土体积稳定性较好。

341. 垃圾焚烧后的飞灰能否作为水泥混合材料？

生活垃圾焚烧飞灰由于具有一定的胶凝活性，原理上可部分代替混合材用于配制水泥，并且水泥熟料的强碱性有利于稳定生活垃圾焚烧飞灰中的重金属，但是由于飞灰中二恶英类含量较高，已被列为危险废物。根据国家标准，危险废物不能作为混合材原料使用。因此，生活垃圾焚烧飞灰不能直接做水泥混合材使用。

第四节　生活垃圾替代水泥生产工艺材料

342. 垃圾中哪些组分可以作为水泥工艺材料？

垃圾中，可以作为水泥工艺材料的有垃圾渗滤液及垃圾热解后的底渣。

343. 垃圾渗滤液的特性如何？

垃圾渗滤液是垃圾在收集、堆放和填埋过程中，由于生物发酵以及雨水的淋浴、冲刷以及地表水和地下水的浸泡而渗沥出来的污水，蕴藏着周围环境中几乎所有的可溶物质。含有高浓度的 COD、BOD_5 以及氨态氮是垃圾渗滤液的重要水质特征。中国垃圾的有机物含量高、含水率高，而且各城市又多为混合收集方式，造成垃圾储存时产生的渗滤液的性质尤其复杂。

344. 水泥窑协同处置垃圾时，垃圾渗滤液的特性如何？

水泥窑协同处置垃圾时，垃圾渗滤液主要来源于是垃圾储存过程中生物发酵以及雨水的淋浴而渗沥出来的污水。经过笔者测定与垃圾填埋场、垃圾堆肥厂的渗滤液成分不同，其特性主要表现在：COD 值约为 80000mg/L 以上，BOD_5 值约为 2000～56000mg/L，氨氮约为 15～50mg/L，总氮约为 400～1000mg/L，远远高于垃圾填埋场的渗滤液。除重金属指标外，其余各项监测指标的浓度均超过了《污水综合排放标准》（GB 8978）及《污水排入城市下水道水质标准》（CJ 3082）。

345. 垃圾渗滤液如何作为水泥工艺材料？

由于垃圾渗滤液中氮的污染物浓度较高，因此，可将垃圾渗滤液收集、浓缩处理后喷入分解炉，作为 SCR 或 SNCR 工艺中脱除氮氧化物的还原剂。垃圾渗滤液中的其他组分还可以为分解炉提供一定的热值。

346. 采用什么技术浓缩垃圾渗滤液？

可采用反渗透技术浓缩垃圾渗滤液。反渗透是 20 世纪 60 年代发展起来的一项新的膜分离技术，是依靠反渗透膜在压力下使溶液中的溶剂与溶质进行分离的过程。反渗透的英文全名是 "REVERSE OSMOSIS"，缩写为 "RO"。反渗透就是对溶液施加一个大于渗透压的压力，使水透过特制的半透膜，从溶液中分离出来。因为这个过程和渗透现象相反，所以称为反渗透。按各种物料的不同渗透压，就可以对某种溶液使用大于渗透压的反渗透方法，达到对溶液进行分离、提取、纯化和浓缩的目的。反渗透装置，主要是分离溶液中的离子范围，它无需加热，更没有相变过程，因此比传统的方法能耗低。反渗透装置体积小，操作简单，适用范围比较广。用反渗透装置处理工业用水，不耗用大量酸碱，无二次污染，运行费用也比较低。

347. 垃圾热解后的底渣特性如何？

垃圾热解后的底渣中，含碳量较高，且其微观结构为多孔形态，具有与活性炭相似的微孔，因此，也被称为中孔活性炭。

图 5-20　中孔活性炭的 SEM 图

348. 垃圾热解后的底渣如何作为水泥工艺材料？

中孔活性炭的中孔主要是由塑料热解物在炭化过程中析出后所留下的孔隙所形成，并随活化过程的进行一部分微孔变成中孔，中孔孔容可达 $0.357cm^3/g$ 左右，相应的中孔率在 45%，中孔几何孔径分布始终在 $3\sim4nm$ 之间，因此，可放置在烟气处理设施中，可作为烟气吸附剂，替代部分活性炭，用于吸附垃圾焚烧过程中所产生的剧毒有机物——二恶英。

349. 制备中孔活性炭的最佳工艺条件是什么？

经笔者实验发现，中孔活性炭的制备工艺主要包括热解、活化以及后处理单元。热解工艺用于产生焦炭，热解的最佳温度为 300℃。活化是为了提高焦炭吸附能力，活化的最佳条件是采用二氧化碳。后处理为酸洗与水洗，可去除其中的无机物成分，其中最主要的步骤是热解与活化。

第六章
市政污泥水泥窑协同处置技术

第一节　污泥的基本概况

350. 什么是污泥？污泥是如何产生的？

废水处理目前常用的方法有物理法、化学法、物理化学法和生物法。无论哪种废水处理方法都会产生或多或少的沉淀物、颗粒物或漂浮物等，这些物质统称为污泥。

351. 污泥的来源是什么？

污泥一般来自于市政给排水处理系统和工业废水处理系统。前者包括给水、雨水、生活污水等收集处理处置过程，所产生的污泥称为市政污泥。后者来自于厂矿企业所产生的污泥称为工业污泥。工业废水本身性质多变、处理工艺各异，导致工业污泥来源环节和性质复杂，而市政污泥则来源相对确定，通常包括以下几种：

（1）水厂污泥，来自于自来水水处理工艺；

（2）污水污泥，来自污水处理厂污泥；

（3）疏浚污泥，来自河道疏浚产生的河道底泥；

（4）通沟污泥，来自城市排水管道通沟污泥；

（5）栅渣，来自泵站。

352. 污泥如何分类？

由于污泥的来源和污水处理的方法不同，产生的污泥性质也不同。一般可以按照以下方法对污泥进行分类：

（1）按照污泥的不同来源进行分类。分为：①市政污泥（排水污泥），主要来自于污水处理厂和自来水厂，是污泥产生量最大的一种；②管网污泥，这种污泥主要来自于排水系统；③河道污泥，城市、乡镇、工业园区范围内的河道被污染后污染物沉积形成的污泥；④城市生活污水污泥，城市生活污水排入排水管，污水中的悬浮物质沉积在排水管处而形成的污泥；⑤工业废水污泥和油田污泥，各种工业生产所产生的固体和水、油、有机质等混合形成的污泥。

（2）按照污泥的不同处理方法和分离过程进行分类。分为：①初沉污泥，污水一级处理后所产生的污泥；②活性污泥，利用活性污泥法污水处理工艺在二次沉淀池所产生的污泥；③腐殖污泥，利用生物膜法污水处理工艺在沉淀池所产生的污泥；④化学污泥，用无机凝聚剂处理污水时所产生的污泥。

（3）按照污泥的不同产生阶段进行分类。分为：①沉淀污泥，在初次沉淀池中所产生的污泥（物理沉淀污泥、混凝沉淀污泥、化学沉淀污泥）；②生物处理污泥，污水生物处理过程中所产生的污泥；③剩余污泥，初次沉淀池和二次沉淀池排出的污泥；④消化污泥，生污泥经过厌氧消化分解后所得到的污泥；⑤浓缩污泥，生污泥经过浓缩处理后所得到的污泥；⑥脱水干化污泥，生污泥经过脱水干化处理后所得到的污泥；⑦干燥污泥，经过干燥处理后所得到的污泥。

（4）按照污泥的不同成分分类。分为：无机污泥和有机污泥。

（5）按照污泥的不同性质分类。分为：亲水性污泥和疏水性污泥。

 353. 污泥有哪些物理特性？

污泥是一种含水率高（液态污泥含水率为 97％左右，脱水污泥含水率为 80％左右）、呈黑色或黑褐色的流体状物质。污泥由于水中悬浮固体经不同方式胶结聚集而成，结构松散、形状不规则、比表面积与孔隙率极高（孔隙率常大于 99％）。其特点是含水率高、脱水性差、易腐败、产生恶臭、相对密度较小、颗粒较细，从外观上看具有类似绒毛的分支与网状结构。污泥脱水后为黑色泥饼，自然风干后呈颗粒状，硬度大且不易粉碎。污泥具有以下物理特性：

（1）水分分布特性

根据污泥中水分与污泥颗粒的物理绑定位置，可以将其分为四种形态：间隙水、毛细结合水、表面吸附水和内部自由水。

① 间隙水又称为自由水，没有与污泥颗粒直接绑定。一般要占污泥中总含水量的 65％～85％，这部分水是污泥浓缩的主要对象，可以通过重力或机械力分离。

② 毛细结合水，通过毛细力绑定在污泥絮状体中。浓缩作用不能将毛细结合水分离，分离毛细结合水需要有较高的机械作用力和能量，如真空过滤、压力过滤、离心分离和挤压可去除这部分水分。各类毛细结合水约占污泥中总含水量的 15％～25％。

③ 表面吸附水，覆盖污泥颗粒的整个表面，通过表面张力作用吸附。

④ 内部结合水，指包含在污泥中微生物细胞体内的水分，含量多少与污泥中微生物细胞体所占的比例有关。去除这部分水分必须破坏细胞膜，使细胞液渗出，由内部结合水变为外部液体。内部结合水一般只占污泥中总含水量的 10％左右。内部水只能通过热处理等过程去除。

（2）沉降特性

污泥沉降特性可用污泥容积指数（Sludge Volume Index，SVI）来评价，其值等于在 30min 内 1000mL 水样中所沉淀的污泥容积与混合液浓度之比，具体计算公式如下：

$$SVI = V/C_{SS}$$

式中　　V——30min 沉降后污泥的体积，mL；

　　C_{SS}——污泥混合液的浓度，g/L。

（3）流变特性和黏性

评价污泥的流变特性具有很好的现实意义，它可以预测运输、处理和处置过程中污泥的特性变化，可以通过该特性选择最恰当的运输装置及流程。黏性测量的目的是确定污泥切应力和剪切速率之间的关系，污泥黏性受温度、粒径分布、固体含量等多因素影响。

（4）热值

污泥的热值取决于污泥含水率和元素组成。污泥中主要的可燃元素包括碳、氢和硫，而硫对污泥热值的贡献通常可忽略不计。污泥中如含有较多的可燃物（油脂、浮渣等），则其热值较高；如含有较多的不可燃物（砂砾、化学沉淀物等），则其热值较低。污泥中纯挥发性固体的平均热值大概是 23MJ/kg。

354. 污泥有哪些化学特性？

（1）丰富的植物营养成分

污泥中含有植物生长发育所需的氮、磷、钾及维持植物正常生长发育的多种微量元素

（钙、镁、铜、锌、铁等）和能改良土壤结构的有机质（一般质量分数为60%～70%），因此能够改良土壤结构，增加土壤肥力，促进作物生长。

（2）多种重金属

城市污水处理厂污泥中的重金属来源多、种类繁、形态复杂，并且许多是环境毒性比较大的元素，如铜、铅、锌、镍、铬、汞、镉等，具有易迁移、易富集、危害大等特点，是限制污泥农业利用的主要因素。

（3）大量有机物

城市污泥中的有机有害成分主要包括聚氯二苯基（PCBs）和聚氯二苯氧化物/氧芴（PCDD/PCDF）、多环芳烃和有机氯杀虫剂等。大量有机颗粒物吸附富集在污泥中，导致许多污泥中有机污染物含量比当地土壤背景值高数倍、数十倍甚至上千倍。

355. 污泥有什么危害？

由于污泥成分的复杂性，如果不妥善进行处理而任意排放，会给生态环境造成严重的二次污染。污泥会产生很多危害，其中主要包括：

（1）污泥的任意排放和堆放会侵占大量的土地资源。

（2）污染土壤和水体。污泥堆置的有害成分聚集后通过发生化学反应能够杀灭土壤中的微生物，破坏了土壤结构，从而使土壤失去腐解的能力。污泥易腐烂变臭，所产生的渗滤液容易污染土壤和地下水以及河流、湖泊、海洋等地表水体，给生态环境造成严重的二次污染。

（3）污染大气。污泥中的有机物被微生物分解后会释放出有害气体和粉尘，会加重对大气的污染。

（4）污泥中有毒的有机物可以通过生态系统中的食物链迁移富集，这种危害性对于生态环境和人体的健康是长期潜在的，一旦显现出来就会非常严重。

（5）污泥中含有有机物和氨、氮等物质，如果不对污泥进行稳定化处理就任意排放到水体中，这些物质将大量消耗水体中的氧，水生生物由于缺氧而难以生存，污泥中的营养物质还会使水体富营养化，藻类植物将恶性繁殖，造成水体富营养化，使水质恶化。如果渗滤液进入地下，还会污染地下水。

（6）污泥中的重金属污染。在污水处理的过程中，绝大多数重金属通过吸附和沉淀等过程转移到污泥中。工业污水处理过程中所产生的剩余污泥通常含有一些重金属，如铜、镍、铬、铁等。城市污水处理过程中所产生污泥中通常含有重金属，如汞、铅、铬、镍、锌、铜等。如果不加处理而直接施用于土地，会给土地造成污染。由于污泥施用于土地后，污泥中的重金属将积累在土地表层，最终导致土地的不可逆退化，重金属在土地中积累超标，也会给人类和动物的居住环境带来严重的潜在威胁。

356. 我国污泥的处理处置方法有哪些？

我国污泥的处理处置方法主要包括：

（1）污泥土地利用。由于城市污泥中含有丰富的有机质和氮、磷、钾、微量元素等植物所需的营养成分，因此可将处理后的污泥作为肥料或土壤改性原料，用于农业、林业、绿化等场合。

（2）卫生填埋。污泥填埋是采取工程措施将处理后的污泥集中堆、填、埋于场地内的安全处置方式，以达到避免对地下水和周边环境造成污染的目的。

（3）建材利用。污泥的无机矿物组分含量高，是建筑材料利用的主要对象。可将处理后的污泥作为制作砖瓦、陶粒、混凝土等建筑材料部分原料。

（4）污泥焚烧。污泥焚烧是利用污泥的有机成分较高，具有一定热值等特点来处置污泥。污泥中的所有有机成分可以全部被破坏，全部病原微生物也被杀死，实现最大限度减小污泥体积的目的，减量率可达至95%左右，焚烧处理的最终产物是炉渣（灰）和烟气。

357. 市政污泥与工业电镀污泥有何区别？

刘红等人对市政污泥和电镀污泥的分析表明，城市污泥中的水分含量比电镀污泥高，由于城市污泥中的有机质含量高，城市污泥的具有更高的热值和挥发分。从化学组成上看，由于电镀污泥的来源不同，电镀污泥的化学组成差别很大。城市污泥的成分与黏土接近。

第二节　市政污泥替代水泥生产原料

358. 水泥窑协同处置污泥的类型有哪些？

利用水泥窑可以直接焚烧处置含水率在60%～80%的湿污泥，干化或半干化后的污泥以及污泥焚烧灰渣。

359. 水泥窑协同处置污泥的方式有哪些？

城镇污水处理厂污泥可在不同的喂料点进入水泥生产过程。常见的喂料点是：窑尾烟室、上升烟道、分解炉、分解炉的三次风风管进口。污泥焚烧残渣可通过正常的原料喂料系统进入，含有低温挥发成分（例如烃类）的污泥必须喂入窑系统的高温区。

通常，湿污泥经过泵送直接入窑尾烟室；利用水泥窑协同处置干化或半干化后的污泥时，在窑尾分解炉加入；外运来的污泥焚烧灰渣，可通过水泥原料配料系统处置。

投料点的选择应从以下三个方面考虑：①从污泥的储存、输送、计量的方便角度考虑；②从充分利用热能角度考虑；③从污染物质生成的可能性角度考虑，如二氧化硫、氮氧化物、二恶英、氯离子、重金属。

360. 应用水泥窑协同处置污泥应遵循哪些原则？

利用水泥窑协同处置污泥必须建立在社会污泥处置成本最优化原则之上，如果在生态和经济上有更好的回收利用方法时，则不要将污泥使用在水泥窑中。同时，污泥的协同处置应保证水泥工业利用的经济性。

水泥窑协同处置污泥应确保污染物的排放，不高于采用传统燃料的污染物排放与污泥单独处置污染物排放总和。协同处置污泥水泥窑产品必须达到品质指标要求，并应通过浸析试验证明产品对环境不会造成任何负面影响。

利用水泥窑协同处置污泥作为跨行业的协同处置方式，应保证从产生到处置完成良好的记录追溯，在全处置过程确保污染物的达标排放及相关人员的健康和安全，确保所有要求符合国家法律、法规和制度。能够有效地对废物协同处置过程中的投料量和工艺参数进行控制，并确保与地方、国家和国际的废物管理方案协调一致。

361. 运输到水泥厂的污泥应如何储存？

水泥厂应专门建立污泥的储存设施，不能与水泥厂原料、燃料和产品直接混合或合并存放。污泥应采用密闭设施储存如封闭式污泥储存库、污泥储罐，严禁露天存放。储存设施应加装甲烷气体探头，并应进行强制排风，内部为负压状态。储存设施内抽取的空气应导入水泥窑高温区焚烧处理，或经过其他处理措施后达标排放。储存设施应具有良好的防渗性能，并设置污水收集装置。

污泥储存设施的有效容积宜按1～3d的额定污泥处置量确定，并应与污泥产生企业协商水泥窑停产期间的储存方案。

严寒及寒冷地区的污泥储存应采取防冻措施。

362. 为什么污泥可以作为替代原料使用？

污泥灰分高，其化学特性与水泥生产所用原料基本相似。作为水泥生产的主要原料之一，黏土的化学成分及碱含量是衡量黏土质量的主要指标。一般要求所用黏土质原料中 SiO_2 含量与 Al_2O_3 和 Fe_2O_3 含量和之比为2.5～3.5，Al_2O_3 与 Fe_2O_3 含量之比为1.5～3.0。城市污水处理厂污泥或焚烧后的污泥灰主要化学成分是 SiO_2、Fe_2O_3 和 Al_2O_3，这和水泥原料中的硅质原料相同，可以将污泥或污泥灰作为黏土质原料来生产水泥。污泥焚烧飞灰各组成成分含量见表6-1。

表6-1　污泥焚烧飞灰成分

污泥焚烧飞灰成分	质量分数（%）			
	资料一	资料二	资料三	资料四
SiO_2	29～31.5	20.3	26～37	30.3
Fe_2O_3	10.7～11.8	20.0	3～6	17.2
Al_2O_3	4.5～8.7	6.8	6～7	9.7
CaO	24.2～41.0	21.8	24～25	16.3
MgO	0.7～4.0	3.2	2～3	3.0
P_2O_5	4.0～12.8	22.5	17～23	17.7
SO_3	0.5～3.3	0.5	2	没有测定
Na_2O	3.0～9.5	0.5	0.4	没有测定
K_2O	1.4～1.5	1.3	0～3	没有测定

363. 为什么未经预处理的污泥不宜作为原料配料直接使用？

首先，污泥燃烧起燃温度较低，燃烧通常在250～650℃进行，快速燃烧区间在500℃左右，因此，污泥如果混在生料中进入预热器，基本上在上几级预热器就完成了大部分的挥发性物质的释放甚至起火燃烧，不能确保污泥的完全和无害化协同处置，且不能满足污泥协同处置的基本要求。

其次，污泥的焚烧放热集中在上几级预热器，降低了预热器—风管系统的换热效率，并在旋风筒内容易形成堵塞和结皮，不利于系统的生产稳定，增加了工艺事故的隐患，也大大提高了预热器出口的废气温度，在水泥工艺控制和节能上也不能满足要求。

最后，干污泥比生料轻，因此在旋风筒内进行气固分离时，作为硅铝质原料加入的污泥有可能以飞灰的形式飞离系统，造成干生料的化学成分在窑尾各级预热器上的离析，入窑生料由于铝质成分的缺失不利于水泥窑的正常运行。

364. 利用污泥焚烧灰渣替代水泥生产原料应注意什么？

在污泥焚烧灰渣作为替代原料利用之前，应仔细评估硫、氯、碱等物质可能引起系统运行稳定性，有害元素总输入量对系统的影响。这些成分的具体验收标准，应根据协同处置污泥性质和窑炉具体条件，现场单独进行确定。

365. 用于水泥窑协同处置的污泥应进行哪些特性分析鉴别？

（1）物理性质，含水率、容重、含砂率、黏性、粒度；

（2）工业分析，固定碳、灰分、挥发分、水分、灰熔点、低位热值；

（3）化学成分分析；

（4）有害元素，重金属、硫、氯、钾、钠、磷。

污泥分析检测方法宜按照标准《城市污水处理厂污泥检验方法》（CJ/T 221）中规定执行。

366. 污泥中重金属的来源主要有哪些？

据研究结果表明，城镇污水处理厂污泥重金属含量受污水处理厂进水水源及重金属形态、污水处理规模、污水处理工艺等因素的影响，没有很强的规律性可寻。有研究表明，一般来说，工业污水产生污泥中重金属的主要来源有以下几种（表6-2）。

表6-2　重金属污水的主要行业来源

种　类	主要来源
含铜污水	电镀、印刷线路板、化工、机械加工、印染、冶炼、采矿、电子材料漂洗、染料生产等
含铬污水	电镀、制革、采矿、冶炼、染料、催化剂等
含砷污水	化工、冶炼、炼焦、火力发电、造纸、皮革等，以化工和冶金为主
含铅污水	采矿、冶炼、化学、蓄电池、染料工业等
含镉污水	采矿、冶炼、电镀、玻璃、陶瓷等

367. 污泥中重金属的存在形态是什么？

污泥中不同重金属及同一重金属在不同类型污泥中的主要存在形态是不相同的。有研究表明，在市政污泥中 Zn 主要以酸溶态和可还原态形态存在，反映出它具有较强的活动性，而在工业污泥中 Zn 则主要以可氧化态和残渣态形式存在；Ni 在污泥中多以各种不稳定和稳定的形态存在；As 具有与 Ni 相似的形态分布特征；Cd 在市政污泥中主要以迁移性较强的酸溶态和可还原态存在，这表明了污泥中 Cd 绝对含量虽然不高，但它的活性较强；印染污泥中的 Cd 主要以残渣态形式存在，稳定性较好；污泥中 Cr 主要以可氧化态和残渣态存在，但可氧化态略高于残渣态；Cu 以可氧化态形式为主；污泥中 Pb 形态的分布与 Cr 类似，主要分布在可氧化态和残渣态中，但以残渣态为主。

 368. 入窑的污泥中重金属含量应如何控制？

国家标准《水泥窑协同处置污泥工程设计规范》（GB 50757—2012）中规定了污泥中有害成分控制限值，见表 6-3。

表 6-3　干基污泥有害组分控制限值

序号	控制项目	总控制极限值（mg/kg）
1	汞（Hg）	<15
2	铅（Pb）	<1200
3	镉（Cd）	<45
4	锌（Zn）	<10000
5	铬（Cr）	<1500

该限值是水泥窑可以接收污泥的最基本条件，工程设计中还要结合水泥厂原燃料中重金属含量，污泥处置量，处置工艺等综合考虑。保证不影响水泥生产过程及水泥熟料质量，并确保污染物的达标排放。按照标准规定，每批进场污泥要进行有害组分检测，若来源稳定则每月检测一次。

《水泥窑协同处置固体废物环境保护技术规范》（HJ 662—2013）中，对入窑物料（包括常规原料、燃料和固体废物）中重金属的最大允许投加量进行了规定，并给出了入窑重金属投加量与固体废物、常规燃料、常规原料中重金属含量以及重金属投加速率的计算方法。

369. 水泥窑协同处置污泥对熟料有哪些影响？

唐占甫等人研究了日产量为 4000t 的熟料生产线上直接投加含水率约为 80% 的湿污泥，掺加量约为 1.5%。湿污泥以合适的比例替代部分页岩（黄砂、黏土等硅质材料）作为生产水泥的原材料，用污泥泵直接喷入回转窑窑尾烟室内。研究表明，掺加污泥后 $80\mu m$ 筛余百分数、比表面积和凝结时间没有明显变化，而标准稠度用水量则有极显著增加，水泥熟料的早期强度无明显变化，但后期强度明显提高。掺加污泥后熟料中 f-CaO 含量减少水泥的安定性有所提高。

侯爵等人将干化污泥研磨细，并掺入生料中混磨均匀进行烧制，研究结果显示水泥生料中掺烧城市生活污泥时，污泥中含有的 Zn、Pb、As、Cu 等重金属组分可以在熟料的烧结过程中起到矿化剂和助熔剂的作用，改变了水泥熟料中间相在高温熔融状态下的物理特性，例如黏度、表面张力等，从而改变了 CaO 和 C_2S 在液相中的溶解速率。随着污泥掺量的增大，C_3S 的生成速率增大，水泥生料的易烧性提高。当污泥掺量不超过 15% 时，随着污泥掺量增多，熟料中 A 矿量增大，B 矿量减少，水泥品质得到提高。而超过 15% 时，A 矿的含量有所下降，转化为 B 矿，水泥品质略有下降。掺烧后熟料的抗折和抗压等物理性能随着污泥掺量的增加而显著增强，生料中掺加污泥制成水泥熟料对水泥产品物理性能影响不大，适宜的污泥掺烧量为不大于 15%（质量分数）。

刘红等人研究了城市污泥替代水泥原料时，污泥对生料易烧性的影响，研究结果表明，污泥的掺量在 15%～20% 以内都能得到合格的熟料，污泥掺量大于 20% 时，由于生料中 P_2O_5 含量增大，过量的 P_2O_5 会导致 C_3S 的分解，随着饱和系数的提高，生料易烧性变差，但与空白样相比，生料的易烧性均得到一定的改善。

第三节　市政污泥替代水泥生产燃料

 370. 为什么污泥可以作为替代燃料使用？

污泥含有有机物质，具有较高的热值，具体见表 6-4。研究表明，干污泥具有较高的热值，该特性为污泥的资源化利用奠定了基础。

表 6-4　典型污泥燃烧热值

污泥种类		每 1kg 污泥干重的燃烧热值（kJ）
初沉污泥	生污泥	15000～18000
	经消化	7200
初沉污泥与活性污泥混合	新鲜	17000
	经消化	7400
初沉污泥与生物膜污泥混合	生污泥	14000
	经消化	6700～8100
生污泥		14900～15200
剩余污泥		13300～24000

污泥用作水泥工业替代燃料有利于降低天然资源的消耗，削减水泥企业的生产成本，并且为水泥的处理处置找到了一条可持续道路，避免污泥土地利用等方法造成的二次污染。

 371. 污泥对一次燃料的取代量取决于哪些因素？

污泥的加入量或者说对一次燃料的取代量取决于以下几个因素：

（1）污泥含水量和对燃烧区温度的影响程度，要保持窑的热工制度和气体与物料的温度分布曲线不受太大的干扰。

（2）污泥灰分对熟料化学成分和矿物组成的影响，即对熟料和水泥性能的影响。

（3）对窑系统污染物排放的影响，即所谓的不能增加二次污染。

 372. 什么是污泥预处理？为什么污泥要进行预处理？

污泥预处理是指采用污泥热干化或机械、化学等方法提高污泥含固率，减小污泥体积的过程。

污泥热值与含水率密切相关，含水率高，大大降低了污泥的热值。污泥中存在的不同形式水分在污泥燃烧过程中先变为蒸汽，并以气化潜热的形式带走部分能量，引起污泥低位热值降低。干污泥的热值为 3000～4000kcal/kg，而脱水污泥的热值仅为 200kcal/kg，需要添加大量的辅助燃料。资料显示，焚烧含水率 80% 的污泥，每 1t 污泥（干基）的辅助燃料需消耗 304～565 L 重油，能耗很大。若脱水污泥含水率高于 80%，将消耗更多的重油，能耗更大。

 373. 用于水泥窑协同处置的污泥预处理技术有哪些？

污泥深度脱水是水泥窑处置污泥的前置工序，可采用的技术包括污泥干化，如污泥热干化、污泥碱式干化，污泥调理与机械脱水相结合工艺等。

 374. 什么是污泥含水率？

污泥中所含水分的质量与污泥总质量之比称为污泥含水率（%）。污泥的含水率一般都很大，所以污泥的相对密度接近 1。污泥含水率主要取决于污泥中固体的种类及其颗粒的大小。通常，固体颗粒越细小，其所含有机物越多，污泥的含水率越高。一些污泥的含水率见表 6-5。

表 6-5　代表性污泥的含水率

污泥类型		含水率（%）	污泥类型		含水率（%）
栅渣		80	活性污泥	空气曝气	98～99
沉渣		60		纯氧曝气	96～98
浮渣		95～97	生物滴滤池污泥	慢速滤池	93
腐殖污泥		96～98		快速滤池	97
初次沉淀污泥		95～97	厌氧消化污泥	初次沉淀污泥	85～90
混凝污泥		93		活性污泥	90～94

 375. 污泥含水率如何测量？

污泥含水率的测定可以采用重量法。将均匀的污泥样品放在称至恒重的蒸发皿中于水浴上蒸干，放在 103～105℃烘箱内烘至恒重，减少的重量百分率即为污泥含水率。污泥中的含水率 w 的数值，以%表示，按下式计算：

$$w = \frac{m - (m_2 - m_1)}{m} \times 100\%$$

式中　m——称取污泥样品质量的数值，g。

m_2——恒重后蒸发皿加恒重后污泥样品质量的数值，g；

m_1——恒重空蒸发皿质量的数值，g。

376. 污泥黏度对后续处理会有哪些影响？

污泥属于黏性流体中的非牛顿流体。即污泥的切应力和剪切速率之间存在着非线性关系，黏度值随剪切应力或剪切速率的变化而改变。工程中，常用"黏度"表示其流变特性。

含水率为 80.5% 的污泥，其黏度为 $0.738 \times 10^3 \, Pa \cdot s$，且随着含水率的增加，污泥的黏度也增加。55%～65% 的含水率被众多学者认为是污泥的胶黏临界点。

污泥黏度高，则水分不易脱除，影响污泥干化效果。因此，污泥干化首先要打破污泥的黏性，即打破污泥的胶黏临界点。

377. 常规污泥干化分为哪几类？各有何优缺点？

污泥干化是对污泥进行的深度机械脱水，经机械脱水后，污泥含水率从 80% 降至 10% ~50%。

污泥干化技术包括有热干化、石灰干化、生物干化、太阳能干化、微波加热干化、超声波干化以及热泵干化等。常规污泥干化技术主要包括热干化、碱式干化和生物干化。

（1）污泥热干化。污泥经机械脱水后，在外部加热的条件下，通过传热和传质过程，使污泥中水分蒸发，即随着相变化使水从泥中分离出去。

（2）污泥碱式干化。污泥经机械脱水后，往污泥中投加生石灰（CaO）或熟石灰 Ca(OH)$_2$，进一步降低污泥含水率，同时使其 pH 值和温度升高，以抑制病菌和微生物的生长。

（3）污泥生物干化。污泥经机械脱水后，在生物活动产生的较高温度条件下，经过对有机物的生物降解和稳定过程，最终生成性质稳定、可利用于土壤的熟化污泥。

几种污泥干化技术的优缺点比较见表 6-6。

表 6-6 我国脱水污泥干化处理处置特点比较

种 类	优 点	缺 点
污泥热干化	1. 污泥显著减容，体积可减少 4~5 倍； 2. 形成颗粒或粉状稳定产品，污泥性状大大改善； 3. 干化产品的含水率控制在抑制污泥中的微生物的活动水平。	1. 设备昂贵； 2. 能耗高； 3. 蒸发潜热高； 4. 存在粉尘爆炸等安全隐患。
污泥碱式干化	1. 成本低，工艺简单； 2. 脱水污泥进行处理可以达到半干化固化和杀菌的作用； 3. 产品具有多种用途，如建筑材料、土地利用等。	1. 污泥与石灰不容易均匀混合； 2. 对设备有腐蚀作用。
污泥生物干化	1. 能耗低； 2. 系统安全性能高； 3. 干化产品可直接填埋、肥料化或燃料化。	1. 普遍存在干化时间长（一般为 2~4 周）、黏度大、通风效果不佳； 2. 装置庞大，操作不方便； 3. 存在渗滤液和臭气控制的问题。

378. 污泥干化效果可用哪些指标表征？

污泥干化效果可用污泥含水率和水分蒸发速率表征。污泥含水率的计算公式同垃圾含水率。水分蒸发速率的计算方法如下：

污泥的原始质量记录为 m，每 5min 记录一次质量（g）为 m_1，m_2，m_3，…，m_n，对应的时间（min）为 t_1，t_2，t_3，…，t_n，则：

t_n 时刻水分蒸发的质量（g）为：

$$k_n = m - m_n$$

污泥中水分的蒸发速率（g/min）为：

$$y = k_n / t_n$$

单位质量污泥中水分的蒸发速率为（1/min）为：

$$v' = k_n / t_n m_n$$

379. 污泥热干化的原理是什么？

污泥干化就是利用人工或自然能源为热源，在工业化设备中，基于干燥原理而实现去除湿污泥中水分的目的的技术，即将一定数量的热能传递给物料，物料所含湿分受热后气化，与物料分离，失去湿分的物料与气化的水分被分别收集起来。其基础机理是水分的蒸发过程和扩散过程，这两个过程持续交替进行。蒸发过程是物料表面的水分气化，由于物料表面的水蒸气压低于介质（气体）中的水蒸气分压，水分从物料表面移入介质。扩散过程是与气化密切相关的传质过程。当物料表面水分被蒸发掉以后，物料表面的湿度低于物料内部湿度，此时，需要热量推动力将水分从内部转移到表面，继而进行蒸发过程。

380. 污泥热干化的技术主要有哪些？

根据热介质与污泥的接触方式可将热干化技术分为三类：直接干化法、间接干化法和直接-间接联合干化法。

直接干化法，是利用燃烧装置向干化设备提供热风和烟气，污泥与热风和烟气直接接触，在高温作用下污泥中的水分被蒸发。此技术热传输效率及蒸发速率较高，可使污泥的含固率从25％提高至85％～95％。用于直接干化的设备包括闪蒸式干燥器、转筒式干燥器、带式干燥器以及流化床干燥器等。

间接干化法，由加热设备提供的蒸汽或热油首先加热容器，再通过容器表面将热传递给污泥，使污泥中的水分蒸发。间接干化技术主要有盘式干燥、膜式干燥、空心桨叶式干燥、涂层干燥技术等。

直接-间接联合式干燥技术，是对流和传导技术的整合，VOMM设计的涡轮薄层干燥器、Schwing的INNO二级干化系统、Sulzer开发的新型流化床干燥器以及Envirex推出的带式干燥器都属于这种类型。

381. 污泥热干化的热源可以取自哪里？

污泥干化的热源直接关系到成本，降低成本的关键在于选择和利用恰当的热源。污泥干化利用的热源包括：

（1）烟气。来自大型工业、环保基础设施（垃圾焚烧厂、电站、窑炉、化工设施）的废热烟气是可利用的能源，如果能够加以利用，是热干化的最佳能源，但温度必须较高，地点必须较近，否则难以利用。

（2）燃煤。相对较廉价的能源，以燃煤产生的烟气加热导热油或蒸汽，可以获得较高的经济性。但目前国内大多数大中城市均限制除电力、大型工业项目以外的其他企业使用燃煤锅炉。

（3）蒸汽。清洁，较经济，可以直接全部利用，但是将降低系统效率，提高折旧比。

（4）沼气。可以直接燃烧供热，价格低廉，也较清洁。

（5）燃油。较为经济，以烟气加热导热油或蒸汽或直接加热利用。

（6）天然气。清洁能源，热值高。

382. 协同处置污泥工艺中污泥热干化的热源可以取自哪里？各有哪些优缺点？

①干化后污泥进场。污泥在污水处理厂干化后进入水泥厂进行处置，这种情况下全部热量由污水处理厂自行解决，北京地区只能选择天然气，成本高昂，干化污泥可以为水泥厂带来部分热量，但污水处理厂难以再承受水泥厂需要的处置费。

②建设燃煤锅炉。湿泥进场后，采用单独的燃煤锅炉产生热量（蒸汽或导热油）用于污泥干化，其优点是对水泥窑和余热发电均没有影响，污泥可作为替代燃料代替燃煤，干化成本相对较低。这种方式的缺点是影响环境，将面临项目是否能够获得审批的问题。

③ 采用废热热泵干燥。湿泥进场后，采用160℃以下的废热烟气换热热水，热水再通过热泵加热气体进行污泥干化。其优点是对水泥窑和余热发电均没有影响，污泥可作为替代燃料代替燃煤，但两次换热，制取热量的成本、处理量、占地、投资等需做进一步综合评估。

④抽取余热发电的蒸汽。湿泥进场后，抽取部分余热锅炉的蒸汽，用于污泥干化。其优点是对水泥窑没有影响，污泥可作为燃煤的替代燃料。这种方式将减少用于余热发电的蒸汽量，因而造成发电效益降低，在处理量、占地和投资方面也需要进一步评估。

⑤抽取高温烟气。湿泥进场后，从回转窑头、预分解窑底部、箅冷机头部等位置抽取高温烟气，换热导热油或水进行干化。其优点是设备投资低、处理量大、占地小、不影响余热发电，但必须对水泥窑重做热系统和风系统的平衡。

利用窑尾废热烟气干化污泥必须优先保证原料磨、原煤磨生产用风为前提。在利用水泥生产线废热干化污泥的生产实践中，可通过合理调整水泥窑系统预热器的级数或设置部分旁路烟气实现污泥干化与水泥生产原料烘干的统一。采用直接干化法对污泥进行干化时，干化烟气的含氧量宜控制在8%（体积分数）以下。采用间接干化法可以用导热油或蒸汽作为热介质，对于介质温度要求在200℃以上的干化系统，加热介质宜为热油，热油的闪点温度必须大于运行温度。

在同等低位热值的条件下，污泥输入热量中可被水泥窑利用（或干化利用）的量是不同的，含固率越高则可回收的热量越多。水泥窑处置工艺一般以全干化为宜，在兼顾干化投资规模、热量供给（若供热量可能影响水泥窑工艺时）的情况下，可以适当降低含固率，以获得最佳处理量。

383. 如何计算污泥的热值？

试验室测试污泥热值结果多为空气干燥基低位热值 $Q_{ad, net}$（kJ/kg），对于含水率为 M_{ar}（%）的湿污泥，其热值按照下式进行换算：

$$Q_{ar, net} = (Q_{ad, net} + 23M_{ad}) \frac{100 - M_{ar}}{100 - M_{ad}} - 23M_{ar}$$

式中　$Q_{ar, net}$——含水率为 M_{ar} 的湿污泥低位热值，kJ/kg；

　　　$Q_{ad, net}$——空气干燥基低位热值，kJ/kg；

　　　M_{ad}——空气干燥基的含水率，%，若试验室测试结果为绝干污泥低位热值，则 M_{ad} =0。

384. 如何计算干化后的污泥量？

经过干化后的污泥量通过下式计算：

$$A_2 = A_1 \cdot \frac{100 - M_1}{100 - M_2}$$

式中　A_1——干化前湿污泥量，kg/h；

　　　M_1——干化前湿污泥含水率，%；

A_2——干化后干污泥量，kg/h；

M_2——干化后干污泥含水率，%。

385. 如何计算热干化的耗热量？

对于一个热干化系统，其耗热量按下式进行估算：

$$q_{gh} = \left(\frac{A_1 M_1}{100} - \frac{A_2 M_2}{100} \right) \cdot \frac{C_v \cdot (T_2 - T_1) + R_{T_2}}{\eta_{gh}/100}$$

式中　q_{gh}——热干化系统耗热量，kJ/h；

C_v——水的平均比热容，取 4.187kJ/（kg·℃）；

T_1——污泥的初始温度，通常取为 20.0℃；

T_2——水汽化的温度，常压下取 100.0℃；

R_{T_2}——T_2 时水的汽化潜热，kJ/kg，常压下为 2261kJ/kg；

η_{gh}——干化机的热效率，%。

386. 污泥调理的方法有哪些？

污泥调理主要是通过各种方法与手段，改变污泥的结构，改善污泥的理化性质，如沉降性能、脱水性能以及污泥活性等，为后续处理提供有利的条件。现在污泥调理技术，按照原理可以分为物理调理、化学调理、联合调理等。

物理调理：利用物理作用改善污泥理化性质的方法。主要物理调理方法包括机械法、超声波法、热预处理法、微波法、冷冻法、辐射法等。

化学调理：利用化学反应的作用改善污泥理化性质的方法。最常用的化学调理方法是在污泥中加入化学混凝药剂，使污泥颗粒，包括细小的颗粒及胶体颗粒凝聚、絮凝以改善其脱水性能。另外，还有臭氧法、氯气法和酸碱法。

联合调理：因污泥的种类与性质多种多样，采用几种技术的组合以改善污泥的理化性质的方法。主要包括药剂联用、物理调理和化学调理联用技术以及污泥联合调理技术等。

目前在众多调理方法中，应用最广的还是化学调理中的药剂调理。

387. 什么是污泥化学调理？

一般说来，污泥的化学调理即是通过添加化学药剂来改变污泥颗粒的表面电荷或立体结构，克服颗粒间的相互斥力，使颗粒达到去稳定化的效果，并且搅拌使其相互间发生碰撞，最终使污泥颗粒絮凝成团而发生沉淀，同时体积的增加使颗粒表面积大幅降低，表面与内部的水分分布也发生改变，减少了水分的吸附，从而改善污泥的脱水性能。

388. 污泥化学调理剂的种类有哪些？

在污泥脱水过程中使用的化学调理剂主要可分为调理助剂和絮凝剂两大类。

絮凝剂分为无机絮凝剂和有机絮凝剂两类，其中无机絮凝剂主要有硫酸铝、氯化铝、阳离子型聚合铝、无机复合型聚合铝、无机有机复合型聚合铝。有机絮凝剂主要为有机高分子絮凝剂类，如淀粉及其衍生物、壳聚糖及其衍生物、木质素衍生物、阳离子聚丙烯酰胺等。

污泥调理助剂主要包括：

pH 值调整剂：用于调节污泥的 pH 值，这类污泥调理助剂主要有 CaO、$Ca(OH)_2$、Na_2CO_3、$NaHCO_3$、$CaCO_3$、CO_2、H_2SO_4 等。

絮体结构改良剂：用于增大粒径，提高絮体的密度和机械强度，这类助剂主要是高分子助凝剂，有聚丙烯酰胺、活化硅酸、骨胶、海藻酸钠等。

氧化剂：当废水中的有机物含量过高或含有表面活性剂物质时，易产生泡沫，影响絮体沉降，此时应投 $Ca(OH)_2$、$NaClO$、漂白粉等氧化剂来破坏有机物，以提高絮凝效果。

用于水泥窑的化学调理剂不能使用含氯的组分，CaO 可以作为污泥碱式干化的主要原料。

389. 污泥机械脱水的方法有哪些？

污泥机械脱水常用的方法有压滤脱水法、真空吸滤脱水法和离心脱水法。

污泥的压滤脱水通常由板框压滤机或带式压滤机来完成。板框压滤机的构造简单，过滤驱动力大，不仅适用于各种污泥，而且脱水效果好，但是由于板框压滤不能连续运行，因此脱水泥饼的产率相对较低。带式压滤机是利用滤布的张力和压力，在滤布上通过对污泥施加压力来达到污泥脱水的目的。

真空吸滤是通过抽真空使用过滤介质两侧形成压力差，从而形成脱水推动力进行脱水。

离心脱水是利用污泥颗粒与水的密度不同，在相同的离心作用下产生不同的离心加速度，从而使污泥固液分离，达到脱水目的。适用于污泥脱水的一般是转筒式螺旋离心脱水机。

390. 污泥调理和机械脱水结合技术的脱水效果如何？

表 6-7 给出了不同化学调理和脱水方法能达到的污泥脱水效果。从表中数据可看出，不投加石灰，只利用金属盐或高分子调理剂和机械脱水结合的方法，可以将污泥含水率降低到 62% 以下。

表 6-7 不同化学调理和脱水方法能达到的污泥脱水效果

污泥类型	可浓缩型（无污泥调理）	采用不同脱水方式的脱水能力		
		带式压滤机[①]和离心脱水机[②]（采用高分子调理剂）	板框压滤机（采用金属盐或高分子调理剂）	
			不投加石灰	投加石灰[③]
	含水率（%）	含水率（%）	含水率（%）	含水率（%）
具有良好的可浓缩/脱水性	<93	<70	<62	<55
具有一般的可浓缩/脱水性	93~96	70~82	62~72	55~65
具有较差的可浓缩/脱水性	>96	>78	>72	70~65

① 进泥含水率>97%和<91%。

② 采用高效离心脱水机。

③ 只通过提高投加石灰的投加量。

另外，潘洇等人在对入窑污泥进行化学改性脱水处理时，采用化学改性剂和压滤机结合的脱水干化工艺，可将污泥的含水率降低到 45% 左右。马勇等人采用化学调理和机械压滤相结合的深度脱水技术路线，可以将污泥脱水至含水率 50%～60%。

 391. 污泥调理和机械脱水结合技术的关键是什么?

（1）化学调理剂是污泥脱水关键技术的核心，具有调理吸附架桥作用，形成的污泥絮凝体抗剪切性能强，不易被打碎。此外一些调理剂还具有疏水亲油及疏油亲水的双亲性，有增溶和分散作用，使污泥细胞间质水发生解体，释放出间隙水；同时调理剂还通过自身的带电离子破坏细胞间隙亲水基团的电荷平衡，促使其释放表面吸附水，为下一步采用机械方式脱水干化创造了条件。

（2）由于改性药剂掺入比例很小，要使改性药剂有效渗入污泥中，并对污泥中的水分子充分发挥效用，首先必须破坏污泥的分子絮凝团，使得药剂能均匀地分散到污泥毛细结构中去，因此还需要设置具有高速剪切性能的改性机，才能达到改性的作用。

（3）经过改性的污泥，将束缚水变成了间隙水，脱水变得相对容易，但因污泥的颗粒很细，在压滤过程中既要有利于排水，又使滤布不被污泥颗粒堵塞，故要选用专有滤布和保证压滤机较高的操作压力。

 392. 简述污泥碱式干化技术的原理?

污泥碱式干化技术的原理有三点：

（1）由于碱性物质的作用致使污泥中的 pH 值增高；

（2）由于反应放热导致污泥温度升高；

（3）反应生成物中结合了游离水，同时由于放热反应，一部分游离的水被蒸发。

将污泥与石灰均匀混合，石灰与污泥中所含的水分发生如下反应：

$$1kg CaO + 0.32kg H_2O \longrightarrow 1.32kg\ Ca(OH)_2 + 1177kJ$$

根据这一反应，每投加 1kg 的氧化钙有 0.32kg 的水被结合成为氢氧化钙，反应所生成的热可蒸发约 0.5kg 的水。

生石灰与水反应生产氢氧化钙后，会继续与污泥中的其他物质发生进一步的反应，如生成物氢氧化钙与 CO_2 的反应：

$$1.32kg\ Ca(OH)_2 + 0.78kg\ CO_2 \longrightarrow 1.78kg\ CaCO_3 + 0.32kg\ H_2O + 2212kJ$$

这一反应会进一步发热，致使污泥温度不断升高。

 393. 简述污泥碱式干化技术的应用现状?

污泥碱式干化在意大利，罗马，美国华盛顿，德国汉堡等地方有着广泛的应用。图 6-1 为欧盟指引（CR 13714—2001），其工艺要求为：pH 值为 12，温度为 55℃，时间为 2h。

在美国的污水处理厂——the Blue Plains Advanced Wastewater Treatment Plant in Washington D. C. 也采用石灰来提高脱水污泥的稳定性。水厂的工艺流程为：这些由主沉降缸产生的固体或污泥被送往大桶中，在重力作用下较浓的污泥沉淀至底部随后逐渐富集；中级及氮化反应器产生的生物学固体分别被使用气浮浓缩而富集；富集后的污泥随后被脱水，并加入石灰以杀死病原体；随后有机的生物学固体被应用于马里兰州和维吉尼亚州的农田里，如图 6-2 所示。污泥处理所产生的石灰稳定生物固体稀薄剖面如图 6-3 所示。

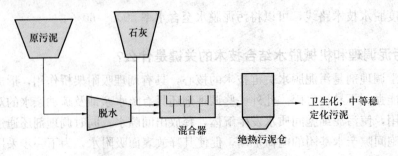

图 6-1 欧盟指引中污泥碱式干化工艺流程

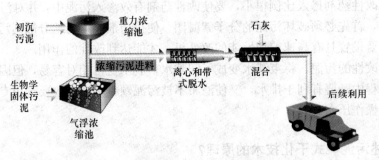

图 6-2 美国的污水处理厂加碱稳定化过程

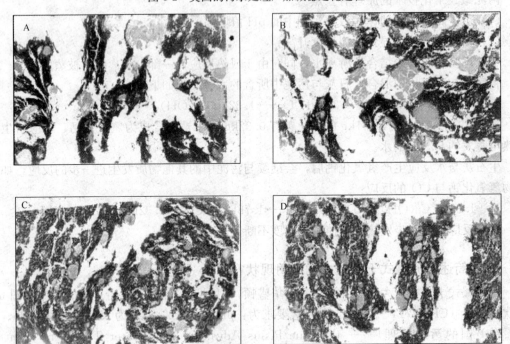

图 6-3 Blue Plains WWIP 污水处理厂污泥处理所产生的石灰稳定生物固体稀薄剖面

注：污泥呈现褐色，石灰呈现蓝色，白色区域则表示什么都没有。

394. 污泥碱式干化的关键在哪里？

污泥碱式干化的关键在于 CaO 的有效含量及污泥与钙的充分混合。脱水污泥是一个黏稠、致密及具有触变性的物料，在既定的污泥和氧化钙原料下，氧化钙粉料如何在工程上均匀地与污泥混合，是污泥加钙处理中的一个最重要的环节。华盛顿污水处理厂对同样的污泥来源采用两种不同的工艺条件处理后，将污泥样品灌入干净的塑料浸渍树脂，干燥，硬化，切成薄片，附上切片并进行抛光，在显微镜下进行微观形态学分析，发现氧化钙与污泥的结合程度有明显的差别。氧化钙在污泥中的分散度越低，越不利于反应。因此，华盛顿污水处理厂通过改进混合技术与条件，氧化钙添加量从 25% 降至 15%。

因此，在污泥加钙处理反应过程中，混合后氧化钙在微观上与污泥的混合程度及分散度对反应很重要，加入的氧化钙在污泥中的分散度越高，对提高反应速度和节省氧化钙用量越有利。

395. 什么是污泥稳定化？

污泥稳定化也称污泥深度处理，是污泥能否资源化有效利用的关键步骤。污泥稳定化的目的主要是去除污泥中易于腐化的有机物，包括去除臭味、有害病原体和有害细菌等，也可适当地改善污泥的脱水、干化等性能。干燥后的污泥由浆状、膏状变为脆性颗粒，有机物得以稳定，保留了大部分肥分和土壤调节成分，有利于农业利用和土地恢复。另外，致病微生物如大肠杆菌、沙门氏杆菌和肠道病毒等病原菌被杀灭，不会在厌氧发酵过程中产生臭气问题，卫生条件好，易于输送、储存和处置。植物养分和含热量增加，污泥体积大幅度减少，降低了污泥储存和运输费用。

396. 为什么说污泥碱式干化可以同时实现污泥稳定化？

污泥碱式干化，不仅可以降低污泥的含水率，而且可以实现污泥的稳定化。这是因为在污泥中添加石灰后，污泥的温度升高，从原污泥的 20℃ 可以升高到 55.0℃ 以上。由于绝大部分微生物最适宜生长的温度范围是 20～30℃，控制微生物生命活动进程的最高和最低限值分别为 35℃ 和 10℃。在 20～30℃ 范围内，微生物的生理活动旺盛，其活性随温度的增高而增强，超出此范围，微生物的活性变差，生物反应过程就会受影响。因此，碱式干化时，污泥温度升高，对污泥中的微生物活动起到了严重的抑制。此外，每种微生物都有其最适 pH 值和一定的 pH 值范围，pH 值变化会引起细胞膜电荷的变化，从而影响了微生物对营养物质的吸收，影响代谢过程中酶的活性，改变生长环境中营养物质的可给性以及有害物质的毒性。在最适 pH 值范围内，微生物酶活性最高，如果其他条件适合，微生物的生长速率也最高。大多数细菌、藻类和原生动物的最适 pH 为 6.5～7.5，在 pH4～10 之间也可以生长；放线菌一般在微碱性即 pH7.5～8 最适合；酵母菌、霉菌则适合于 pH5～6 的酸性环境，但大多数微生物的生存范围在 pH1.5～10 之间。在污泥中添加石灰后，由于碱性物质的作用致使污泥中的 pH 值增高，均从原污泥的 6.5 左右升高到 12 以上，并且，随着污泥干化时间的延长，pH 值变化不大。因此，污泥碱式干化实现了污泥中致病微生物的有效去除。

397. 为什么说污泥碱式干化可以同时实现污泥除臭？

未添加石灰的原泥，在放置 30min 后，硫化氢浓度持续升高，这是因为污泥中的含水率高，营养物质丰富，pH 值适宜，促进了含硫成分的微生物生长繁殖，而且，生物过程与非生物的反应相比通常表现出更长的时间特性，大量微生物活动，将含硫物质分解，释放出硫化氢，使得硫化氢的浓度迅速增加，大量的硫化氢成为污泥贮存、运输等过程中恶臭的重要来源之一。而在污泥中添加石灰后，还原性硫化物浓度急剧下降，说明污泥中含硫成分的微生物代谢受到抑制或灭活。由于污泥碱式干化可以降低污泥含水率，灭活微生物等，因此，可以在干化的同时实现污泥除臭。从嗅觉感觉角度来说，污泥中臭味强度显著降低，从无法忍受的强烈臭味降低至勉强可以感觉到轻微臭味。

398. 为什么说污泥碱式干化可以同时实现重金属钝化？

与未添加石灰的对照相比，添加石灰后，由于 pH 值升高，污泥中的重金属 Cd、Pb、Cu、Zn 在酸可提取形态中的含量大幅度降低，在铁锰氧化态、有机结合态和残渣态中的含量增加，不可利用态可达到 95% 以上，因此污泥碱式干化，在降低含水率的同时，还可以实现重金属钝化。

399. 什么是恶臭？

污泥在干化过程中，不可避免地涉及恶臭问题。根据我国 1993 年制定并颁布的《恶臭污染物排放标准》（GB 14554—1993），恶臭污染物被定义为一切刺激嗅觉器官引起人们不愉快及损坏生活环境的气体物质。恶臭是一种飘浮在空气中的细微气体，依靠风力进行扩散和传播，散逸在空气中的恶臭物质对人体的危害，在七大公害中仅次于噪声而居第二位，因而世界各国对恶臭污染都给予了高度重视。

400. 恶臭气体都有哪些？

恶臭的组成成分十分复杂，地球上存在的两百多万种化合物中，五分之一具有气味，约有一万种为重要的恶臭物质，单凭人的嗅觉能感知的就有四千多种，其中对人类危害较大的有硫醇类、氨、硫化氢、二甲基硫、三甲胺、甲醛、苯乙烯、酪酸和酚类等五十多种。

恶臭气体按组成可分为五大类：

（1）含硫的化合物，如硫化氢、二氧化硫、硫醇、硫醚等；

（2）含氮的化合物，如胺、酰胺、吲哚等；

（3）卤素及衍生物，如氯气、卤代烃等；

（4）烃类，如烷烃、烯烃、炔烃、芳香烃等；

（5）含氧的有机化合物，如醇、酚、醛、酮、有机酸等。

401. 恶臭气体的处理技术有哪些？

（1）吸收法

当恶臭气体在水中或其他溶液中溶解度较大、或恶臭物质能与之发生化学反应时，可用液体吸收法处理。液体吸收法有物理吸收法和化学吸收法两种。

物理吸收法一般是采用有机溶剂作吸收剂，这种方法流程简单，只需吸收塔、常压闪蒸罐和循环泵，不需蒸汽和其他热源；化学吸收法是被吸收的气体吸收质与吸收剂中的一个或多个组分发生化学反应的吸收过程，适合处理低浓度大气量的废气。

（2）吸附法

吸附法是利用某些多孔物质的吸附性能来净化气体的方法，常用的脱臭吸附剂有活性炭、分子筛、两性离子交换树脂、活性氧化铝、硅胶、活性白土等。

（3）氧化法

氧化法是一种利用氧化剂与氧化恶臭物质而脱臭的方法，在气相中进行氧化的过程称为干法氧化，在液相中进行氧化的过程为湿法氧化。

（4）燃烧法

燃烧法是一种通过可燃性反应降解恶臭物质的方法。

（5）生物法

生物法是通过天然滤料来吸附和吸收恶臭气流中的臭气，然后由生长在滤料中的细菌和其他微生物来氧化降解恶臭物质的方法。生物过滤法主要有两种布置方式：生物滤池和生物过滤塔。

402. 水泥窑协同处置污泥中恶臭气体的来源及主要成分是什么？

利用水泥窑协同处置污泥恶臭气体主要来自污泥运输、储存和输送系统，以及污泥干化过程中伴随着水蒸气释放出的气体。恶臭气体的主要成分包括氮氧化合物、硫氢化物、三甲胺、氨、CO、醛、酮和稠环碳氢化合物等，危害巨大。

403. 水泥厂应如何控制恶臭气体排放？

（1）污泥采用密闭罐装车运输，运输途中不洒不漏。污泥罐装车配备实时定位监控系统。制定合理的运输时间，避开交通高峰期。

（2）湿污泥收料间设为负压。储罐和输送系统采用密封系统，其内部也设为负压，防止臭气外逸。维持负压抽取的臭气经管道送入水泥窑窑头篦冷机风机进口，随空气一起进入窑头高温区高温焚烧净化除臭。

（3）污泥干化过程中产生的臭气可以经废弃收集系统送入水泥窑高温区焚烧，还可以在烘干生产线安装除臭设施，采用生物除臭工艺、化学除臭工艺等对烘干废气除臭处理后达标排放。

404. 水泥窑协同处置污泥对生料磨有哪些影响？

针对半干化污泥，污泥在完成预处理后，与水泥生产正常所用的原燃料相比，由于半干化污泥带入的水分原大于正常的原燃料水分要求，导致水泥窑系统的窑尾排放烟气的湿含量有显著的增加。进入生料磨的烟气的湿含量有明显的增加，烟气的露点温度较低，也体现干燥蒸发速度不会受到动力学的制约，工艺气体的干燥能力基本不受水泥窑系统处理城市污泥的影响。综上，处理城市污泥后，虽然水泥窑系统的窑尾排气烟气湿含量有较大的提升，但不会对生活磨、煤磨的烘干能力及尾气收尘处理形成影响。

405. 污泥作为替代燃料对窑系统有哪些影响？

利用水泥窑协同处理城市污泥后，水泥熟料生产线实际上使用的燃料变成煤粉和城市污泥两种不同性质的燃料在同时使用，和煤粉的燃烧相比，替代燃料的焚烧具有低得多的热贡献能力，燃烧释放单位热量需要形成更多气体量，分解炉内烟气量的增加对分解炉的物料分解、预热器系统的热交换能力将形成一定的影响，在正常的生产能力下，通常采用工业污泥将导致系统的热交换效率下降，导致整个熟料生产线热耗水平上升，随着进入窑系统的城市污泥的水分、组成的不同，生产线的煤耗对应也有所波动。处理城市污泥后，随着城市污泥替代燃料入窑水分的波动，替代燃料占窑尾总热量的 1%～10% 间变化。系统的热耗实际上体现为煤和城市污泥的热耗之和。处理城市污泥后，由于换热效率的降低、尾气排气量及排气温度的增加，系统的总热耗是增加的，但由于城市污泥自身燃烧放热替代了煤的作用，系统的煤耗体现为持平或有降低。从分析的结果来看，随着入窑污泥水分的降低，替代燃料的作用就体现得越明显。

406. 水泥窑协同处置污泥应控制哪些因素？

（1）入窑污泥的水分

利用水泥窑处置污泥必须严格控制污泥中的水分含量，为保证处置过程经济可行性，污泥作为替代燃料使用时，污泥焚烧放出的热量必须大于自身水分蒸发及烟气升温消耗的热量。若污泥中水分含量较高，燃烧放出的热量不足以满足自身消耗，为维持烧成系统的正常运行，势必要增加烧成系统的热耗，另一方面高水分含量的污泥燃烧烟气量也必然很高，势必会影响预热器正常的物流、气流流动状态。

（2）入窑污泥中重金属的含量

水泥窑高温环境下。重金属元素与石灰石等物质分子进行矿化反应。大部分矿化为熟料；而进入烟气的量取决于元素在水泥窑中的挥发性。难挥发性重金属元素经矿化作用绝大部分直接进入熟料，随粉尘排放的量很微小。进入熟料中的重金属元素经过高温发生化学反应的矿化作用存在于水泥熟料矿物晶体中。重金属被结合在水泥矿物中，均以不容易迁移及极低溶出速率的稳定矿物被矿化在水泥产品中。实现了重金属的均化稀释和水泥矿化稳定。污泥中气化温度低的重金属在水泥窑 850℃ 以上高温环境中基本汽化，大部分进入窑尾废气，在烟气中主要以单质或化合物的形式存在。实际工艺中，窑尾烟气以较低温度排放，特别是经低温余热发电系统后的烟气排放温度更低，冷却过程中这类重金属大部分又冷凝并附于粉尘中，大多在袋收尘器与粉尘一起截留附于窑灰，重新作为原料返回窑内，形成动态平衡状态，而少部分则由窑磨排气筒高空排放。控制重金属排放量，应从源头开始。水泥窑协同处置污泥工艺重金属的入窑量严格按照标准中的重金属最大允许投加量进行控制。

（3）入窑污泥中硫、氯、碱的含量

氯、硫、碱式影响水泥生产过程和产品品质的重要因素。在烧成系统中，氯、碱属高挥发性物质，在预热器底部和窑尾烟室内极易循环富集，造成预分解系统结皮堵塞，影响烧成系统的稳定运行；另一方面氯、碱沉积在熟料中，会影响混凝土构件的使用寿命；原料、燃料带入的硫在高温过程中会生成 SO_2，并与 R_2O 结合形成气态的硫酸盐，极易在温度较低的表面凝聚形成低挥发性 R_2SO_4，在 SO_2 和 R_2O 含量比例合适时，大部分被裹挟在熟料中带出窑外，如果 SO_2 含量有富余，超过控制指标要求，将会在窑尾引起循环富集，造成窑尾烟室结皮堵塞或窑内结圈，影响回转窑通风。

407. 国外水泥窑协同处置污泥的现状如何？

污泥进行水泥窑协同处置由于其经济环境效益显著，在国外得到了广泛关注，并取得了长足的发展。德国水泥行业替代燃料中有 8%～10% 来自干化后的污泥；美国加利福尼亚某水泥企业采用全干化污泥替代燃料比例达到 12%～15%，全美有近 200 座污水处理厂采用焚烧方式处理污泥，占全美污泥处理总量的 20%，其中 6% 的污泥采用协同焚烧方式处置；日本大约有 60% 的污泥直接送入水泥窑内焚烧处置。

污泥的加入方式国外应用较多的有两种，一种由窑头主燃烧器直接喷入烧成带；另一种是由带悬浮预热器的干法窑窑尾第二把火处或在分解炉中加入。另外也可以在窑旁增建单独的污泥（或垃圾等废物）燃烧（或气化）炉，将燃烧炉产生的高温热气通入分解炉。

408. 污泥中氨的来源及主要存在形式是什么？

生活污水中常含有丰富的氮，它们通常以有机氮、氨氮、硝酸盐氮和亚硝酸盐氮四种形式存在。在污水处理过程中，大量氮通过沉淀、吸附或被微生物吸收的方式进入污泥。在厌氧消化过程中，污泥中大部分可生物降解的氮转化为氨。氨的水溶性很好，在污泥降解过程中不断生成脂肪酸等酸性物质，将氨大量转化为不挥发的铵离子，随着脂肪酸等有机物不断被分解为水和二氧化碳，最终，氨主要以碳酸氢铵的形式存在。碳酸氢铵的热稳定性极差，在 35℃ 以上即可发生分解形成氨，成为污泥干化尾气中氨气的主要来源。

409. 水泥窑氮氧化物的生成形式有哪些？

水泥窑氮氧化物的生成形式主要有三种：

热力型：燃料用空气中 N_2 在高温下氧化生成的氮氧化物。

燃料型：煤中 N 转化形成的氮氧化物，它分为挥发分氮氧化物及焦炭氮氧化物。

快速型：碳氢化合物燃料在燃烧分解时，其中间产物和空气中的 N_2 反应生成的氮氧化物，煤粉燃烧中其产生比例不到 5%。

410. 水泥窑协同处置污泥对氮氧化物排放有哪些影响？

（1）污泥作为替代燃料进入分解炉

分解炉中产生的氮氧化物以燃料型为主，污泥作为替代燃料直接进入分解炉时，由于污泥中的挥发分含量很高，而比较难燃的固定碳的含量较低，挥发分能够在较低的温度下迅速析出，在较低的温度下燃烧，因此污泥相对煤样来说极易燃烧，燃尽温度相对也较低。燃料型氮氧化物的形成受到燃烧温度和氮存在形态的影响，一方面污泥着火温度和燃尽温度均低于煤，燃烧温度越低越不利于氮氧化物的形成；另一方面污泥挥发分含量较煤的大，且其中的氮是以氨基的形式存在，当挥发分大量析出燃烧时氨基能形成还原性基团，从而部分抑制了煤生成燃料型氮氧化物。

研究表明，随着污泥含水率的提高，燃料型氮氧化物排放量下降。随着炉内水分的增加，水煤气反应的作用越来越重要，使得气氛中 CO 和 H_2 的浓度增加．所以当含有一定量水分的污泥与煤混烧时会形成局部的弱还原气氛，从而抑制了燃料型氮氧化物的生成。水分含量较高时，水煤气反应形成的 CO 等还原性基团可将形成的氮氧化物还原为 N_2，但污泥含水率增加会增加分解炉的能耗，因此需要综合考虑。

（2）污泥干化尾气进入分解炉

污泥干化尾气的成分与干化温度有一定关系，如在 90℃ 烘干时，尾气中主要成分为氨气、硫化氢及多种有机成分：包括芳香族化合物如苯、甲苯；卤代烃，如二氯甲烷、二氯乙烷、5-氟溴苯、四氯甲烷等；含硫化合物，如乙硫醇、硫醚类等；含氧有机物，如醇、酯等；其他烃类，如烯烃、正己烷等。干燥尾气中的氨类、含硫化合物和烯烃、烷烃等碳氢化合物都会影响到氮氧化物的生成，氨气可以作为氮氧化物的还原剂，尾气中的硫化氢等含硫化合物被氧化，同时与煤竞争空气自由基（O、H、OH），也会使所生成的氮氧化物浓度减少。此外，由烯烃、烷烃等碳氢化合物受热力作用生成的大量小分子碳氢化合物 CH_4、C_2H_2 等，会造成气氛中总的 H/C 值减少，燃烧时与含氮基团竞争空气中的自由基，在局部燃烧区域形成贫氧区，限制含氮中间产物向氮氧化物的转化。

411. 水泥窑协同处置污泥工艺新增废水及处理要求主要有哪些？

污泥罐装车卸泥后罐车的清洗废水；污泥接收、干化、输送设施每年检修产生的清洗废水，废水量较少。这些清洗废水均可引至厂区污水处理站进行常规的二级生化处理达标排放或回用于厂区绿化及冲厕用水。

采用直接干化工艺及石灰干化工艺时的冷却用水，可与水泥厂污水共同处理；采用碱式干化工艺时产生的废水以污泥干化冷凝水为主，水质中 BOD_5、COD、总氮等指标较高，应单独设计污水处理系统处理达标后方可排放；采用化学调理和机械脱水结合的深度脱水工艺时，由于处理过程添加了化学药剂，污水中的污染物含量高、污水量大，也应单独设计污水处理系统。废水处置应本着节约用水的原则，提高水的重复利用率，尽可能回收再利用，以减少废水排放量，从而减少对环境的污染。

污水处理系统的设计应综合考虑污泥泥质、处置工艺、产生污水量、污水水质、当地环保要求等情况确定。回用水的水质应符合现行国家标准《城市污水再生利用城市杂用水水质》（GB/T 18920）的有关规定。当废水经过处理后直接排入水体时，其水质应符合现行国家标准《污水综合排放标准》（GB 8979）的有关规定。

第七章
危险废物水泥窑协同处置技术

第一节　危险废物的基本概况

412. 什么是危险废物？

美国环保局对危险废物作出以下定义：危险废物是固体废物，由于不适当的处理、储存、运输、处置或其他管理方面，能引起或明显地影响各种疾病和死亡，或对人体健康或环境造成显著威胁。

联合国环境规划署对危险废物作出以下定义：危险废物是指除放射性以外的那些废物，由于他们的化学反应性、毒性、易爆性、腐蚀性或其他特性引起或可能引起对人类健康或环境的危害，不管它是单独的或与其他废物混在一起，不管产生的或是被处置的或正在运输中的，在法律上都称为危险废物。

《中华人民共和国固体废物污染环境保护法》中规定：危险废物是指列入国家危险废物名录或者根据国家规定的危险废物鉴别标准和鉴别方法认定的具有腐蚀性、毒性、易燃性、反应性和感染性等一种或一种以上危险特性，以及不排除具有以上危险特性的固体废物。

413. 各国对危险废物定义有何特点？

危险废物的定义具有法律上和科学上双重性特点，首先，因为它的危害本质，各国都比较重视对它的管理，通过法律的形式进行定义，体现废物对人类和环境具有危害性这个本质特点。但是仅仅有法律上的一般性表述还不够，还要体现科学上的对危险废物界定的准确性，通过具体种类的废物详细列表、建立实验方法和鉴别标准、建立排除方法等形式的结合，形成一个完整的判别体系和科学的判别程序。危险废物的定义以美国最为全面、最具有代表性，RCRA 中法定定义和详尽的废物列表以及鉴别标准共同作用，使危险废物概念具有较多的定性和定量特点，具有较好的可操作性，形成了完整的系统性。

414. 危险废物特性有哪些？

危险废物的特性通常包括：急性毒性、易燃性、反应性、腐蚀性、浸出毒性和疾病传染性。

巴塞尔公约中规定，危险废物特性包括：有毒性、反应性、腐蚀性和易燃易爆性的废弃物。

415. 我国法律法规中规定的危险废物有多少种？

《国家危险废弃物名录》中共列出了 49 类危险废物。

416. 危险废物的处置方法有哪些？

危险废物的处理方法主要有：

①土地填埋是最终处置危险废物的一种方法，是将危险废物铺成一定厚度的薄层，压实并覆盖土壤。这种处理技术在国内外得到普遍应用。土地填埋法通常又分为卫生土地填埋和安全土地填埋。

②焚烧法是高温分解和深度氧化的综合过程。通过焚烧可以使可燃性的危险废物氧化分解，达到减少容积，去除毒性，回收能量及副产品的目的。一般来说，几乎所有的有机性危险废物均可用焚烧法处理，而对于某些特殊的有机性危险废物，只适合用焚烧法处理，如石化工业生产中某些含毒性中间副产物等。

③固化法能降低危险废物的渗透性，并且通过固化能将其制成具有高应变能力的最终产品，从而使有害废物变成无害废物。水泥固化法是用污泥（危险固体废物和水的混合物）代替水加入水泥中，使其凝结固化的方法。对有害污泥进行固化时，水泥与污泥中的水分发生水化反应生成凝胶，将有害污泥微粒包容，并逐步硬化形成水泥固化体，这种方法使得有害物质被封闭在固化体内，达到稳定化、无害化的目的。塑料固化法，将塑料作为凝结剂，使含有重金属的污泥固化而将重金属封闭起来，同时又可将固化体作为农业或建筑材料加以利用，适用于对有害废物和放射性废物的固化处理。水玻璃固化是以水玻璃为固化剂，无机酸类（如硫酸、硝酸、盐酸等）作为辅助剂，与有害污泥按一定的配料比进行中和与缩合脱水反应，形成凝胶体，将有害污泥包容，经凝结硬化逐步形成水玻璃固化体。

④化学法是一种利用危险废物的化学性质，通过酸碱中和、氧化还原以及沉淀等方式，将有害物质转化为无害的最终产物。常用技术有化学氧化、沉淀及絮凝、沉降、化学氧化、重金属沉淀、化学还原、中和、油水分离等。

⑤生物法只适用于有机废物，其中用于有机固体废物的包括堆肥法和厌氧发酵法等；用于有机废液的包括活性污泥法、厌氧消化法。

⑥深井灌注技术，是通过深井将污染物注入地下多孔的岩石或土壤地层的污染物处理技术，主要用于液体废物处置。美国是最早利用深井进行废液灌注的国家。

417. 利用新型干法水泥生产技术热解处理危险废弃物的可分为哪几类？

采用水泥回转窑焚烧有害废弃物，则根据其在水泥生产中的作用，可将有害废弃物分成以下三类：

第一类：用作二次燃料。对于含有热值的有机废弃物，包括固体、液体和半固体状污泥，可作为水泥窑的"二次燃料"。

第二类：用作水泥生产原料。对于主要含重金属的各种废弃渣，尽管其不含或少含可燃物质，但可作为水泥生产原料来处理利用；而对于卤素含量高的有机化合物和含镁、碱、硫、磷等的废弃物，由于其对水泥烧成工艺或水泥性能有一定影响，应该严格控制其焚烧喂入量。可用作水泥生产原料的有毒有害废弃物有含铜废物、含锌废物、表面处理废物、含钡废物、含氯废物、医药废物、废旧电池类等含有其他重金属的废弃物。

第三类：对其他危险废物如含汞废料等，则不宜入窑焚烧。

据上可将北京市工业有害废弃物分类列于表7-1。

表7-1 北京市工业有害废弃物分类（根据水泥工业特点分类）

第一类：用作二次燃料	
1. 染料涂料类	北京印刷厂油墨渣（固态和半固态）；北京轻型汽车公司的废喷漆渣和废电泳漆渣；北内锻造公司废油漆渣；北京吉普汽车有限公司废油漆渣。

	第一类：用作二次燃料
2. 医药废物	北京第二制药厂烟酸废炭、异烟肼废炭和甲壬酮高沸物；北京制药厂制药母液。
3. 有机树脂类	红狮涂料公司树脂废渣；北京化工二厂有机硅废渣和二氯乙烷残液；北京轻型汽车公司的废沥青渣。
4. 有机树脂类	北京东方罗门哈斯有限公司的压敏焦渣和丙烯酸树脂渣。
5. 废乳化液	北内集团废乳化液；北京吉普汽车有限公司废乳化液；北京天伟油嘴油泵有限公司废乳化液。
6. 废矿物油	北内集团废矿物油；北京天伟油嘴油泵有限公司废矿。
7. 热处理含氰类废物	北内锻造公司热处理渣。
8. 废卤化物有机溶剂	北京天伟油嘴油泵有限公司三氯乙烯废液。
	第二类：用作水泥原料
含铜废物	北京冶炼厂铜渣；北京吉普汽车有限公司废铜渣。
含锌废物	北京冶炼厂锌渣；北京吉普汽车有限公司镀锌污泥。
表面处理废物	北京天伟油嘴油泵有限公司电镀污泥；北京天伟油嘴油泵有限公司亚硝酸钠热处理渣。
含钡、氯废物	北京天伟油嘴油泵有限公司氯化钡热处理渣。
医药废物	北京第二制药厂氯化钠渣。
其他类	北京电池厂中和泥和北京化工二厂盐泥；北京冶炼厂铝渣；焚烧垃圾飞灰。

第二节　危险废物替代水泥生产原料

 418. 垃圾飞灰如何产生的？

垃圾焚烧时会产生大量的飞灰，即在烟气净化系统（APC）和热回收利用系统（如节热器、锅炉等）中收集而得的残余物，约占垃圾焚烧灰渣总量的20%左右，它是生活垃圾焚烧后烟气除尘器收下的物质，因其中含有大量可溶性重金属和二恶英而不能直接填埋处理。

419. 国内外针对垃圾飞灰的处置方法有哪些？

国内外对垃圾飞灰的主要处理方法有固化与稳定化技术、湿式化学处理法、安全填埋法。

固化与稳定化技术是国际上处理有毒废物的主要方法之一，而胶凝材料是目前应用最广也是最重要的固化稳定化材料。固化与稳定化技术的方法主要有水泥固化法、凝石稳定化法、熔融固化技术、烧制陶粒技术。

水泥固化法——固化处理是利用固化剂与垃圾焚烧飞灰混合后形成固化体，从而减少重金属的溶出。水泥是最常见的危险废物固化剂，因此工程中常采用水泥对焚烧飞灰进行固化处理。飞灰被掺入水泥的基质中后，在一定的条件下，经过一系列的物理、化学作用，使污染物在废物水泥基质体系中的迁移率减小（如形成溶解性比金属离子小得多的金属氧化物）。

凝石稳定化法——凝石的生产是利用具有火山活性的固体废弃物，包括粉煤灰、冶金渣、煤矸石、油页岩渣、预处理过的尾矿、黄河砂、城市建筑垃圾以及天然火山灰等硅铝质物料，加入少量或不加水泥熟料，再配入 1%～5% 的成岩剂，经分别磨细再混匀或一起混磨工艺制备而成的，能够在许多场合替代水泥的硅铝基胶凝材料。

熔融固化技术——飞灰经加热熔融，使其中的二恶英等有机污染物高温分解，熔渣快速冷却形成致密而稳定的玻璃体，从而有效地控制重金属的浸出。熔融处理不仅可以控制污染，而且熔融使灰渣变得致密，减容效果非常显著。此外，根据不同需要可以将熔渣制成建筑材料或作为玻璃、陶瓷等生产行业的原料，实现灰渣的资源化利用。

烧制陶粒技术——该方法所见报道甚少，但是在专利《利用垃圾焚烧飞灰为原料的陶粒及其制备方法》（CN 1830885）中提到一种利用垃圾焚烧飞灰为原料的陶粒及其制备方法，其原料组成及质量分数为：飞灰 20%～80%，其余为黏土；经配料、造粒、高温煅烧制成陶粒产品；所述高温煅烧的烧结温度为 1000～1400℃。此发明将危险废弃物——垃圾焚烧飞灰作为陶粒原料再生利用，实现了对固体废弃物飞灰无害化、资源化处理，避免了二次污染，减少了资源浪费，既可安全处置垃圾焚烧飞灰，又经济、可行地利用城市垃圾焚烧飞灰制备陶粒产品，也减少了陶粒工业对天然原料的需求量。

飞灰湿式化学处理法有加酸萃取和烟气中和碳酸化法等，该工艺运行成本较低，可回收重金属和盐类。将飞灰中的重金属提取：酸提取、碱提取、生物及生物制剂提取等。经过重金属提取后的飞灰和重金属可以分别进行资源化利用。

安全填埋法是将垃圾焚烧飞灰在现场进行简单处理后，送入安全填埋场填埋处理的方法，这是目前垃圾焚烧飞灰处理最安全可靠的手段之一。但安全填埋场的建设和运行费用居高不下，垃圾焚烧处理厂难以承受，同时也不能达到减容化和资源化的目的，因此今后会逐渐减少该方法的应用。

420. 垃圾飞灰的物理性质是什么？

飞灰是含水率很低的细小尘粒，呈浅灰色粉末状。一般所取灰样的含水率为 10%～23%，热灼减率为 34%～51%。飞灰的粒径大小不均，是由颗粒物、反应产物、未反应产物和冷凝产物聚集而成的不规则物体，但总的来说，粒径较小，基本在 100μm 以下，表面粗糙，呈多角质状，孔隙率较高，比表面积较大，这使 Pb 和 Cd 等易挥发性金属易在其表面凝结富集。

上海浦东御桥垃圾焚烧厂焚烧飞灰的主要化学成分见表 7-2。从表可以看出，焚烧飞灰中的主要化学成分是 CaO、SiO_2、Al_2O_3 和 Fe_2O_3。

表 7-2　焚烧飞灰的主要化学成分（质量分数，%）

成分	SiO_2	Fe_2O_3	Al_2O_3	TiO_2	CaO	MgO	SO_3	f-CaO	Loss
飞灰	24.50	4.01	7.42	0.62	33.37	2.72	12.03	0.50	22.04

表 7-3 列出了国内某垃圾焚烧发电厂和国外一些采用类似烟气净化工艺的焚烧厂飞灰的元素组成。由表 7-3 可以看出，国内垃圾焚烧发电厂飞灰的元素含量基本与国外的数据相似。Si，Al，Ca，Cl，Na，K，Mg，Fe，C 和 S 是飞灰的主要组成元素（含量大于 1%）。国内生活垃圾中 S 的干基质量分数可达 0.1%～0.24%，焚烧后以 SO_x 等形式逸出。由于重金属硫化物和硫酸盐的溶解度一般都很小，飞灰中 S 的含量高对抑制重金属的浸出是有利的。由表 7-3 还可以看出，垃圾焚烧发电厂飞灰中的 Pb、Cd 和 Zn 总量都很低，这一方面

可能与烟气净化效率有关，另一方面也可能是因为进料生活垃圾本身含 Pb、Cd 和 Zn 的量比较低。Pb、Cd 和 zn 总量低，使飞灰中这些重金属在相同浸出率下的最大可能浸出量减小，有利于其处理和处置。

表 7-3   国内外垃圾焚烧厂飞灰的元素组成

主要元素（质量分数，%）	Ca	Cl	Na	K	Mg	Fe
半干法	13.40～36.80	8.40～11.30	2.56～5.62	2.31～3.96	1.36～3.54	1.54～2.86
干法/半干法	11.00～35.00	6.20～38.00	0.76～2.90	0.59～4.00	0.51～1.40	0.26～7.10
少量元素（mg/kg）	Zn	Pb	Mn	Cu	Cr	Ni
半干法	3334～5179	878～2594	806～1119	555～793	253～384	85～147
干法/半干法	7000～20000	2500～10000	200～900	16～1700	73～570	19～710
微量元素（mg/kg）	As	Cd	Co	Ag		Hg
半干法	27.9～89.2	44.2～79.6	35.8～48.5	14.2～27.4		4.6～24.8
干法/半干法	18.0～530.0	140.0～300.0	4.0～300.0	0.9～60.0		0.1～51.0

说明：(1) 国内某垃圾焚烧厂；(2) 加拿大（3 个厂，1986～1991 年）、丹麦（4 个厂，1989～1992 年）、德国（1 个厂，1982 年）、荷兰（1 个厂，1992 年）、瑞典（4 个厂，1985～1988 年）和美国（5 个厂，1988～1989 年）。

421. 什么是垃圾飞灰水洗预处理工艺？

生活垃圾焚烧飞灰是生活垃圾焚烧过程的必然副产物，垃圾焚烧会产生 3%～5% 的飞灰。而飞灰具有重金属浸出浓度高和二恶英毒性当量大的双重危害特性，为危险废物。由于城市垃圾焚烧飞灰的化学成分近似于水泥的硅质原料或钙质原料，可以替代部分天然原料，飞灰中氯盐含量较高，可达 17.96%。若直接将飞灰送至水泥窑中煅烧不仅会导致水泥生产设备的腐蚀、结皮等大量问题，同时也会对水泥产品的质量产生影响，因此必须对飞灰进行预处理以降低其氯含量。

水洗是一种经济而有效的飞灰脱氯方法，但在飞灰水洗过程中，少量重金属离子也会溶解在水洗液中，如果不对这些水溶液进行有效的处理，会对环境产生严重的二次污染，这也是飞灰水洗预处理工艺中最难解决的问题。

下面介绍一种飞灰水洗工艺，图 7-1 为苏州某公司以生活垃圾焚烧飞灰为对象，采用水

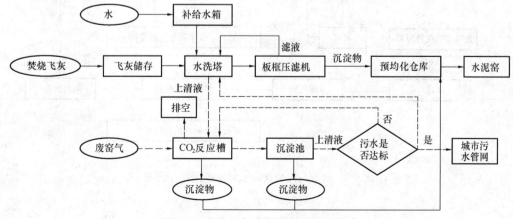

图 7-1   焚烧飞灰水泥窑工业处理路线

洗和 CO_2 曝气等方法，对飞灰水泥窑煅烧资源化预处理中的工艺流程图。

422. 水泥窑协同处置危险废物的工艺有哪些?

图 7-2 为华新水泥厂协同处置污泥、垃圾的工艺图。图 7-3 为北京水泥厂处置危险非废物的工艺图。图 7-4 为有机危险废物水泥窑处置工艺。

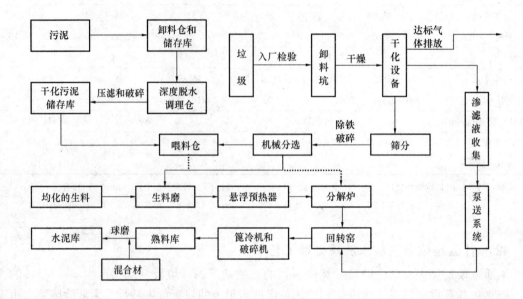

图 7-2　水泥窑协同处置城市垃圾和污泥工艺简图

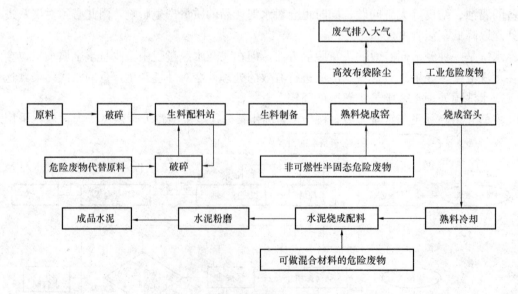

图 7-3　处理危险废物的水泥生产流程方框图

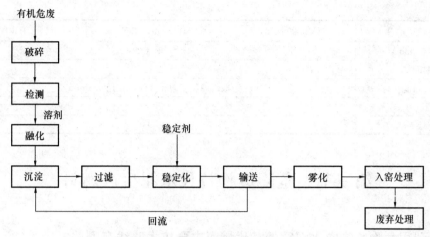

图 7-4　有机危险废物水泥窑处置工艺

423. 水泥窑协同处置危险废物应注意哪些问题？

所谓的危险废物一般常指在产生中和处置时，一旦不慎或方法不当，便会造成对人身的危害、环境的污染、生态的破坏及对二次资源和能源的浪费。在水泥生产过程处置这些危险废物时需要遵循：

（1）不能对工作人员的身体健康有危害。不论是生产中的掺入过程、工况状态，还是产生的粉尘、烟尘和产成品而言，还是事故停机时的检修作业过程，都应有严密操作规程和培训，防止出现危害人身健康和损毁生产设备。

（2）不能够影响产品质量性能和产量。

（3）在危险废弃物的储存、喂料等过程中，应采用安全管理制度，如：根据废弃物的来源和种类，采用危险性跟踪的方法，对所处置的废弃物进行登记、检查、取样和测试。

（4）不能够产生二次污染。不能由于处理的危险废物所包含的重金属元素在回转窑内物理化学反应中所新生成的物质挥发性不同以及工艺系统原因而造成对大气环境的二次污染，应做到实时的检测和监测，以防止污染事故的发生。

424. 危险废物的浸出毒性检测方法有哪些？

危险废物的浸出毒性检测方法有：HJ/T 299—2007 的方法模拟重金属在酸性降雨的影响下，从样品中浸出而进入环境的过程；HJ/T 300—2007 的方法模拟水泥制品在进入卫生填埋场后，其中的重金属在填埋场渗滤液的影响下的浸出迁移过程。TCLP（Toxicity characteristic leaching procedure）法被认为是一种有效评价土壤重金属生态风险的简便、快速的方法。TCLP 法是美国法庭通用的评价生态环境风险的方法，是美国最新的法定重金属污染评价方法，此法在美国评价重金属生态环境风险方面得到了广泛的应用。

表 7-4　毒性浸出试验的试验条件比较

项目	HJ/T 299—2007	HJ/T 300—2007	TCLP
振荡方式	双向式翻转振荡		
浸取液 pH 值	3.2±0.05	2.64±0.05	2.88±0.05
固液比	1：10	1：20	1：20

续表

项目	HJ/T 299—2007	HJ/T 300—2007	TCLP
转速（r/min）		30 ± 2	
振荡时间（h）		18 ± 2	
滤液过滤		玻纤滤膜或微孔滤膜，孔径 $0.45\mu m$	
试验温度（℃）		23 ± 2	
样品粒径（mm）		<9.5	

第三节　危险废物替代水泥生产燃料

425. 利用危险废物做水泥窑的替代燃料主要技术路线有哪些？

水泥厂利用可燃性废料作为再生能源，通常采用以下 5 种技术路线：

（1）将混配好的废油、废溶剂等液态废燃料，用泵从窑头直接喷入窑内燃烧。

（2）将混配好的干粉状废燃料，用压缩空气从窑头直接喷入窑内燃烧（若为块状废料，可与煤混合粉磨，也可分别粉磨）。

（3）将混配好的浆状废燃料（含固体成分约 25%），经过研磨后，用特殊泵送系统，从窑头直接喷入窑内燃烧。

（4）将混配好的污泥状废燃料，分装成小桶（约 5 加仑铁皮桶装）从窑尾投入窑内燃烧。

（5）将湿状废燃料，经过专用烘干工艺和设备（美国现有 3 种主要工艺和设备）处理，分离出可燃气体和固体，然后将可燃气体（或冷凝分离出可燃液体）直接喷入窑内，若分离出固体为可燃性废料，则按第二种技术路线进行处理。美国国家环保总署对水泥厂焚烧危险废弃物的尾气，要求监测如下项目：主要有机有害成分的焚毁率，不完全燃烧产物排放量，颗粒物（粉尘）的排放量，重金属的排放量，HCl、NO、SO_2、CO 和 THC（总碳氢化合物）的排放量等。

426. 有机危险废物在水泥窑中的如何实现无害化处置？

有机危险废物选择了三种废物：丙烯酸树脂渣、油漆渣和有机废液。在《国家危险废物名录》中，这三种废物的类别编号分别为 HW13、HW12 和 HW06。

对丙烯酸树脂渣和油漆渣的分析结果（表7-5），这两种废渣均有较高热值并含有多种重金属成分，有机污染物含量值具有一定的代表性；有机废液中的主要成分为丙酮、丁酮和苯系物。

表7-5　废物成分分析表

废物名称	形态	灰分（%）	热值（kJ/kg）	pH	Pb（mg/kg）	Cu（mg/kg）
丙烯酸树脂渣	固态	27.4	25026	8.36	—	5.5
油漆渣	固态	14.7	9833	6.91	43.5	1.42×10^3

废物名称	Zn（mg/kg）	Cd（mg/kg）	Cr（mg/kg）	S（mg/kg）	Cl（%）
丙烯酸树脂渣	102	9.52	12.8	1.49×10^3	0.33
油漆渣	65.2	0.75	—	786	0.33

废物名称	P (mg/kg)	矿物油 (mg/kg)	苯 (mg/kg)	甲苯 (mg/kg)	二甲苯 (mg/kg)
丙烯酸树脂渣	134	—	—	—	—
油漆渣	138	1.99×10^4	<0.2	<0.2	10.3

北京水泥厂生产水泥用的回转窑采用新型干法旋风预热分解窑窑外分解工艺，窑内气流与料流整体呈逆向运行，系统全过程在负压下操作，水泥回转窑内物料温度高（1450℃）、物料停留时间长（20～35min），炉气温度能达 1700℃。投加废物的窑尾炉气温度也可达 1050℃，此时废物中的有机污染物部分被分解释放出来，废物随窑的旋转缓慢向窑头移动至烧成带（距窑口 18m～23m 处）时，因每小时喷入 5～6t 煤粉的剧烈燃烧，炉气温度达到 1750～2000℃，物料温度达到 1450℃，此时废物中有机污染物被完全分解氧化，无机物也呈熔融状态，一些重金属元素通过液相反应占据到水泥半成品—熟料组分的晶格中，经急冷后被完全固化，焚烧过程中产生的 SO_2 等酸性气体在水泥回转窑内被碱性物料所中和，气化的重金属吸附在烟尘上，随着气流，大部分烟尘随预热器中的物料返回窑中，少部分烟气经增湿塔迅速降温降尘，出塔后又进入大布袋收尘器彻底除尘，收集下的尘（回灰）用输送带传送，与生料混合，再进入水泥窑烧制成水泥。

427. 医疗废弃物的定义及来源？

医疗废弃物是指在对人和动物诊断、化验、处置、疾病预防等医疗活动和研究过程中产生的固态和液态废物。根据国家制定的医疗废弃物名录，包括医院临床废弃物、医药废弃物以及废旧药品三大类。主要是传染性废物、病理废物、利器废物、制药废物、基因污染物、化学品废物和放射性废物等。在《国家危险废物名录》（1998 年 7 月 1 日实施）公布的 47 种危险废物中，医疗废弃物被列在首位。表 7-6 列出医疗废弃物的组成和来源。表 7-7 列出了医疗废弃物主要的物理组成。医疗废弃物是所有危险废弃物中最危险的一类，具有极强的传染性、生物病毒性和腐蚀性，排放管理不严或处理不当，会造成对水体、大气土壤的污染及对人体的直接危害。

表 7-6　医疗废弃物的组成与来源

编号	废弃物类别	废弃物来源	常见废弃物名称
HW01	医院临床废弃物	从医院、医疗中心和诊所的医疗服务中产生的临床废弃物； 手术、包扎残余物； 生物培养、动物试验残余物； 化验检查残余物； 传染性废弃物； 废水处理污泥	手术废弃物，敷料、化验废弃物，传染性废弃物，动物试验废弃物
HW02	医药废弃物	医用药品生产制作过程中产生的废弃物，包括兽药产品（不含中药类废弃物）； 蒸馏及反应残余物； 高浓度母液及反应基或培养基废弃物； 脱色过滤（包括载体）物； 废弃的吸附剂、催化剂、溶剂； 生产中产生的报废药品及过期原料	废抗菌药、甾类药、抗组织胺类药、镇痛药、心血管药、神经系统药、杂药、基因类废弃物

编号	废弃物类别	废弃物来源	常见废弃物名称
HW03	废药物、废药品	过期、报废的无标签的及多种混杂的药物、药品（不包括 HW01，HW02 类中的废药品）； 生产中产生的报废药品（包括药品废原料和中间体反应物）； 科研、监测、学校、医疗单位、化验室等积压或报废的药品（物）； 经营部门过期的报废药品（物）	废化学试剂，废药品，废药物

表 7-7　医疗废弃物的物理组成

有机物含量（%）						无机物含量（%）			其他（%）
脏器	棉签	纸类	织物	塑料	合计	玻璃	金属	合计	其他
0.05	9.36	22.08	11.53	17.91	60.93	26.66	3.70	30.36	8.71

428. 医疗废物的主要处置方式有哪些？

目前国际上处理医疗垃圾的主要方法有：焚烧、等离子体、微波辐射、高压灭菌、化学处理、高温分解和电弧炉等方法处理处置医疗废物。

表 7-8　各种医疗废弃物的处理技术

类别	原理	优缺点
等离子体	使废弃物高温下发生裂解	工作温度高于 1600℃，燃气量低，占用体积小，投资和运营成本高
热力焚烧炉处理（焚烧、热解、气化）	高温热力减容处理	无应用限制，可处理药物，减少废弃物体积，处理不同密度废弃物，处理设备规格齐全，可进行能量回收。
高压蒸汽消毒	水蒸气消毒，在 121℃下停留 30min	当废弃物中含有毒气体时会产生危害，占地面积小，适于处理低密度废弃物和低浓度废液。
化学处理法	向废弃物中加入液氯，碾压废弃物以减小体积（可减压至 90%）	废弃物质量无降低，适于处理液态废弃物，需要应用烘干机和 HEPA 滤膜，要求水蒸气气化室密闭。
电热放射法	放射热解过程	利用常压电，无须水蒸气，在残余废弃物中无余热，处理成本高，对操作要求高。
微波消毒法	把废弃物置于微波中加热到 95~100℃ 消毒	操作产生的噪声低，用水量低，某些废弃物不能被微波加热，要求隔离废弃物。

429. 干法焚烧医疗废弃物的工艺流程图？

利用水泥窑对医疗废物进行无害化处理，可以彻底分解有机物，固化重金属，无剩余灰渣；负压燃烧系统，无二次污染。垃圾中的可燃物燃烧时放热，节约原燃料，减少燃烧产生的 CO_2，降低温室效应。下面介绍一种水泥窑协助处置医疗废物的工艺流程，如图 7-5 所示。

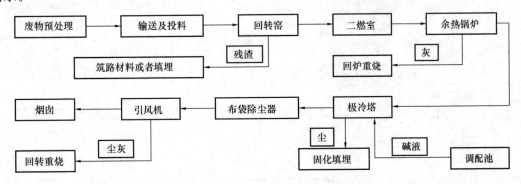

图 7-5　干法窑焚烧医疗废弃物的工艺流程图

430. 水泥窑协同处置的农药种类有哪些？

作为农业大国，我国每年的农药需求量巨大，农药产量超过 100×10^4 t，使用量超过 30×10^4 t，每年使用的农药包装物（瓶、箱和袋）约为 $30 \times 10^8 \sim 40 \times 10^8$ 个，农药废物的回收和处置管理相当繁重。湖北华新水泥厂利用水泥窑协同处置农药，在湖北全省范围内共收集 128t 废农药，其中 50% 甲基对硫磷、辛硫磷、甲胺磷、稻虫快克、菌病克和毒鼠强为禁用高毒农药，其他为废农药。废农药名称及主要化学成分见表 7-9。

表 7-9　主要废农药

序号	名称	状态	性质及主要成分
1	50%甲基对硫磷	油状	50%甲基对硫磷
2	辛硫磷	油状	辛硫磷
3	甲胺磷	液状	甲胺磷
4	高效氯氰菊酯	油状	对外消旋体混合物，其顺反比约为 2:3
5	沃尔收	液状	生物活性复钾
6	稻虫快克	液状	乙酸甲胺磷
7	螟杀	粉状	乙基二硫代焦磷酸酯
8	菌病克	粉状	75%甲基硫菌灵
9	棉花死苗 1+1	液状	BYM菌剂，生化FVA，氨基酸及多种无机营养元素
10	水稻一招灵	粉状	25%乙草胺和苄嘧磺隆
11	精克草星	粉状	25%三苯基乙酸锡
12	毒鼠强	粉状	20%~50%四亚甲基二砜四氨
13	杀虫脒	液状	N'-(2甲基4氯苯基)-N,N-二甲基甲脒

431. 利用水泥窑协同处置废弃的农药工艺流程是什么？

废弃的农药属于危险废弃物，进入水泥厂的废农药先要经过预处理，主要步骤为将液态与固态农药分开,拆除液态农药包装,并倒入 IBC 储存罐中,以便在厂内安全运输以及废农药的注入。预处理流程如图 7-6 所示。

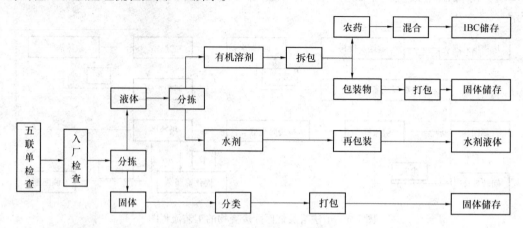

图 7-6 非农药预处理工艺流程图

装有废农药的 IBC 储存罐运至窑头位置后,与储存罐相连接,经高压泵打入回转窑内进行焚烧,处置流程图如图 7-7 所示。

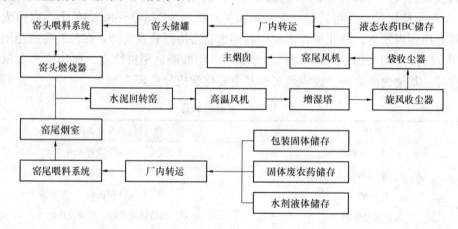

图 7-7 非农药预处理工艺流程图

432. 什么是废弃滴滴涕农药?

滴滴涕农药属于有机氯农药,主要有效成分为 p,p'-DDT(简称 DDT)。DDT,中文命名为 2,2-双(对氯苯基)-1,1,1-三氯乙烷,属于持久性有机污染物(Persistent Organic Pollutants,以下简称 POPs),具有生物毒性特征,同时,滴滴涕农药中还含有同样具有生物毒性的 DDT 衍生物,以 o,p'-DDT、p,p'-DDD 和 p,p'-DDE 为主,一般统称 DDT 及其衍生物为 DDTs。

表 7-10 滴滴涕杀虫剂成分

项目	o,p'-DDT	DDT	p,p-DDE	p,p-DDD	乳油	可湿粉	含水率	杂质
含量(%)	8.15	26.15	0.21	1.12	10.27	51.23	0.45	2.42

表 7-11　滴滴涕杀虫剂物理性质

高位定容发热	比重	烧失率	焚烧残渣主要成分
7650kJ/kg	$1.424 \times 10^3 kg/m^3$	74.22%	$CaCl_2 \cdot 2H_2O$、$CaCl_2$

滴滴涕 DDT 是广泛使用的持久性有机污染物（POPs）杀虫剂，其可通过食物、呼吸或经皮吸入体内，导致头痛、腹泻、抽搐等反应，长期摄入可致癌。DDT 废物是我国 POPs 废物的重要组成部分，主要存在于农业、林业和卫生防疫领域，以及历史上曾经生产过 DDT 和用 DDT 作为生产原料的生产企业中，因此，妥善处置该类历史堆存的 POPs 废物可有效消减环境污染风险。统计显示，我国迄今已累计生产 46.4 万 t DDT 废物，在生产和流通使用过程中遗留了数万吨的 POPs 废物和污染的土壤等。DDT 废物具有高毒性、难降解、处置难度大、成本高等特点。

433. 水泥窑协同处置滴滴涕（DDT）的工艺是什么？

下面介绍一种水泥窑协同处置 DDT 的工艺图，DDT 废物处置试验采用的水泥窑为新型干法回转窑，规模为 2700t/d（以熟料计）。由 5 级预热塔、回转窑和熟料冷却塔等部分构成。回转窑规格为 0.6m×51m。在水泥窑的窑尾烟室处设置了采用双层隔板密闭的废物投料口。新型干法水泥窑协同处置 DDT 废物的窑体结构与主要温度分布如图 7-8 所示。

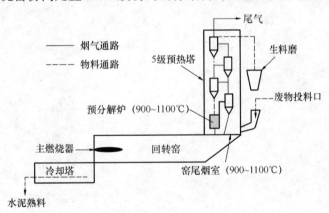

图 7-8　新型干法水泥窑协同处置 DDT 废物示意图

第八章
污染土壤水泥窑协同处置技术

第一节　污染土壤概述

434. 什么是污染场地？

污染场地，指因堆积、储存、处理、处置或其他方式（如迁移）承载了有害物质的，对人体健康和环境产生危害或具有潜在风险的空间区域。具体来说，污染场地是该空间区域中有害物质的承载体。

435. 污染场地的环境要素包括哪些？

污染场地的环境要素包括场地土壤、场地地下水、场地地表水、场地环境空气、场地残余废弃污染物如生产设备和建筑物等。

436. 我国污染场地是如何产生的？

中国的污染场地主要由历史上一批老工业企业产生。由于历史上缺乏必要的城市规划，中国很多工业企业位于城市中心区内。20 世纪 90 年代以来，中国社会经济发展迅速，城市化进程加快，产业结构调整深化，导致土地资源紧缺，许多城市开始将主城区的工业企业迁移出城，即所谓的"退二进三"，由此产生大量存在环境风险的场地（国外又称为"棕地"）。这些污染场地的存在带来了双重问题：一方面是环境和健康风险，另一方面是阻碍了城市建设和经济发展。

437. 中国污染场地大致可分哪几类？

按照主要污染物的类型来划分，中国污染场地大致可分为以下几类：

（1）重金属污染场地。主要来自钢铁冶炼企业、尾矿，以及化工行业固体废弃物的堆存场，代表性的污染物包括砷、铅、镉、铬等。

（2）持久性有机污染物（Persistent organic pollutants，POPs）污染场地。中国曾经生产和广泛使用过的杀虫剂类 POPs 主要有滴滴涕、六氯苯、氯丹及灭蚁灵等，有些农药尽管已经禁用多年，但土壤中仍有残留。中国农药类 POPs 场地较多。此外，还有其他 POPs 污染场地，如含多氯联苯（PCBs）的电力设备的封存和拆解场地等。

（3）以有机污染为主的石油、化工、焦化等污染场地。污染物以有机溶剂类，如苯系物、卤代烃为代表。也常含符合有其他污染物，如重金属等。

（4）电子废弃物污染场地等。粗放式的电子废弃物处置会对人群健康构成威胁。这类场地污染物以重金属和 POPs（主要是溴代阻燃剂和二噁英类剧毒物质）为主要污染特征。

438. 简述中国污染场地的修复进程？

中国在快速城市化和污染土地开发过程中，发生了一些严重的污染事件。其中有些事件经过媒体报道，引起了公众的广泛关注。例如，2004 年北京市宋家庄地铁工程施工工人的中毒事件，成为中国重视工业污染场地的环境修复与再开发的开端。

该事件后，环境保护部于 2004 年 6 月 1 日印发了《关于切实做好企业搬迁过程中环境污染防治工作的通知》（环办 ［2004］ 47 号），要求关闭或破产企业在结束原有生产经营活动，改变原土地使用性质时，必须对原址土地进行调查监测，报环保部门审查，并制定土壤功能修复实施方案。对于已经开发和正在开发的外迁工业区域，要对施工范围内的污染源进行调查，确定清理工作计划和土壤功能恢复实施方案，尽快消除土壤环境污染。

实际上，改革开放以来，来华投资的企业大多都采用美国的场地环境调查与评价技术规范，对其购入的企业或土地进行场地环境调查与评价，以识别场地环境状况，规避污染责任。主要参考国外的标准体系，如荷兰、美国和加拿大等。自 2004 年宋家庄地铁事件之后，中国的环境保护研究机构在各地开始涉足污染场地领域的研究与实践。并根据污染场地开发利用过程中环境管理和土壤修复的需要，分别制定出台了相关的地方法规和配套技术标准。

国家政策层面来看，2008 年 6 月，环境保护部发布《关于加强土壤污染防治工作的意见》，该意见提出了中国土壤污染的重大问题、政府的具体要求、实施方案以及相应的行动措施。提出的行动方案包括：全面完成土壤污染状况调查；初步建立土壤环境监测网络；编制完成国家和地方土壤污染防治规划，初步构建土壤污染防治的政策法律法规等管理体系框架。

2008 年环境保护部提出了到 2015 年中国土壤污染防治的主要目标。

2012 年国家"十二五"规划，也再提加强土壤环境保护，并首次提到污染场地一词。具体如下：

（1）研究建立建设项目用地土壤环境质量评估与备案制度及污染土壤调查、评估和修复制度，明确治理、修复的责任主体和要求。开展农产品产地土壤污染评估与安全等级划分试点。

（2）加强城市和工矿企业污染场地环境监管，开展污染场地再利用的环境风险评估，将场地环境风险评估纳入建设项目环境影响评价，禁止未经评估和无害化治理的污染场地进行土地流转和开发利用。经评估认定对人体健康有严重影响的污染场地，应采取措施防止污染扩散，且不得用于住宅开发，对已有居民要实施搬迁。

（3）以大中城市周边、重污染工矿企业、集中治污设施周边、重金属污染防治重点区域、饮用水水源地周边、废弃物堆存场地等典型污染场地和受污染农田为重点，开展污染场地、土壤污染治理与修复试点示范。对责任主体灭失等历史遗留场地土壤污染要加大治理修复的投入力度。

在污染场地标准方面，中国可参照的有关标准有 1995 年颁布了《土壤环境质量标准》（GB 15618—1995），1993 年颁布的《地下水质量标准》（GB/T 14848—93），2004 年颁布了《土壤环境监测技术规范》（HJ/T 166—2004），2007 年颁布的《展览会用地土壤环境质量评价标准（暂行）》（HJ 350—2007）等。这些标准有的已经严重滞后于实践，有的不是专门针对污染场地。这使中国的场地环境评价和修复工作陷入被动状态。对于测试方法，也存在两个方面的问题：一是没有国标方法，这将导致测试方法在引用和使用上带来的困难和结果的差异；二是某些测试方法不能满足当前场地评价的要求。

当然，自 2004 年前后，国内研究院所开始配合城市规划进行场地评价工作以来，经过多年的实践和总结，中国逐渐形成了独立的场地评价标准体系。中国的场地评价已经从借鉴学习阶段进入自主研发和系统化的阶段。2009 年，中国的场地环境保护系列标准陆续完成，进入征求意见阶段。这些标准包括《场地环境调查技术规范》《场地环境监测技术导则》

《污染场地土壤修复技术导则》和《污染场地风险评估技术导则》。

439. 从环保角度来看，污染场地修复包括哪几方面的内容？

环境保护的角度来分析，污染场地的管理主要包括以下几方面内容。

（1）场地环境调查。场地环境调查即采用系统的调查方法，确定场地是否被污染及污染程度和范围的过程。一般可以包括三个阶段。

第一阶段是以资料收集、现场踏勘和人员访谈为主的污染识别阶段。若第一阶段调查确认场地内及周围区域当前和历史上均无化工厂、农药厂、加油站、化学品储罐等可能的污染源，则场地环境调查活动可以结束。若第一阶段的调查表明场地内或周围区域存在可能的污染源，则需进行第二阶段场地环境调查，确定污染种类、程度和范围。

第二阶段场地环境调查是以采样与分析为主的污染证实阶段。若第二阶段场地环境调查的结果表明，场地的环境状况能够接受，则场地环境调查活动可以结束。若第二阶段调查确认污染事实，需要进行风险评估或污染修复时，则要进行第三阶段场地环境调查。

第三阶段场地环境调查以补充采样和测试为主，满足风险评估和土壤及地下水修复过程所需参数。

（2）污染场地风险评估。污染场地风险评估即评估场地污染土壤和浅层地下水通过不同暴露途径，对人体健康产生危害的概率。

污染场地风险评估首先是根据场地环境调查和场地规划来确定污染物的空间分布和可能的敏感受体。在此基础上进行暴露评估和毒性评估，分别计算敏感人群摄入的来自土壤和地下水的污染物所对应的土壤和地下水的暴露量，以及所关注污染的毒性参数。然后，在暴露评估和毒性评估的工作基础上，采用风险评估模型计算单一污染物经单一暴露途径的风险值、单一污染物经所有暴露途径的风险值、所有污染物经所有暴露途径的风险值，进行不确定分析，并根据需要进行风险的空间表征。

风险空间表征就是计算包括单一污染物的致癌风险值、所有关注污染物的总致癌风险值、单一污染物的危害商（非致癌风险值）和多个关注污染物的危害指数（非致癌风险值）。判断计算得到的风险值是否超过可接受风险水平。如污染场地风险评估结果未超过可接受风险，则结束风险评估工作；如污染场地风险评估结果超过可接受风险水平，则计算关注污染物基于致癌风险的修复限值和/或基于非致癌风险的修复限值。

（3）污染场地土壤修复。首先根据场地调查和风险评估，确定预修复目标。确定修复目标可达后，则应结合场地的特征条件，从修复成本、资源需求、安全健康环境、时间等方面，通过矩阵评分法详细分析备选技术的经济、技术可行性和环境可接受性，筛选和评价修复技术，确定最佳修复技术。然后通过可行性试验确定修复技术工艺参数，制定修复技术方案。在对场地进行修复的过程中，可以根据场地调查结果和修复技术的要求制定修复监测计划。

440. 什么是土壤污染？

土壤污染是指进入土壤中的有害、有毒物质超出土壤的自净能力，导致土壤的物理、化学和生物学性质发生改变降低农作物的产量和质量，并危害人体健康的现象。污染使土壤生物种群发生变化，直接影响土壤生态系统的结构与功能，导致生产能力退化，并最终对生态安全和人类生命健康构成威胁。因其缓慢性和隐蔽性，被称为"看不见的污染"。

441. 土壤中的污染物来源有哪些？

土壤中的污染物来源主要有：三废、大气沉降、使用化肥、喷洒农药及固体废物堆放等五个主要方面。

（一）三废对土壤的污染

大气中的二氧化硫、氮氧化合物等随着雨水降落到地面上，引起土壤的酸化；生活污水或工业废水灌溉，使土壤受到重金属、无机物和病原体的污染；固体废物的堆放，除占用土地外，还恶化周围环境，污染地面水和地下水，传染疾病。据统计，我国因工业"三废"污染的农田近 700 万 hm^2，使粮食每年减产 100 亿 kg。

（二）化肥对土壤的污染

施用化肥是农业增产的重要措施，但不合理的使用，也会引起土壤污染。长期大量使用氮肥，会破坏土壤结构，造成土壤板结，生物学性质恶化，影响农作物的产量和质量。过量地使用硝态氮肥，会使饲料作物含有过多的硝酸盐，妨碍牲畜体内氧的输送，使其患病，严重的导致死亡。

人们已注意到过量施用化肥带来的环境问题，特别是硝酸盐的累积问题。20 世纪 90 年代，全世界氮肥使用量为 800 万 t 氮，其中我国用量达 1726t 氮，占世界用量的 21.6%，我国耕地平均施用化肥氮量为 224.8kg/hm^2，其中有 17 个省的平均施用量超过了国际公认的上限 225kg/hm^2，有四个省达到了 400kg/hm^2。

（三）农药对土壤的影响

农药能防治病、虫、草害，如果使用得当，可保证作物的增产，但它是一类危害性很大的土壤污染物，施用不当，会引起土壤污染。

喷施于作物体上的农药（粉剂、水剂、乳液等），除部分被植物吸收或逸入大气外，约有一半左右散落于农田，这一部分农药与直接施用于田间的农药（如拌种消毒剂、地下害虫熏蒸剂和杀虫剂等）构成农田土壤中农药的基本来源。农作物从土壤中吸收农药，在根、茎、叶、果实和种子中积累，通过食物、饲料危害人体和牲畜的健康。此外，农药在杀虫、防病的同时，也使有益于农业的微生物、昆虫、鸟类遭到伤害，破坏了生态系统，使农作物遭受间接损失。

我国农药总施用量达 131.2 万 t，平均施用量比发达国家高出一倍，特别是随着种植结构的改制，蔬菜和瓜果的播种面积大幅度增长，这些作物的农药用量可超过 100kg/hm^2，甚至高达 219kg/hm^2，较粮食作物高出 1~2 倍。农药施用后在土壤中的残留量为 50%～60%，已经长期停用的六六六、滴滴涕目前在土壤中的可检出率仍然很高。

（四）固体废物对土壤的污染

污泥、城市垃圾堆放场所造成大面积的土壤污染。此外，污泥中含有丰富的氮、磷、钾等植物营养元素，常被用做肥料。但由于污泥的来源不同，一些有工业废水的污水中，常含有某些有害物质，如大量使用或利用不当，会造成土壤污染，使作物中的有害成分增加，影响其食用安全。各种农用塑料薄膜作为大棚、地膜覆盖物被广泛使用，如果管理、回收不善，大量残膜碎片散落田间，会造成农田"白色污染"。这样的固体污染物既不易蒸发、挥发，也不易被土壤微生物分解，是一种长期滞留土壤的污染物。不合格的畜禽类粪便肥料也成了造成土壤污染的罪魁祸首。由于畜禽饲料中添加铜、铅等微量元素、动物生长激素，使得许多未被畜禽吸收的微量元素和有机污染物随粪便排出体外，污染土壤环境。弃漏的化学药品，如硝酸盐、硫酸盐、氧化物，还有多环芳烃、多氯联苯、酚等也是常见的污染物。这些污染物很难降解，多数是致癌物质，易造成长期潜在的危险。含有重金属的工业废弃物，在酸雨的淋溶下进入土壤。重金属污染物以可溶性与不溶性颗粒存在，如镉、汞、铬、铜、锌、铅、镍、砷等，土壤中的铬可被植物吸收而得到的富集。我国重金属污染的土壤面积达2000 万 hm^2，占总耕地面积的 1/60。

442. 进入土壤中的污染物去向有哪些？

进入土壤的污染物，因其类型和性质的不同而主要有固定、挥发、降解、流散和淋溶等不同去向。重金属离子，主要是能使土壤无机和有机胶体发生稳定吸附的离子，包括与氧化物专性吸附和与胡敏素紧密结合的离子，以及土壤溶液化学平衡中产生的难溶性金属氢氧化物、碳酸盐和硫化物等，将大部分被固定在土壤中而难以排除；虽然一些化学反应能缓和其毒害作用，但仍是对土壤环境的潜在威胁。化学农药的归宿，主要是通过气态挥发、化学降解、光化学降解和生物降解而最终从土壤中消失，其挥发作用的强弱主要取决于自身的溶解度和蒸气压，以及土壤的温度、湿度和结构状况。例如，大部分除草剂均能发生光化学降解，一部分农药（有机磷等）能在土壤中产生化学降解；使用的农药多为有机化合物，故也可产生生物降解。即土壤微生物在以农药中的碳素作能源的同时，就已破坏了农药的化学结构，导致脱烃、脱卤、水解和芳环烃基化等化学反应的发生而使农药降解。土壤中的重金属和农药都可随地面径流或土壤侵蚀而部分流失，引起污染物的扩散；作物收获物中的重金属和农药残留物也会向外环境转移，即通过食物链进入家畜和人体等。施入土壤中过剩的氮肥，在土壤的氧化还原反应中分别形成氮氧化物和氨气。前两者易于淋溶而污染地下水，后两者易于挥发而造成氮素损失并污染大气。

443. 土壤污染的特点有哪些？

（1）首先，土壤污染具有隐蔽性和滞后性。大气污染、水污染和废弃物污染等问题一般都比较直观，通过感官就能发现。而土壤污染则不同，它往往要通过对土壤样品进行分析化验和农作物的残留检测，甚至通过研究对人畜健康状况的影响才能确定。因此，土壤污染从产生污染到出现问题通常会滞后较长的时间。如日本的"痛痛病"经过了 10～20 年之后才被人们所认识。

（2）累积性。污染物质在大气和水体中，一般都比在土壤中更容易迁移。这使得污染物质在土壤中并不像在大气和水体中那样容易扩散和稀释，因此容易在土壤中不断积累而超标，同时也使土壤污染具有很强的地域性。

（3）不可逆转性。重金属对土壤的污染基本上是一个不可逆转的过程，许多有机化学物质的污染也需要较长的时间才能降解。譬如：被某些重金属污染的土壤可能要 100～200 年时间才能够恢复。

（4）难恢复。如果大气和水体受到污染，切断污染源之后通过稀释作用和自净化作用也有可能使污染问题不断逆转，但是积累在污染土壤中的难降解污染物则很难靠稀释作用和自净化作用来消除。

土壤污染一旦发生，仅仅依靠切断污染源的方法则往往很难恢复，积累在污染土壤中的难降解污染物很难靠稀释作用和自净化作用来消除，有时要靠换土、淋洗土壤等方法才能解决问题，其他治理技术可能见效较慢。因此，治理污染土壤通常成本较高，治理周期较长。

444. 土壤污染发生的基本过程包括哪几个阶段？

土壤污染发生的基本过程包括接触阶段、反应阶段、污染中毒阶段和恢复阶段四个阶段。

（1）接触阶段。污染物进入土壤的初始阶段，主要的接触形式有三种：

① 气型接触的污染：工业活动中的烟尘和废气排放物，首先污染大气，然后沉降到地表和土壤，以及汽车尾气的排放、农业农药的使用等。

② 水型接触的污染：工业污水、生活污水排出以后，通过灌溉农田而污染土壤，以及随着雨水、农药液相进入土壤后造成的污染。

③ 固体型接触的污染：工业废弃物、污泥、垃圾和放射性污染物等进入土壤后，均可造成土壤的接触污染。

（2）反应阶段。以不同途径进入土壤中的污染物经过吸附—解吸、沉淀—溶解、氧化—还原、络合—解离、降解和积累放大等一系列的化学过程，参与土壤系统功能的表达，影响土壤的原始平衡，污染物作用过程在改变土壤物理化学性质的同时，本身的形态、毒性、浓度等性质也发生相应的变化，污染物与土壤有机质及其他组分之间的相互作用，在影响各个子系统的正常代谢过程中改变了土壤生态系统整体平衡发展的趋势。

（3）污染中毒阶段。污染物进入土壤并参与到土壤各个组分之间的物理化学反应当中，使土壤及其中的生命组分发生急性中毒或慢性中毒。土壤的急性中毒可以通过生长于其中的动植物和微生物的代谢能力、种群数量和生物量等不同指标直接予以反应。急性中毒的土壤往往可以造成土壤中的动植物和微生物数量急剧下降，使农业产品的生物学质量不断恶化。大多数土壤污染都是慢性中毒的生物过程。鉴于土壤特殊的理化性状和自净能力，使土壤污染具有隐蔽性、长期性和难恢复性的特点。不同时间尺度内，污染物都在或大或小地影响着土壤系统功能的表达。长期慢性中毒给农产品的品质造成了很大危害。

（4）恢复阶段。急性中毒土壤一般很难通过自身作用恢复其初始的健康功能，只有借助人为的力量才能恢复正常的功能表达。慢性中毒的土壤，依据污染物的不同性质，其自身的恢复有不同的结果。对于一些容易降解的污染物，其毒性将随着时间的延长而逐渐降低甚至消失，受到污染的土壤将通过一定时间后将恢复期原有的功能。而对于一些难降解的污染物，如重金属污染的土壤，由于重金属在土壤中不易降解，长期污染容易造成重金属的累积和放大，危害土壤健康，造成土壤产出下降。

445. 简述人类因土壤污染而遭受的危害？

人类因土壤污染而遭受的危害主要有：

（1）土壤污染使本来就紧张的耕地资源更加短缺；

（2）土壤污染给农业发展带来很大的不利影响；

（3）土壤污染中的污染物具有迁移性和滞留性，有可能继续造成新的土地污染；

（4）土壤污染严重危及后代子孙的利益，不利于经济的可持续发展；

（5）土壤污染造成严重的经济损失；

（6）土壤污染给人民的身体健康带来极大的威胁；

（7）土壤污染也是造成其他污染的重要原因。

446. 简述我国土壤污染现状？

据统计，全国至少有 1300 万～1600 万 hm² 耕地受到农药污染。每年，因土壤污染而造成的各种农业经济损失合计约 200 亿元。土壤污染不仅严重影响了土壤质量和土地生产力，而且还导致水体和大气环境质量的下降，破坏农业可持续发展。

447. 从技术层面上讲，土壤污染的修复技术有哪几大类？

从技术层面上讲，近年来，世界各国的环保专家和生物学家通过研究，提出的土壤污染修复技术有：生物修复技术、物理修复技术、化学修复技术及联合修复技术等。其中：生物修复技术包括植物修复、微生物修复、生物联合修复等；物理修复技术包括热脱附、微波加热和蒸气浸提等；化学修复技术包括土壤固化-稳定化技术、淋洗技术、氧化还原技术、光催化降解技术和电动力学修复等；联合修复技术包括微生物/动物-植物联合修复技术、化学/物化-生物联合修复技术、物理-化学联合修复技术等。

448. 植物修复技术适用于哪些污染土壤？

植物修复技术就是以植物忍耐和超量累计某种或某些化学元素的理论为基础，利用植物及其共存微生物体系清除环境中的污染物的环境治理技术。

植物修复技术包括利用植物超积累或积累性功能的植物吸取修复、利用植物根系控制污染扩散和恢复生态功能的植物稳定修复、利用植物代谢功能的植物降解修复、利用植物转化功能的植物挥发修复、利用植物根系吸附的植物过滤修复等技术。

可被植物修复的污染物有重金属、农药、石油和持久性有机污染物、炸药、放射性核素等。其中，重金属污染土壤的植物吸取修复技术在国内外都得到了广泛研究，已经应用于砷、镉、铜、锌、镍、铅等重金属以及与多环芳烃复合污染土壤的修复，并发展出包括络合诱导强化修复、不同植物套作联合修复、修复后植物处理处置的成套集成技术。这种技术的应用关键在于筛选具有高产和高去污能力的植物，摸清植物对土壤条件和生态环境的适应性。近年来，中国在重金属污染农田土壤的植物吸取修复技术应用方面在一定程度上开始引领国际前沿研究方向。但是，虽然开展了利用苜蓿、黑麦草等植物修复多环芳烃、多氯联苯和石油烃的研究工作，但是有机污染土壤的植物修复技术的田间研究还很少，对炸药、放射性核素污染土壤的植物修复研究则更少。

449. 微生物修复技术适用于哪些污染土壤？

微生物能以有机污染物为碳源和能源或者与其他有机物质进行共代谢而降解有机污染物。利用微生物降解作用发展的微生物修复技术是农田土壤污染修复中常见的一种修复技术。这种生物修复技术已在农药或石油污染土壤中得到应用。在中国，已构建了农药高效降解菌筛选技术、微生物修复剂制备技术和农药残留微生物降解田间应用技术；也筛选了大量的石油烃降解菌，复配了多种微生物修复菌剂，研制了生物修复预制床和生物泥浆反应器，提出了生物修复模式。近年来，开展了有机砷和持久性有机污染物如多氯联苯和多环芳烃污染土壤的微生物修复技术工作。分离到能将PAHs作为唯一碳源的微生物如假单胞菌属、黄杆菌属等，以及可以通过共代谢方式对4环以上PAHs加以降解的如白腐菌等。建立了菌根真菌强化紫花苜蓿根际修复多环芳烃的技术和污染农田土壤的固氮植物-根瘤菌-菌根真菌联合生物修复技术。总体上，微生物修复研究工作主要体现在筛选和驯化特异性高效降解微生物菌株，提高功能微生物在土壤中的活性、寿命和安全性，修复过程参数的优化和养分、温度、湿度等关键因子的调控等方面。微生物固定化技术因能保障功能微生物在农田土壤条件下种群与数量的稳定性和显著提高修复效率而受到青睐。通过添加菌剂和优化作用条件发展起来的场地污染土壤原位、异位微生物修复技术有：生物堆沤技术、生物预制床技术、生物通风技术和生物耕作技术等。运用连续式或非连续式生物反应器、添加生物表面活性剂和优化环境条件等可提高微生物修复过程的可控性和高效性。

450. 微生物修复技术的特点是什么？

植物-微生物联合修复技术是利用土壤-植物-微生物组成的复合体系来共同降解污染物，清除环境污染物的一种环境污染治理技术。植物生长时，通过根系提供了微生物旺盛的生活场所，反过来，微生物的旺盛生长，增强了对污染物的降解，促使植物有更加优越的生长空间，这样的植物-微生物联合体系就促进了污染物的快速降解、矿化。植物-微生物联合修复技术是生物修复研究的新领域，由于其具有利用太阳能作驱动力、能量消耗少、费用低廉、对环境的破坏小、可适用于大面积的污染治理等优点而受到广泛的关注。

451. 热脱附修复技术适用于哪些污染土壤？

热脱附是利用热处理将有机污染物从土壤中去除或分离的技术，是应用于工业企业场地有机污染土壤的主要物理修复技术。热脱附是用直接或间接的热交换，加热土壤中有机污染组分到足够高的温度，使其蒸发并与土壤介质相分离的过程。热脱附技术具有污染物处理范围宽、设备可移动、修复后土壤可再利用等优点，特别对PCBs这类含氯有机物，非氧化燃烧的处理方式可以显著减少二恶英生成。目前欧美国家已将土壤热脱附技术工程化，广泛应用于高污染的场地有机污染土壤的离位或原位修复，但是诸如相关设备价格昂贵、脱附时间过长、处理成本过高等问题尚未得到很好解决，限制了热脱附技术在持久性有机污染土壤修复中的应用。发展不同污染类型土壤的前处理和脱附废气处理等技术，优化工艺并研发相关的自动化成套设备正是共同努力的方向。

452. 污染土热解析处理有哪几种方式？

热脱附是一种物理分离过程，通过加热使污染物变为气体从废物中分离出来，通过真空系统或载气将挥发出的有机污染物送入尾气处理系统。如果尾气中存在粉尘，先用除尘装置除尘后经活性炭吸附或冷凝回收或经二次燃烧室或接触性催化氧化分解。加热系统分为三种，一种是无燃料的间接加热方式，如电热板；一种有燃料的加热方式，其又分为直接加热与间接加热两种。两种的区别是燃料燃烧的气体是否与挥发出的气体混合，两者混合为直接加热。根据热脱附装置的运行温度，热脱附过程分为高温热脱附（320～560℃）与低温热脱附（90～320℃）两种。

 453. 污染土热解析处理的应用现状如何？

在诸多的污染土壤物理化学修复技术中，热脱附技术由于具有适用范围广、成本低和不破坏土壤结构等优点，成为最有发展前景的土壤修复技术之一。热脱附技术是修复易挥发性有机物污染土壤的理想方法，同时对半挥发性有机物污染土壤的修复也有较高的修复效果。

近年来，热脱附技术已广泛用于挥发性有机污染物、半挥发性有机污染物及汞污染土壤的修复。涉及的工程技术包括原位热毯修复、原位热井修复、异位流化床热脱附修复和异位回转窑热脱附修复。

 454. 蒸气浸提修复技术适用于哪些污染土壤？

土壤蒸气浸提（简称SVE）技术是去除土壤中挥发性有机污染物（VOCs）的一种原位修复技术。它将新鲜空气通过注射井注入污染区域，利用真空泵产生负压，空气流经污染区域时，解吸并夹带土壤孔隙中的VOCs经由抽取井流回地上；抽取出的气体在地上经过活性炭吸附法以及生物处理法等净化处理，可排放到大气或重新注入地下循环使用。SVE具有成本低、可操作性强、可采用标准设备、处理有机物的范围宽、不破坏土壤结构和不引起二次污染等优点。苯系物等轻组分石油烃类污染物的去除率可达90%。深入研究土壤多组分VOCs的传质机理，精确计算气体流量和流速，解决气提过程中的拖尾效应，降低尾气净化成本，提高污染物去除效率，是优化土壤蒸汽浸提技术的需要。

 455. 固化—稳定化技术修复技术适用于哪些污染土壤？

固化—稳定化技术是将污染物在污染介质中固定，使其处于长期稳定状态，是较普遍应用于土壤重金属污染的快速控制修复方法，对同时处理多种重金属复合污染土壤具有明显的优势。美国环保署将固化/稳定化技术称为处理有害有毒废物的最佳技术。中国一些冶炼企业场地重金属污染土壤和铬渣清理后的堆场污染土壤也采用了这种技术。国际上已有利用水泥固化—稳定化处理有机与无机污染土壤的报道。

根据EPA的定义，固化和稳定化具有不同的含义。固定化技术是将污染物囊封入惰性基材中，或在污染物外面加上低渗透性材料，通过减少污染物暴露的淋滤面积达到限制污染物迁移的目的；稳定化是指从污染物的有效性出发，通过形态转化，将污染物转化为不易溶解、迁移能力或毒性更小的形式来实现无害化，以降低其对生态系统的危害风险。固化产物可以方便地进行运输，而无需任何辅助容器；而稳定化不一定改变污染土壤的物理性状。

固化技术具有工艺操作简单、价格低廉、固化剂易得等优点，但常规固化技术也具有土体增加，固化体的长期稳定性较差等缺点。而稳定化技术则可以克服这一问题，如近年来发展的化学药剂稳定化技术，可以在实现废物无害化的同时，达到废物少增容或不增容，从而提高危险废物处理处置系统的总体效率和经济性；还可以通过改进螯合剂的结构和性能使其与废物中的重金属等成分之间的化学螯合作用得到强化，进而提高稳定化产物的长期稳定性，减少最终处置过程中稳定化产物对环境的影响。由此可见，稳定化技术有望成为土壤重金属污染修复技术领域的主力。

456. 土壤淋洗修复技术适用于哪些污染土壤？

土壤淋洗修复技术是将水或含有冲洗助剂的水溶液、酸碱溶液、络合剂或表面活性剂等淋洗剂注入污染土壤或沉积物中，洗脱和清洗土壤中的污染物的过程。淋洗的废水经处理后达标排放，处理后的土壤可以再安全利用。这种离位修复技术在多个国家已被工程化应用于修复重金属污染或多污染物混合污染介质。由于该技术需要用水，所以修复场地要求靠近水源，同时因需要处理废水而增加成本。研发高效、专性的表面增溶剂，提高修复效率，降低设备与污水处理费用，防止二次污染等依然是重要的研究课题。

457. 化学氧化—还原修复技术适用于哪些污染土壤？

土壤化学氧化—还原技术是通过向土壤中投加化学氧化剂（Fenton 试剂、臭氧、过氧化氢、高锰酸钾等）或还原剂（硫化物、铁盐、气态 H_2S 等），使其与污染物质发生化学反应来实现净化土壤的目的。通常，化学氧化法适用于土壤和地下水同时被有机物污染的修复。运用化学还原法修复对还原作用敏感的有机污染物是当前研究的热点。

458. 光催化降解修复技术适用于哪些污染土壤？

土壤光催化降解（光解）技术是一项新兴的深度土壤氧化修复技术，可应用于农药等污染土壤的修复。土壤质地、粒径、氧化铁含量、土壤水分、土壤 pH 值和土壤厚度等对光催化氧化有机污染物有明显的影响：高孔隙度的土壤中污染物迁移速率快，黏粒含量越低光解越快；自然土中氧化铁对有机物光解起着重要调控作用；有机质可以作为一种光稳定剂；土壤水分能调解吸收光带；土壤厚度影响滤光率和入射光率。

459. 电动力学修复技术适用于哪些污染土壤？

电动力学修复（简称电动修复）是通过电化学和电动力学的复合作用（电渗、电迁移和电泳等）驱动污染物富集到电极区，进行集中处理或分离的过程。电动修复技术已进入现场修复应用。近年来，中国也先后开展了铜、铬等重金属、菲和五氯酚等有机污染土壤的电动修复技术研究。电动修复速度较快、成本较低，特别适用于小范围的黏质的多种重金属污染土壤和可溶性有机物污染土壤的修复；对于不溶性有机污染物，需要化学增溶，易产生二次污染。

460. 从治理位置来分，土壤污染的修复技术有哪几大类？

根据污染物所处的治理位置不同，生物修复可分为两类：原位修复和异位修复。

原位修复是指在污染的原地点采用一定的工程措施进行；异位修复是指移动污染物到反应器内或邻近地点采用工程措施进行。

水泥窑处置污染土壤是属于异位修复技术。

461. 简述水泥窑处置污染土壤的可行性？

从水泥生产的过程看，水泥生产的原料以钙、硅化合物为主，同时需要少量的铁、铝元素，允许少量的其他杂质（非活性物质）存在。污染土壤除了含少量的污染物之外，其主要成分与水泥原料相似，因此，可成为水泥生产的部分替代原料。

水泥生产在高温条件下完成，水泥窑内气体和物料温度分别可以达到1750℃和1450℃，在此高温下，水泥窑协同处置技术对有机物的去除率一般在99.99%以上。同时有机物分解过程中产生的热能也得到利用。

水泥窑内独具的高温工艺特点可以将大部分的重金属固定在水泥熟料中，水泥窑气固相混合充分，增加了对挥发性重金属的捕获吸附，水泥窑中重金属浓度满足排放要求。

462. 适合于水泥窑协同处置的污染土壤类型有哪些？

污染土壤属于高灰分、低热值的无机废物，且含有一定量的有毒有机成分。适用于水泥窑处置的污染土壤，一般是污染浓度很高，需要做彻底处理的废物。水泥窑协同处置技术几乎可以应用于含任何污染物的土壤处置。目前水泥窑协同处置技术是化工农药厂重度污染土壤修复的主流技术。

463. 水泥窑协同处置污染土壤有哪些要求？

（1）原料要求。为了使水泥窑协同处置污染土壤过程不影响水泥产品质量，并保持水泥窑的正常运行工况，协同处置前土壤样品需要进行含量分析，分析项目大体包括：土壤主要成分、碱性物质、氯含量、重金属含量。

（2）原料尺寸要求。污染土壤粒径一般超过水泥窑常规原料的平均尺寸，粒径上的差异将导致生成的水泥熟料的强度降低，进而导致水泥产量的降低。为保证水泥生产正常进行，产品质量、产量不受影响，确定合理的替代率。

（3）受水泥生产的工艺限制，普通水泥窑必须经过工艺、设备改造，方可用于污染土壤协同处置。其中最重要的是：对污染土壤投料点进行合理设计，以确保污染物的彻底分解和尾气的达标排放。

464. 水泥窑协同处置污染土壤有哪些有点？

（1）适用范围广。水泥窑协同处置技术几乎可以应用于含任何污染物的土壤处置。

（2）没有二次污染。由于水泥窑具有烧结时间长，窑炉内充满碱性气氛等协同处置危险废物的优势，因此，利用水泥窑处置污染土不会增加烟气、地下水等二次污染排放。

（3）不需要再次处理。和其他废弃物一样，污染土壤将进入水泥窑协同处置后，成为水泥产品的一部分，不需要再次对土壤进行处理。

（4）固化时间长。经过水泥窑烧结，污染土中的重金属被固化在水泥晶格中，需要较长时间才有可能被淋溶、释放出来，比常规固化技术耐久性更强。协同处置后的成品，水泥在使用过程中的水硬特性可以将废物中残存的有限数量的有害元素固化在混凝土中，保证这些有害物质不会进入环境以及与人体接触。

（5）有机物分解彻底。水泥窑的高温环境，使得污染土壤中的主要有机物分解去除率可达99.9999%，这也是水泥窑对污染土处置具有广适性的主要原因。

第二节 污染土壤替代水泥生产燃料

465. 哪些污染土可以作为水泥窑的替代燃料？

一般来说，含有有机物的污染土都可以作为水泥窑的替代燃料。但是，根据国家《水泥窑协同处置工业废物设计规范》（GB 50634—2010）标准，水泥窑协同处置的废弃物热值要求在 11MJ/kg，如果热值过低，则会对水泥窑窑况产生影响。而污染土是指受到污染的土体，其主要元素与土壤中的元素相似，以 Si，Al，Fe，Ca，Mg 等无机元素为主，仅土壤有机质和外界有机污染物含有热值，然而，土壤有机质的含量只占土壤总量的很小一部分，含量在 0.5%～20% 不等，一般为 5% 左右，因此，污染土的热值主要取决于有机污染物的种类和含量，例如：某些石油烃类污染土，由于含有石油类有机污染物，就可以直接作为水泥窑替代燃料。

466. 简述石油烃类污染现状？

关于我国土壤石油污染的总体状况未曾见过相关报道，据中国科学院南京土壤研究所专家估计，我国土壤污染面积大于 100 万 hm^2，其中石油污染土壤大约有 50 万 hm^2。中国石油天然气集团公司的调查统计报告显示，石油企业年产石油污染土壤近 10 万 t 左右。若考虑油田地区突发事故造成的污染和泄漏，情况将更加严重。根据报道，大庆油田平均每口油井每天落地油 1t 左右，每天落地油如能回收 60% 左右，每一口井在进行回收的情况下要给当地土壤每天造成 0.4t 的石油污染。按照我国大约 65900 口陆地井进行估算，在满负荷运转的情况下，每天就要有 26400t 的石油污染土壤，每年累计就是 96.2 万 t。据统计，单井落地原油平均可达 100～300m^2，落地泥浆大约 200m^2。以单井落地原油 300m^2 计算，仅落地原油污染土壤面积便可达 2000hm^2 左右。另外，在石油勘探开发中，钻井、洗井、试油等作业中均产生大量的落地原油。在石油生产、贮运、炼制加工及使用过程中，由于事故，不正常操作及检修等原因，都会有石油烃类的溢出和排放，如：油田开发过程中的井喷事故一次可造成的原油覆盖面积达 3000～4000m^2。

467. 石油烃类污染土有哪些主要来源？

（1）油田开采过程中的污染。石油在开采过程中常常会发生钻井和配套工程运行过程中的落地油和含油泥浆的污染。在我国北方产油地区，原油污染土壤的面积逐年扩大，其中大庆、胜利、辽河等油田的重污染区的土坡表层的含油达 30%～50%。

（2）储存和运输过程中的污染。油类产品在运输和储存时常常会发生小量泄露问题。这类污染一般集中在运输路线附近和储油罐周围。目前国内关于这方面调查和研究并不多，但根据国外的经验，长期存放石油的储油罐周围一般具有严重的油类污染，由于长期存放，储油罐的防渗和防漏能力会下降从而导致泄露。

（3）石油加工过程中的污染。这类污染主要集中在石油冶炼化工企业场地和周围。加工过程产生的污染不仅包括生产过程中原料和产品跑、冒、滴、漏所造成的污染，还包括生产过程中、装置停工大检修时产生的废弃物不恰当处置所造成的污染。在 20 世纪 80 年代以前，我国缺乏相关法律法规，有一些石化产业将生产过程中的废水废渣直接排放。由于长期大量排放，污染物质的总量远远超过自然界对其的自净能力，便在天然水体和土壤中积累起来，形成了长期的污染。从 20 世纪 80 年代以后，这类污染活动开始受到制约，但是前期形成的污染在短期内靠自然界的净化能力无法彻底去除，这类污染在一些地区还很严重，应该是目前污染治理的重点。这类污染的特点是污染物残油中难挥发、难降解有机污染物成分含量高。

（4）污灌区域的石油污染。一些地区由于长期直接接受含油废水的灌溉，污染物质在土壤中常年积累，土壤中毒严重。这类污染土中，芳烃类占有相当比例，这种污染比其他几种污染浓度相对较低，但因为它污染区域面积大，难以集中治理，造成的污染效应很明显。

（5）事故性污染。事故性污染主要指由于一些突发性事故导致的石油污染。这些污染也是较常见的。例如 1999 年胜利油田一油井倒塌，发生重大溢油事件，污染中心区面积二百五十多平方公里；1986 年 11 月北京某水厂附近一加油站两个柴油罐漏油 78t。这部分污染的特点是污染浓度较大，污染物质成分挥发性成分较多，污染面积较小。这类污染必须进行及时有效的处理。

468. 哪些石油烃类污染土可以作为水泥窑的替代燃料？

并不是所有的石油烃类污染土都可以直接作为水泥窑的替代燃料，只有含有的石油烃品位较丰富、热值较高时才可以直接作为水泥窑的替代燃料。这部分污染土包括：油田开采周边的污染土及事故性污染土两大类。

469. 其他类别的污染土如何作为水泥窑的替代燃料？

其他类别的有机污染土，由于热值较低，不能直接作为水泥窑的替代燃料，但可以和其他废弃物联合，经过预处理后作为水泥窑的替代燃料。例如：有机污染土可以和餐厨垃圾、漆渣、污泥等含水率较高的固体废弃物联合，将有机污染土作为降低含水率的改性剂或调理剂，经过预处理后作为水泥窑的替代燃料。

470. 设计水泥窑协同处置有机污染土壤投料方案的原则是什么？

水泥的生产工艺并非为处置污染土壤设计，因此，污染土处理作为水泥生产的附加功能，需要对污染土的投料点进行合理设计，设计应以污染物的彻底分解和尾气的达标排放为主要原则。

471. 简述有机污染土直接替代水泥窑燃料的工艺流程？

有机污染土直接替代水泥窑燃料的工艺流程为：污染土→储存→筛分→粉磨烘干→入窑（分解炉、窑门罩、上升烟道或窑尾烟室）。

472. 简述有机污染土与其他固废联合替代水泥窑燃料的工艺流程？

有机污染土与其他固废联合替代水泥窑燃料的工艺流程为：污染土→储存→筛分→混合→干化→入窑（分解炉、窑门罩、上升烟道或窑尾烟室）。

473. 有机污染土在水泥厂储存过程中应该注意什么?

污染土,特别是有机污染土,在水泥厂的储存阶段,应该设置储存大棚等专用的密闭设施用以储存污染土壤。储存设施应设有负压引风装置,将常温下挥发出来的有机污染物如苯等负压收集,收集后的废气送入水泥窑分解炉、窑门罩、窑尾烟室等处彻底焚毁。

474. 有机污染土在进入水泥窑处理之前为何要进行筛分预处理?

从污染场地挖出的有机污染土,一般含有 20%～50%左右的建筑垃圾、石块等杂物,所以,再进入水泥窑处理之前,应先对污染土进行筛分处理,去除大块建筑垃圾和石块等杂物,使污染土粒径符合水泥窑粉磨的进料要求。

475. 有机污染土在进入水泥窑处理之前为何要进行粉磨处理?

为提高筛分效率,一般筛分的孔径选择较大。经过筛分之后的污染土,污染土的颗粒分布范围较宽,粗颗粒较多,且颗粒分布不均匀,粒径在 0.08mm 以下的含量在 20%左右,这部分颗粒比例超过了水泥生料要求的粒径范围 $80\mu m$ 筛余小于 10%标准。因此,污染土颗粒如果不经过粉磨等前期处理而直接在高温段加入,将会对水泥熟料质量产生不利影响。

476. 有机污染土粉磨处理时应该注意什么?

在有机污染土粉磨同时,可以引入一部分三次风或水泥窑余热,将污染土烘干,为防止有机物挥发太多导致布袋收尘堵塞,烘干温度不宜过高,但温度过低,又会导致风量过大,因此,应进行热工计算,找到最佳平衡点。烘干处理产生的尾气可以引入分解炉或窑门罩焚毁处理。

477. 利用余热烘干有机污染土时应注意什么?

值得注意的是,利用水泥窑余热对有机污染土烘干时,产生的尾气要引入分解炉、窑门罩等处焚毁,达到彻底脱毒的目的。

478. 有机污染土壤可从哪些部位进入水泥窑?

根据生产工艺,对于有机污染土壤,水泥回转窑可在分解炉、窑门罩、上升烟道或窑尾烟室处设置物料投加点。具体投料点的选择应在对有机污染土的污染物的挥发特性进行分析的基础上,结合水泥窑燃烧过程,实现污染物的彻底分解和尾气的达标排放。

479. 污染土与其他固废混合有何优点?

污染土与餐厨垃圾、漆渣、污泥等含水率较高的固体废弃物混合,不仅可以提高污染土的热值,而且可以将污染土作为餐厨垃圾、漆渣、污泥等固废的改性剂,改变其流变特性,提高其脱水效果。土壤具有一定的吸附作用,还可以吸附餐厨垃圾、污泥等产生的恶臭气体。

480. 污染土与其他固废混合的关键要素有哪些？

污染土与其他固废混合的关键要素有两点：

（1）作为水泥窑替代燃料来说，污染土与其他固废混合的关键在于对热值的控制。因此，污染土的掺量不宜过高。

（2）污染土与其他固废混合时，要提高漆渣、污泥的脱水效果，其关键在于混合的均匀程度。混合越均匀，不仅可以减少污染土的掺量，而且便于后续水泥窑处理时配料计算。

481. 污染土替代水泥窑燃料时，物料平衡应该考虑哪些因素？

为了使水泥窑协同处置污染土壤过程不影响水泥产品质量，并保持水泥窑的正常运行工况，协同处置前，需要对水泥窑的物料平衡进行计算，除了考虑碱性物质、氯含量等有害元素外，还要考虑土壤中的无机元素替代生料的部分。

第三节　污染土壤替代水泥生产替代原料

482. 哪些污染土可以作为水泥窑的替代原料？

一般来说，不含有有机物的污染土可以直接作为水泥窑的替代原料，如重金属污染土。含有有机物的污染土，需要考虑有机物的挥发特性，并结合水泥工艺的特点，经过适当的前处理后，再因地制宜地制定替代原料的工艺方案。

483. 简述重金属污染土来源及特点？

重金属污染土主要由采矿、废气排放、污水灌溉和使用重金属制品等人为因素所致。因人类活动导致环境中的重金属含量增加，超出正常范围，并导致环境质量恶化。2011 年 4 月初，我国首个"十二五"专项规划——《重金属污染综合防治"十二五"规划》获得国务院正式批复，防治规划力求控制铅、汞、砷、镉、铬 5 种重金属。

重金属污染与其他有机化合物的污染不同。不少有机化合物可以通过自然界本身物理的、化学的或生物的净化，使有害性降低或解除。而重金属具有富集性，很难在环境中降解。目前中国由于在重金属的开采、冶炼、加工过程中，造成不少重金属如铅、汞、镉、钴等进入大气、水、土壤引起严重的环境污染。如随废水排出的重金属，即使浓度小，也可在藻类和底泥中积累，被鱼和贝类体表吸附，产生食物链浓缩，从而造成公害。水体中金属有利或有害不仅取决于金属的种类、理化性质，而且还取决于金属的浓度及存在的价态和形态，即使有益的金属元素浓度超过某一数值也会有剧烈的毒性，使动植物中毒，甚至死亡。金属有机化合物（如有机汞、有机铅、有机砷、有机锡等）比相应的金属无机化合物毒性要强得多；可溶态的金属又比颗粒态金属的毒性要大；六价铬比三价铬毒性要大等。

重金属在人体内能和蛋白质及各种酶发生强烈的相互作用，使它们失去活性，也可能在人体的某些器官中富集，如果超过人体所能耐受的限度，会造成人体急性中毒、亚急性中毒、慢性中毒等，对人体会造成很大的危害，例如，日本发生的水俣病（汞污染）和骨痛病（镉污染）等公害病，都是由重金属污染引起的。

重金属在大气、水体、土壤、生物体中广泛分布，而土壤往往是重金属的储存库和最后的归宿。当环境变化时，土壤中的重金属形态将发生转化并释放造成污染。重金属不能被生物降解，但具有生物累积性，可以直接威胁高等生物包括人类，有关专家指出，重金属对土壤的污染具有不可逆转性，已受污染土壤没有治理价值，只能调整种植品种来加以回避。因此，土壤重金属污染问题日益受到人们的重视。

484. 哪些重金属污染土可以直接作为水泥窑的替代原料？为什么？

除 Hg 外，其他重金属污染土都可以直接作为水泥窑的替代原料。

研究表明，在热处理温度高于 400℃时，几乎所有的汞都是以气态离开燃烧区域。当热处理温度低于 500℃时，除了汞以气态形式挥发外，重金属 Ni、Cr、Cu、Pb、Zn、Cd、As 大部分以残渣形态存在于底灰或飞灰上，组成颗粒基体或者依存于飞灰表面。

对于水泥窑生料磨来说，生料预热温度一般在 200~300℃，因此，除了汞外，含有重金属 Ni、Cr、Cu、Pb、Zn、Cd、As 的污染土壤可以直接替代水泥原料，进入水泥窑生料配料系统。

485. 简述重金属污染土直接替代水泥窑原料的工艺流程？

重金属污染土直接替代水泥窑原料的工艺流程为：污染土→储存→筛分→生料磨→入窑（预热器）。

486. 水泥窑的物料特性对重金属污染土处理有何优点？

水泥窑的物料环境中，含有 $CaCO_3$ 和 CaO。由于 $CaCO_3$ 和 CaO 对重金属的挥发有一定的抑制作用，其中，CaO 对重金属 Zn、Cr 的抑制效果较好，$CaCO_3$ 对 Pb、Cd、Ni 的抑制效果较好。重金属污染土进入水泥窑协同处理时，烟气中重金属挥发量显著降低，减少了烟气处理难度。

487. 重金属污染土对水泥熟料烧成有何影响？

掺入重金属 Pb、Cd、Cr、Cu 后，与未掺重金属的熟料相比，熟料矿物 C_3S 衍射特征主峰强度均有不同程度降低，随着重金属 Pb、Cd、Cr、Cu 的含量增加，熟料矿物 C_3S 衍射特征主峰强度降低加大，尤其以 Cd 离子掺杂较为明显。当掺入重金属 Zn 后，与未掺重金属的熟料相比，C_3S 衍射特征主峰（d＝0.3028）强度有所增加，且 C_4AF 衍射特征峰也略有增强。由此可见，熟料矿物中 Pb、Cd、Cr、Cu 等离子的存在对 C_3S 矿物的形成有较大影响，且 Cd 离子含量较高时易造成 C_3S 矿物的分解，即 $C_3S \longrightarrow C_2S + f\text{-}CaO$；而 Zn 离子对熟料矿物中 C_3S 矿物和 C_3A 的形成均有积极地促进作用。

添加污染土后，水泥熟料中的 f-CaO 含量降低，说明添加重金属含量较高的污染土有助于熟料烧成。

488. 如何测定重金属的固化效果？

重金属的固化效果可用重金属的有效态含量标准表征。重金属有效态含量不同，其迁移能力也不同，对环境的危害也就不同。掌握重金属的有效态组成，有利于判断重金属的迁移能力和毒性，减少对环境的污染。

1979 年，由 Tessier 等提出的基于沉积物中重金属形态分析的五步顺序浸提法已广泛应用于重金属形态分析及其毒性、生物可利用性等研究。该法将金属元素分为可交换态、碳酸盐结合态、铁锰氧化物结合态、有机物结合态以及残余态。分析过程如下：

（1）可交换态，指交换吸附在沉积物上的黏土矿物及其他成分，如氢氧化铁、氢氧化锰、腐殖质上的重金属。由于水溶态的金属浓度常低于仪器的检出限，普遍将水溶态和可交换态合起来计算，也叫水溶态和可交换态。

（2）碳酸盐结合态，指碳酸盐沉淀结合一些进入水体的重金属。

（3）铁锰水合氧化物结合态，指水体中重金属与水合氧化铁、氧化锰结合的部分。

（4）有机物和硫化物结合态，指颗粒物中的重金属以不同形式进入或包裹在有机质颗粒上同有机质螯合或生成硫化物。

（5）残渣态，指石英、黏土矿物等晶格里的部分。

但是，由于测定重金属的含量很大程度上取决于所使用的提取方法，因此提取方法的差异，导致获得的结果没有可比较性。1987 年，欧共体标准局（现名为欧共体标准测量与检测局）在 Tessier 方法的基础上提出了 BCR 三步提取法，并将其应用于包括底泥、土壤、污泥等不同的环境样品中。此方法解决了由于流程各异，缺乏一致性的步骤和相关标准参考物质而导致各实验室之间的数据缺乏可比性等问题。然而，在鉴定标准参考物质 BCR CRM601 时，各个实验室间的数据出现了明显的不同，尤其在提取过程的第二步。因此，Rauret 等人又在该方案的基础上提出了改进的 BCR 顺序提取方案，进一步优化了 BCR 提取方案的条件，并将其应用于底泥和土壤样品的金属形态分析。改进的 BCR 三步提取法对污泥样品进行分析。每个样品进行 3 个平行测定（测定数据为 3 次测定的平均值），每个批次实验平行两个空白样品。提取程序如下：

第一步：可交换态（Fraction A），取 0.5g 风干污泥样品，置于 50mL 聚乙烯离心管中，加入 20mL 醋酸溶液（0.11molPL），在室温下（20℃）震荡 16h，然后 4000rPmin 下离心 20min，上层清液经过 $0.45\mu m$ 微膜过滤，ICP-MS 测定各元素含量。残留物用 10mL 去离子水冲洗，离心 15min，洗涤液丢弃。

第二步：还原态（Fraction B），向上一级残留固体中加入 20mL 0.5molPL $NH_2OH \cdot HCl$（用 HNO_3 调节 pH 至 1.5），分离过程如上一步所描述。

第三步：氧化态（Fraction C），向上一级残留固体中加入 5mL30％ H_2O_2，离心管加盖在室温下反应 1h，间歇震荡，然后在 85℃水浴中继续加热 1h，直到试管中 H_2O_2 体积减少到 1~2mL。再向其中加入 5mL H_2O_2，去盖在 85℃水浴中加热 1h，直到 H_2O_2 蒸发近干。待冷却后，向其加入 25mL 醋酸铵溶液（1mol PL，用 HNO_3 调节 pH 至 2）。像第一步描述的样品再次被震荡，离心，萃取分离。

第四步：残渣态（Fraction D），为了分析测定残渣态中金属元素的含量，在 BCR 提取方案的基础之上，采用了第四步提取方案。使用混合酸（2mL HNO_3＋1mL H_2O_2＋0.5mL HF）对前三步提取所剩余的样品残渣进行消解，溶出存在于原生矿物当中的金属元素。

489. 重金属是如何被固化在水泥熟料中的？

国内外相关研究生料在水泥回转窑转化为熟料的过程中，由于水泥回转窑内的长时间高温作用，各种化合物在窑内几乎都能被分解，不挥发和低挥发性的元素通过固相反应或经过液相形成熟料矿物相从而进入熟料矿物，少量挥发性元素则随烟气逸向窑后，在低温区冷凝下来，只有极少部分能以蒸汽状态或附着在微细粉尘上随净烟气排出，排出的粉尘和窑灰经收集后还会回窑。水泥回转窑还有一个强氧化条件，有大量 $CaCO_3$、CaO 存在而形成一个高碱性气氛，有利于吸收窑内环境中的酸性气体，降低某些元素的挥发性，吸收微量元素。在这一过程中，对控制重金属来说最关键的一步就是高温煅烧。国内外相关研究结果表明，在这一阶段，多种重金属元素经过与生料中的固相或熔融液相矿物间的复杂反应而进入到熟料的矿物相中，发生了"矿物晶格取代"，从而被牢牢地固定在水泥熟料中。

对水泥熟料产品的 XRF 研究表明，熟料矿物结构中的结晶化学特征之一是在其晶格中具有分布各种杂质离子的能力，这些杂质离子以类质同晶的方式取代主要结构元素。正是这些晶体的特殊结构和杂质离子的取代行为为利用水泥熟料固化重金属元素在物质结构上提供了可能。故水泥熟料矿物的晶体结构为重金属离子在其中的"固溶"提供了结构上的先决条件，且不同重金属离子的具体取代情况有很大差别，这主要和这些离子的离子半径、离子价态、离子极性、离子配位数、离子电负性以及所形成的化学键的强度有关。在水泥生料中掺加含重金属废物或垃圾焚烧飞灰高温煅烧后，所得水泥熟料中各矿物的衍射峰会产生一定的偏移，表明重金属固溶或置换进入水泥熟料矿物相中。

目前已有的研究已经可以证实，水泥熟料矿物可以固化绝大部分重金属元素，且熟料矿物对重金属元素的固化具有选择性：以锌、砷、镉、铬、铜、镍、铅这七种重金属而言，Zn 集中存在于熟料的中间矿物中，As、Cr、Cu 和 Ni 大部分存在于熟料的中间矿物相中，但也存在于 C_3S 和 C_2S 中。Cd 和 Pb 则不能明显区分出主要存在于熟料的哪个主要矿物中，比较均匀地分布在熟料各主要矿物相中。造成这一现象的原因可能就是不同重金属离子在熟料矿物晶格中的具体取代情况不同。

重金属被固定在熟料矿物相晶格中之后，存在形态不再是某种简单的化合物形式，而是分布在熟料矿物相晶格的主要金属元素如 Ca、Al 以及 Si 之间，即在晶格中某处取代了这些元素的位置，此时重金属若要从体系中迁移出来，必须在矿物相再次被破坏的情况下才可能发生，即高温、酸碱腐蚀等；而熟料中矿物相的存在形态又是相当稳定的，重金属被"固溶"在内，安全性是有保障的。

正因为重金属在高温煅烧过程中发生了如上所述的复杂的物理化学反应而被固定在熟料矿物相中，所以在各种浸出试验中，熟料中重金属的浸出率大大低于其在生料中的浸出率。

490. 国内外是如何确定重金属在水泥窑中最大添加量的？

关于水泥及混凝土中重金属含量的限定，美国有关环保部门提出了两个限定法规：一个是以资源保护条例（RCA）规定的极限为基准；另一个是以饮用水标准为基准。RCA 极限是规定用 TCLP 毒性浸出试验法以确定某种材料是否可以允许在地上堆放。混凝土绝大部分是建筑于地面或地下的，所以也适用于这个条例。美国还规定与饮用水接触的材料要做重金属表面浸出试验，浸出液与试体表面的比约为 15：1，重金属的最高浸出量不得超过饮用水允许含量的 1/10。

检测混凝土中重金属含量时，欧洲国家常用荷兰标准 NEN 7341 检测其中可溶部分含量即有效含量。它与美国的 TCLP 毒性浸出试验相似，也是将试体破碎成小块用专门浸取剂浸泡。

为使试验结果更接近实际情况，德国标准 DIN 38414-Teil4（DEV-S4）提出一种用整块混凝土试体的水槽试验法（Trogverfahren），并以饮用水标准限量值作为对比基准。不过该法应用并不普遍。

瑞士目前还只有对水泥和用作混凝土掺合料的粉煤灰和矿渣制定了国家标准，然而标准中也只提出了技术性能要求，还没有环境影响方面的要求，在水泥标准 SIA 215.002（或 EN 197-1）中还规定垃圾焚烧炉的灰和渣不能用作水泥掺合料，这些标准都将逐步修订。一些欧洲国家也有些公开的或内部的条例，这些规程包括了对重金属含量和有机物含量的限定，以便于进一步认清可能存在的危险，和对现有的技术性能相似的产品能从环境影响性能上进行比较。

我国在水泥窑协同处置重金属废弃物时，对于入窑物料（包括常规原料、燃料和固体废物）中重金属的最大允许投加量应满足《水泥窑协同处置固体废物环境保护技术规范》（HJ 663）的要求。协同处置固体废物的水泥窑生产的水泥产品中重金属污染物的浸出应满足国家相关标准；排放烟气应满足《水泥窑协同处置固体废物污染控制标准》（GB 30485）的要求。

491. 为什么有机物污染土需要经过前处理后才能作为水泥窑的替代原料？

因为有机物污染土具有挥发性，直接作为水泥窑的替代原料便进入生料磨，而水泥窑生料在粉磨过程中，一般通入的尾气温度为 200～300℃，有机物会挥发出来，不仅会堵塞除尘器，而且会造成大气污染，因此，需要经过前处理后才能作为水泥窑的替代原料使用。

492. 从挥发特性来分，有机污染土可以分为几类？

有机物有多种分类方法，针对不同的环境及关注点有不同的分类标准和分类方法。有机污染土进入水泥窑处理时，应该结合水泥生产流程各阶段的特点，根据有机物的沸点及挥发性分类。

根据有机物的沸点及挥发性，进入水泥窑处理的污染土主要可以分为以下三大类：

（1）低沸点有机物，沸点在室温至 200℃ 之间。典型物质有苯、甲苯、氯仿、酯类、酮类、脂肪烃、醇类等。这类物质经常作为溶剂使用，在化工试剂厂及涂料生产车间等地基土中可能出现。因其易挥发性，污染土露天放置一段时间后，大多数物质挥发，在土中的检测含量较低。

（2）中等沸点有机物，沸点在 200～400℃ 之间。很多有机溶剂属于此类，品种较多。典型物质有苊、苊、蒽等。

（3）高沸点有机物，沸点在 400℃ 以上。大部分为多环芳烃物质，有机农药 BHC、DDT 等也属于此范畴。此类物质大多为致癌物或诱导致癌物。典型物质，如苯并芘沸点 475℃，二苯并蒽沸点 518℃。有较大的毒性。

493. 与纯有机物的挥发特性相比，污染土中、水泥生料中的有机物挥发特性有何不同？

将纯有机物按照一定的比例混合后，通过热重与红外联用手段分析其在不同温度下的失重和挥发物特征，比较不同温度下实测的红外图谱。随着温度升高，纯有机物出现不同程度的挥发，而且，在各温度段都检测到 H_2O 和 CO_2 峰，谱图类似，说明低沸点易挥发的有机物在低温段挥发的物质仍是其本身分子，而中等沸点和高沸点的半挥发性有机物在低温段煅烧时，可能会发生氧化分解反应，使有机物发生了氧化分解。

在水泥生料预热过程中，预热器出后的生料作为烟气吸附剂的情况下，有机物会挥发的气体经过生料、粉尘等吸附，气体中有机物的含量将显著降低，而且有机挥发物之间的化学反应也将被大大抑制。

494. 如何根据有机污染土的挥发特性，选择合适的处理工艺？

（1）对于含有甲苯等低沸点物质的污染土，因为大部分有机物在粉磨阶段都会挥发，因此，不能直接作为水泥替代原料，需要经过前处理后才能进入水泥窑生料配料。

（2）对于含有多环芳烃等半挥发性物质（中沸点）的污染土，也存在挥发现象，需要根据具体情况及环保要求，进行针对性分析。在温度低于 330℃ 的粉磨阶段，气体经过生料、粉尘的吸附，排放的气体中有机物含量有可能低于检测值，为更好达到环保要求，应经过前处理后才能进入水泥窑生料配料。

（3）对于含有高沸点有机物质的污染土，有机物挥发量较少，且挥发物质发生了氧化分解，可以作为水泥原料，参加生料的配制、粉磨等，但要监测烟气中的有机污染物排放，确保达到环保的要求。

495. 根据有机污染土的挥发特性，适合于水泥窑的污染土前处理工艺及其参数是什么？

根据有机污染土的挥发特性，适合于水泥窑的污染土前处理工艺是热解析（热脱附）工艺。

根据有机污染土的挥发特性，有机污染土热解析的温度应设定为 400～650℃，因此，可采用在水泥窑外设置离线炉的方式，经过热工计算后，引入水泥窑部分三次风作为热解析的热源，排出的包含气化污染物的烟气送入水泥窑窑头罩，热解析后的无机物进入水泥窑生料配料系统或直接作为水泥窑的混合材料。

496. 举例说明水泥窑处理有机污染土的具体步骤？

污染土壤用专门的运输车从贮存库转运到预热器塔架旁的进料仓，为避免卸料时的扬尘造成二次污染，将对卸料区进行密封。卸料的进口将安装两道门，以保证卸料时的安全性。卸料完成后，该门处于封闭状态。卸料区旁安装一台收尘器，使系统保持负压，粉尘不会外扬；收尘器的拉风机出口与窑尾烟室连接，从而保证了该系统的空气也能被送入窑中处理，从而做对污染土壤的彻底处理。从进料仓出来的污染土壤经板式喂料机进入喂料计量称计量，计量后的土壤经提升机提升后由管道进入烟室处的喂料点，完成了污染土壤的整个入窑过程。

将有机污染土壤投加于烟室，此处温度在 1050℃ 以上，气体停留时间约 1s，挥发性有机物及固相二恶英等有害物质将初步分解，部分氯元素与分解炉出来的碱性氧化物在高温下反应生成金属氯化物。烟室产生的废气在负压下进入分解炉。

随后污染土壤与生料混合进入窑内，与此处加入的煤粉一起充分反应，在窑内停留约 30min，最高温度可达 1450℃，足以保证土壤中的固体有机物和微量固相二恶英完全裂解；

气相有机物在窑内 1200℃温度下可停留 6s 以上，也能够充分裂解；在烧制生成熟料的同时，大部分氯元素与碱性氧化物在高温下反应生成氯化物。绝大部分氯元素进入熟料，也避免了二恶英冷却过程中再合成的条件。

窑内烧成的性质稳定的熟料随后进入箅冷机冷却；而含有少量 SO_2、NO_x 和粉尘的燃烧废气再负压下返回烟室，与烟室内未完全裂解的挥发性有机物提升至分解炉，在 900～1100℃下停留至少 3s，挥发性有机物被进一步裂解。

分解炉出来的废气随后经预热器进入增湿塔，温度迅速降至 150℃以下，避免了二恶英的再生。最后，废气经窑尾袋式除尘器净化后用过 95m 高烟囱排入大气。

对于污染土壤贮存仓库可能产生的少量渗滤液，从窑尾烟室处喷入，在烟室和分解炉内气体温度在 900℃以上停留时间大于 4s。此温度和停留时间保证了其所有有机物被彻底破坏。

而污染土壤入窑系统可能产生的挥发性有机物在负压下随气体经布袋除尘器送入窑尾烟室内，也能有效处置。入窑系统产生的粉尘则经布袋除尘器收集后返回进料仓。

第四节　污染土壤替代水泥生产工艺材料

497. 哪些污染土可以作为水泥窑的工艺材料？

只含有重金属的污染土（Hg 除外）和含有石油烃类的污染土可以作为水泥窑的工艺材料。其中：只含有重金属的污染土可以作为水泥窑的矿化剂，含有石油烃类的污染土可以作为降低水泥窑氮氧化物的还原剂使用。

498. 举例说明含有重金属的污染土的特性？

例如，湖南株洲某冶炼厂周边土壤中，重金属 Zn 含量最低为 17683mg/kg，Cr 的最低含量为 81.8mg/kg，Cu 的最低含量为 2260mg/kg，Pb 的最低含量为 6200mg/kg，As 的最低含量为 848mg/kg，Hg 的最低含量为 1.48mg/kg，Cd 的最低含量为 469mg/kg。重金属含量从高到低依次为：Zn＞Pb＞Cu＞Cd＞As＞Cr＞Hg。除 Cr、Hg 两种重金属含量低于土壤环境质量的二级农用标准外，株洲某冶炼厂周边土壤中的重金属污染浓度较高，均远高于土壤环境质量的二级农用标准。超标的重金属含量从高到低依次为：Zn＞Pb＞Cu＞Cd＞As。按照超标倍数排列，超标的重金属含量从高到低依次为：Cd＞Pb＞Zn＞As＞Cu。

除重金属外，污染土的其他化学组成与普通黏土类似，均以氧、硅、铝、铁等元素为主。

499. 石油烃类污染土在分布上有哪些特性？

油田的土壤污染以落地原油为主。横向分布来说，落地原油污染物平面上主要以放射状分布在以油井为中心的一定范围内，距油井越近油污残存率越大，距井越远残存率越小。对于纵向分布来说，污染物主要分布在土壤 0～20cm 表面中，石油类污染物随土层纵向剖面距离的增大，其含量逐渐降低，尤其是 50cm 以内污染物降低得很快。因此，石油类污染物主要积聚在土壤表层 80cm 以内，一般很难下渗到 2m 以下。

500. 为什么含有重金属的污染土可以作为水泥窑的矿化剂？

重金属离子的掺杂，有利于液相反应和熟料烧结的进行，促进硅酸盐矿物 C_3S 的大量形成。重金属离子的引入，熟料形成过程式中各反应阶段 f-CaO 含量均大幅降低。其中，未掺杂重金属离子的样品在 1250℃ 液相形成前 f-CaO 含量较高，体系中熟料烧成尚未进行；而重金属离子引入后，其 f-CaO 含量下降，表明此时体系中高温液相量已经大量形成，且熟料烧成反应早已开始，即：

$$C_2S+CaO \xrightarrow{\text{液相}} C_3S$$

由此可见，重金属离子的引入，降低熟料液相形成温度，有利熟料烧成反应及 C_3S 矿物的形成。因此，含有重金属的污染土可以作为水泥窑的矿化剂。

 501. 为什么含有重金属的污染土如何作为水泥工艺材料？

将含有重金属的污染土经过筛分、破碎、烘干后，进入水泥生料的配料系统，作为水泥窑的替代硅质原料，与生料一起进入预热器，在水泥窑的生料煅烧过程中，重金属可作为矿化剂，提高生料的烧成特性。

 502. 含有石油烃类的污染土如何作为水泥工艺材料？

将含有石油烃类的污染土壤投加于分解炉缩口底部，同时调整分解炉的喂煤量和三次风的风量，使污染土壤中的有机物不充分燃烧，产生的气体中富含烃类化合物，从缩口底部进入分解炉，在充分燃烧的同时降低氮氧化物的排放。燃烧后的污染土壤与生料混合进入窑内，与此处加入的煤粉一起充分反应，生成水泥熟料。

第九章
水泥窑协同处置固体废物技术典型案例介绍

503. 我国水泥窑协同处置固体废物现状如何?

我国水泥厂利用各种工业废弃物作为代用原料已有近百年的历史。如:上海水泥厂自1929年开始就成功地用黄浦江污泥来代替黏土生产水泥;1930年又成功地将本厂自备电站锅炉煤渣用于原料配料,既解决了炉渣出路,又开创了利用炉渣先河;1953年又成为首家成功试用电厂粉煤灰的水泥厂。现今国内外绝大多数的粉煤灰、矿渣、硫铁渣等废弃物都是由水泥工业利用的。

自20世纪90年代以来,我国利用水泥窑协同处置废弃物进行了积极的尝试,并取得了显著效果,如:上海万安企业在国内首创水泥窑焚烧危险废物;北京水泥厂利用水泥窑处置固体废物方面也进行了试烧试验,并取得了一定的成果。近年来我国利用废弃物的数量和品种不断增加,2000年我国水泥行业废弃物利用量仅为0.75亿t,2010年增至4亿t,增加了4.3倍。处置废弃物的种类有所增加,不仅可以有效处理高炉矿渣、粉煤灰、赤泥、电石渣、硫酸渣、脱硫石膏、铸造砂等工业废弃物和城市污泥。同时,为三峡库区漂浮物也提供了安全环保的末端处置方式。我国已基本掌握水泥窑无害化最终协同处置城市生活垃圾、污泥、有毒有害废弃物和工业废弃物的关键技术,并逐步形成了完整的具有自主知识产权的技术体系。我国建成一批利用水泥窑无害化最终协同处置城市生活垃圾、城市污泥、各类固体废弃物示范工程并实现了安全生产。目前我国参与水泥窑协同处置废弃物的水泥企业已有十多家二十多条生产线。北京水泥厂、海螺水泥、越堡水泥、华新水泥等企业已在利用水泥窑协同处置有毒有害废弃物、城市生活垃圾和污水处理厂污泥等各类废弃物方面取得成功。除从事水泥窑协同处置废弃物的工业实践外,天津水泥、青海水泥、甘肃永登水泥、重庆拉法基瑞安(重庆南山)水泥、吉林亚泰水泥等企业也先后获得了危险废物的经营许可,进行工业有毒有害废物的水泥窑处置试验工作,部分工程已形成一定的处置规模。此外,还有更多的企业准备进入该领域。

504. 我国水泥窑协同处置固废的典型实例有哪些?

(1)北京金隅股份有限责任公司

处置固废种类:污泥,污染土,工业废弃物,飞灰,垃圾。

①水泥窑协同处置污泥技术。

金隅集团下属北京水泥厂于2009年10月建成污泥处置线,处理规模为500t/d(含水率80%)。该工程是利用水泥窑系统的热量将含水80%的污水处理厂厂污泥干化至含固率为65%的半干污泥,然后入窑焚烧处置。该工程污泥干化技术属于间接干化工艺系统,热源采用从水泥窑系统抽取余热烟气进入锅炉加热导热油,输送给干燥系统供热。湿污泥经输送设备喂入涡轮干燥器内,在强大的涡流作用下载系统内部连续移动,并得到均匀有效的加热,完成干燥工序。干燥后的污泥颗粒和气体经过旋风分离器和布袋除尘后颗粒从工艺气体中分离出来,经螺旋冷却后输送至示范线预燃炉内焚烧。干燥分离的蒸汽经过离心机抽取循环后经过热交换器重新被加热返至干燥器的始端。干燥过程产生的高浓度废水经过污水处理站后作为一部分设备循环水回用。

北京琉璃河水泥有限公司采用增钙热干化法进行污泥干化,工艺流程图如9-1所示。利用高活性的生石灰对湿污泥(含水率为80%)经污泥改性剂计量混合后,输送至转鼓干燥机内与水泥窑余热产生蒸汽，经微波发生器加热后形成的过热蒸汽充分接触，酸、碱改性剂迅速刺破污泥细胞壁，在材料反应化学热和过热蒸汽辐射的作用下，污泥水分大量蒸发，且病原菌在高温下得到全面的消灭，经过干化处理后的污泥经堆场堆放 5～9d，含水率下降为15％左右，可由输送系统送至水泥窑协同处置。

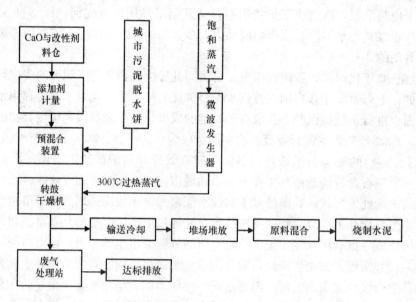

图 9-1　增钙热干化法工艺流程示意图

增钙热干化法的核心工艺技术为将污泥与石灰、污泥改性剂均匀混合，发生化学反应，大量降低水分，并通过过热蒸汽干燥污泥。污泥改性是一种运用无机添加剂对污泥进行前处理的方法。改性剂是由生石灰（CaO）与酸、碱化合物按比例合成的复合添加剂，其中的酸、碱成分可有效地去除污泥中恶臭气味，并可以在干化前对污泥细胞破壁，使之后的干化过程大幅度节约热能。另外，改性剂与污泥混合时，也产生放热反应，起到辅助干化的作用。污泥高效干燥、脱水、改性后，向稳定化和无机材料转化。微波过热蒸汽利用技术是利用余热发电锅炉足量的剩余蒸汽，温度约 200℃，余压约 2MPa。微波加热蒸汽到 300℃ 过热蒸汽后，污泥和以酸碱成分为主的污泥改性剂作用，转变为无机材料，为污泥干化料进入水泥生料制备系统提供合格的条件。

② 水泥窑协同处置垃圾焚烧飞灰技术。

2005 年北京建筑材料科学研究总院和北京琉璃河水泥有限公司共同承担了北京市"垃圾焚烧飞灰资源化"重大研发课题。并于 2009 年完成了垃圾飞灰预处理中试线的投产运行和垃圾飞灰煅烧水泥技术的中试研究，飞灰处置中试线建成、投产，并顺利通过北京市科委验收。2010 年 7 月召开了"利用水泥窑协同处置垃圾焚烧飞灰专家论证会"。2012 年 2 月开工建设利用水泥窑协同处置垃圾焚烧飞灰示范线，于 2012 年底建成了国内第一条飞灰处置工业化环保示范线，年处理量可达 1 万 t。

该技术采用逆流漂洗工艺，在低耗水量的条件下使得预处理后的垃圾飞灰达到煅烧水泥的工艺要求，同时预处理过程中的飞灰经过化学共沉淀、多级过滤、pH 调节、蒸发结晶等多项工艺技术处理后全部回用于预处理过程，真正实现了废水零排放。飞灰水洗与水泥窑协同处置技术的生产工艺主要包括飞灰水洗、污水处理、水泥窑协同处置三大部分。

A 飞灰水洗部分：将专用运输车送来的飞灰通过气力输送管道进入飞灰储仓。飞灰从储仓中经计量后输送到搅拌罐中与计量好的水混合洗涤，料浆经真空过滤机过滤后，用气流烘干机烘干，形成预处理飞灰后，进入料仓，经计量由水泥窑高温点进入窑系统处置。滤液进入飞灰水洗液处理单元处理。洗灰部分的工艺路线，如图 9-2 所示。

图 9-2　洗灰部分工艺路线图

B 污水处理部分：洗灰部分产生的滤液，即飞灰水洗液，其中除含有氯、钾、钠等及重金属离子外，还有少量悬浮物。进行物理沉淀后加入化学试剂将重金属离子和钙镁离子分别沉淀下来。钙镁污泥和含带重金属的少量污泥经烘干机烘干后进入飞灰料仓与飞灰一起进入水泥窑处置。沉淀池上部的澄清液经粗滤及精滤后通过蒸发结晶工艺设备进行盐、水分离，冷却水作为清水回用于水洗飞灰部分。洗灰水处理的工艺路线如图 9-3 所示。

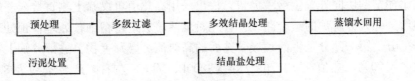

图 9-3　洗灰水处理工艺路线图

C 水泥窑协同处置部分：预处理后的飞灰，利用气力输送设备通过密封管道直接输送到窑尾 1000℃高温段，进入水泥窑煅烧。在协同处置过程中二噁英被完全分解，而重金属被有效固定在水泥熟料晶格中，实现了飞灰的无害化与资源化处置。水泥窑的尾气处理部分，窑尾烟气首先进入增湿塔，增湿塔有良好的碱性环境氛围，可以有效抑制二噁英前体物生成，避免了二噁英的再次合成，而后烟气经过先进的布袋除尘器进入烟囱达标排放。

③ 水泥窑协同处置工业废物技术。

2005 年 10 月北京水泥厂工业废弃物环保示范线工程全线投产。该生产线日产 3000t 水泥熟料，具有年处置废弃物 10 万 t 的能力。金隅红树林环保技术有限责任公司自主研发了浆渣制备系统、废液处置系统、污泥泵处置、焚烧残渣处置系统、垃圾筛上物处置系统、废酸处置系统、飞灰处置系统、乳化液处置系统等八套废弃物预处置工艺线，实现了对不同种类、不同形态废弃物安全科学的预处置，确保了固体废弃物在水泥熟料煅烧过程中的无害化处置及资源化利用。目前处置范围涵盖《国家危险废弃物名录》49 类中的 30 类危险废弃物，包括固态、半固态及液态三大类。2011 年处置危险废物 6 万 t。

此外，北京水泥厂利用各种工业废渣作为水泥生产替代原料，2007 年至 2013 年，企业综合利用粉煤灰 178 万 t，石灰石尾矿 453 万 t，矿渣 52 万 t。

④ 水泥窑协同处置污染土技术。

北京金隅红树林环保技术有限责任公司开发了利用水泥窑焚烧处置污染土和热脱附与水泥窑结合方法修复污染土壤两种工艺。

利用水泥窑焚烧污染土技术可以处理含重金属、油类物质、挥发性有机物等污染物的土壤，且不受土壤本身的物理化学性质限制。有机污染物可以在水泥窑高温（1750℃）下完全分解，生成的酸性产物（如 HCl，SO_2）等可被水泥窑内碱性环境吸附中和形成无机盐固定下来。重金属污染物可以固化在水泥熟料的晶格中。同时由于水泥窑内负压状态，粉尘和烟气不会外溢，避免对环境造成二次污染。

热脱附与水泥窑结合方法是将污染土经过筛分后通过热脱附器进行热脱附处理，使土壤中的有机污染物脱附挥发出来。脱附出的含尘污染物气体经收尘器收尘后，粉尘由传送设备送回热脱附器进行重新脱附，污染物气体由特殊的管道设备直接通入水泥窑内进行焚烧。尾气中的有害成分经水泥窑焚烧之后，各种污染物的排放符合环保要求，处理后的土壤，可用于表土回填。

⑤ 水泥窑协同处置垃圾技术。

北京建筑材料科学研究总院结合金隅集团水泥企业的实际情况和需求，进行了水泥窑大批量协同处置生活垃圾技术可行性研究。以某熟料产量为 1200t/d 的水泥企业为依托单位，协同处置所在地区每天产生的 300t 城区与农村生活垃圾，并在可行性研究过程中按照未来能够处理每天 500t 的生活垃圾进行方案设计。

为提高水泥窑的协同处置生活垃圾量，提出采用高热值可燃筛上物直接入分解炉和低热值筛上物热解气体入分解炉的组合路线。首先对生活垃圾进行精细预处理，预处理后生活垃圾分为四个部分。第一部分是生活垃圾分选后的高热值可燃筛上物。这部分筛上物经过生物干化后含水率＜20%，热值在 13376kJ/kg（3200kcal/kg）左右，产生量约为 83t/d。送往水泥厂后直接入炉做替代燃料。第二部分来自经垃圾分选后的筛下物，进一步经过生物干化后再进行筛分的筛上物，含水率在 35%，平均热值在 4180kJ/kg（1000kcal/kg）左右，产生量约 204t/d。送往水泥厂后通过热解炉热解产生气体送入分解炉再燃烧。第三部分为垃圾分选后得到的块状无机物，产量约 35t/d。送往水泥厂作为替代原料。第四部分为垃圾分选后得到的灰土，产量约 20t/d，送往填埋场填埋。

在大批量协同处置生活垃圾的同时，由于低热值筛上物是在烧成系统外离线热解，热解空气用量少，热解灰渣不入窑和分解炉，对水泥窑系统烟气平衡影响小，对分解炉内煤粉燃烧、传热和碳酸盐分解影响小，对水泥窑操作均衡稳定影响小。

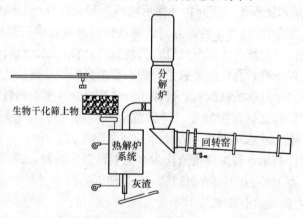

图 9-4　水泥窑综合利用低热值替代燃料工艺流程

（2）广州越堡水泥有限公司

处置固废种类：污泥。

水泥窑协同处置污泥技术。

广州越堡水泥有限公司建有一条日产 6000t 水泥熟料生产线。2007 年 11 月广州市越堡水泥有限公司委托由中材国际工程股份公司天津公司（原天津水泥工业设计研究院有限公司）设计利用现有回转窑处理含 80％水分污泥的工程。结合现有的场地及厂方的资金情况，确立了日处理 600t 含水 80％污泥的工程规模，2009 年 3 月完成污泥生产线的点火调试工作，2009 年 8 月起开始连续处置广州市城区的市政污泥。

污泥干化采用的废热来自现有熟料生产线预热器出口窑尾废气，废热烟气经管道输送至干化车间，通过风机升压后鼓入干燥机干燥室进口。需要干化的湿污泥由专用的输送装置送至污泥储料小仓，然后送到干燥机。在干燥室内，气固两相进行对流型干燥，完成热交换后的污泥和烟气一起进入袋收尘器。收尘后的干泥污泥颗粒通过锁风卸料阀后由胶带输送机提升机送入成品污泥储仓。干燥后尾气经处理后排放。干化后含水率低于 30％污泥已成散状物料，经输送及喂料设备送入分解炉焚烧。在分解炉喂料口处设有撒料板，将散状污泥充分分散在热气流中，由于分解炉的温度高、热熔大，使得污泥能快速、完全燃烧。污泥烧尽后的灰渣随物料一起进入窑内煅烧。该项目的主机装备为国产装备，其总投资比采用进口装备节省为 50％。该项目日处理 80％水分污泥 600t 项目，年处理污泥 18.6 万 t，若污泥的干基热值按 16785kJ/kg 计，每年使水泥厂节省 1.8 万 t 标煤。

（3）安徽铜陵海螺水泥有限公司

处置固废种类：污泥，垃圾。

① 水泥窑协同处置垃圾技术。

安徽海螺集团与日本川崎公司共同研发的水泥窑和气化炉结合处置城市生活垃圾技术（CKK 系统技术）。利用铜陵海螺两条 5000t/d 的水泥生产线，建设规模为日处理城市生活垃圾 600t（2×300t/d 处理线），年处理生活垃圾总量为 19.8 万 t。2010 年 4 月 10 日第一套 300t/d 垃圾处理系统正式建成投运。该套系统基于我国城市生活垃圾未分选的实际，对城市生活垃圾不用分拣，通过垃圾收集车运输到负压密封的垃圾坑内进行储存，用行车进行搅拌和均化，在破碎后继续用行车进行搅拌和均化并将垃圾输送至供料装置，定量送入气化炉中气化焚烧。投入炉内的垃圾与炉内高温流动的介质（流化砂）充分接触，一部分通过燃烧向流动介质提供热源，另一部分气化后形成可燃气体送往水泥窑分解炉内进一步燃烧，经分解炉、预热器处理及废气处理系统净化后排出。同时，垃圾中的不燃物在流动介质中沉降移动，到了炉底部时从垃圾中进行分离排出，掺入到水泥生料中或作为混合材掺入到水泥中。该技术在贵定海螺盘江水泥有限责任公司进行了推广，于 2012 年 11 月点火运行，垃圾日处理量 200t/d。

② 水泥窑协同处置污泥技术。

铜陵海螺水泥于 2011 年 9 月建成市政污泥处置系统投入运行，该系统主要是将污水处理厂废弃的含水率为 45％左右的脱水污泥直接送入气化炉内部，利用气化炉内部的燃烧环境及垃圾处理项目原有的尾气处理系统对市政污泥做到减量化、无害化处理。节约了热能的同时，污泥处理系统产生的灰渣将连同垃圾处理产生的灰渣作为水泥生产原料进入水泥窑系统。

（4）华新水泥有限公司

处置固废种类：污泥、垃圾、三峡水库漂浮物、污染土、危险废弃物。

① 水泥窑协同处置污泥技术。

2008 年华新对宜昌 2500t/d 的熟料生产线进行改造，建成了 100t/d 的污泥协同处置线。污泥处置工艺为：来自污水处理厂的污泥（含水率约 80%）运至水泥厂储库，然后通过高压泵直接喂入窑尾烟室。污泥运输过程用密闭卡车防止二次污染。经过 3 年的工程实践证实湿污泥直接入窑对窑尾烟气排放没有影响，水泥产品符合国家标准要求。该工艺简单、成本较低，较短时间可以实现污泥的无害化处置。然而该工艺存在运输成本高，喂入水泥窑的污泥超过一定量时水泥燃料成本增加。

华新在污泥化学改性和机械脱水的基础上开发了脱水系统，并于 2011 年华新水泥在黄石花湖污水处理厂建立了 100t/d 的污泥深度脱水设施，将污泥的含水率由 80% 降低到 50%。含水率为 50% 的污泥投入水泥窑不需要额外的燃料。自 2011 年 12 月已经成功处置了 10500t 污泥，有效地解决了当地的污泥处置问题。

② 水泥窑协同处置垃圾、危险废物项目。

华新水泥借鉴豪瑞集团在废物处理技术领域的成功经验，结合中国城市垃圾、市政污泥和工业危废的特点，与豪瑞集团共同研发出了适合我国国情的水泥窑协同处置废弃物处理技术。华新水泥窑协同处置城市生活垃圾系统采用独有的预处理技术，包括六大系统：检测接收、生物及物理干化、机械分选、生物除臭、渗滤液处理，入窑焚烧。该技术系统可对高水分、高有机质、低热值的国内普通生活垃圾进行合理分类处理，产生低含水率的垃圾衍生燃料（RDF）和其他可利用的组分，在水泥窑内 1450℃ 的高温下进行无害协同处理。垃圾干化发酵过程完全在封闭负压空间进行，生活垃圾中发酵产生的恶臭气体被排风机抽风到生物净化装置，经过生物吸附净化后达到去除气味的目的。垃圾干化过程中产生的渗滤液经收集和预处理后送至水泥回转窑进行高温焚烧处理或者是通过在垃圾预处理工厂内自建污水处理厂进行处理并达标排放。垃圾干化后被筛选分类出来的不可燃部分在水泥原料粉磨粉碎过程中得到处理。

另外，华新环境工程有限公司拥有液废、固废及浆渣废物处置系统，具有湖北省环保厅正式核发的 9 类危险废物的处置许可。农药等有机危险废物采用直接入窑焚烧的方式进行处置。

③ 水泥窑协同处置三峡库区漂浮物技术。

华新水泥（秭归）有限公司建有一条日产 4000t/d 的水泥熟料生产线，2010 年 7 月建成利用水泥窑协同处置三峡库区漂浮物技术，日处理能力 1000m³，年处理能力 15 万 m³。漂浮物处置流程如图 9-5 所示。漂浮物是经由水面打捞，含水量超过 60%，直接入窑会增加热耗，影响熟料产量。为了降低漂浮物含水量，华新利用水泥窑余热对破碎后的漂浮物进行干化处理，使漂浮物含水量降至 30% 左右，干化后的漂浮物送入窑尾分解炉进行焚烧。

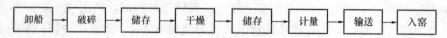

图 9-5　漂浮物处置流程图

④ 水泥窑协同处置污染土技术。

华新自主研发了污染土处置工艺和设备，并于 2011 年 12 月在武穴建成了污染土处置平台年处理能力为 20 万 m^3，该技术主要是对有机污染土进行储存、破碎、烘干、粉磨及均化处理，同时将处置过程中产生的废气引入窑中焚烧，经粉磨烘干脱毒处理后的污染土可以喂入水泥窑，替代部分硅质原料，并生产出完全满足质量标准的水泥熟料。该项目首次提出"热质均衡系统技术"以及有机污染土的高温点投入处置技术方案。

（5）江苏天山水泥集团有限公司溧阳分公司

处置固废种类：污泥、垃圾、危险废物。

① 水泥窑协同处置污泥技术。

由天津水泥设计研究院提供技术于 2011 年 7 月投产运行，处置规模为 120t/d，处置工艺为污泥直接泵入烟室焚烧处理。

② 水泥窑协同处置垃圾技术。

2012 年 5 月，由中材国际负责研发设计的水泥窑协同处置垃圾示范线在溧阳天山水泥公司投产运行，城市生活垃圾日处理量 450t/d。其技术路线为：城市生活垃圾由市政环卫部利用现有垃圾运输车直接运送到综合处理厂，经大件分拣、初步破袋后进入滚筒筛进行破袋、打散和筛分，筛分后的筛上物主要有塑料、纸张、织物、厨余等，筛下物中一般含有渣土、玻璃、陶瓷、塑料碎片等；然后，对滚筒筛的筛上物进行风选、粗破、振动分选等，将其中可燃物分选出；剩余的渣土、厨余与滚筒筛筛下物混合后喂入密度风选机，将可能含有的小片薄膜塑料分选出；分选出的小片薄膜塑料与筛上物分选出的可燃物一起打包送至水泥厂堆放区储存，分选出的砖石、玻陶、土类物料送至水泥厂原料系统作为替代原料，分选出的厨余物掺入发酵抑制剂经混合、成型后也进入水泥原料系统。其中，进入水泥厂堆放区储存的可燃物经过破碎后，即可输送至窑头，通过 NC-7 型可替代燃料燃烧器进行燃烧利用。

③ 水泥窑协同处置危险废物技术。

依托溧阳天山日产 5000t 新型干法水泥窑处置危险废弃物，一期建设年处置危险废弃物 9800t、综合利用废弃物 2 万 t。处置的危险废弃物主要为两大类：有毒有害工业废液（2800t/a）；有毒有害半固态和固态工业危险废弃物（7000t/a）。

（6）洛阳黄河同力水泥有限责任公司

处置固废种类：垃圾、工业废渣。

① 水泥窑协同处置垃圾技术。

黄河同力水泥有限责任公司于 2011 年利用 5000t/d 水泥熟料回转窑生产线建成，在现有厂区内新建日处理城市生活垃圾 350t 示范项目，年处理宜阳县和洛阳市城市生活垃圾 11.55 万 t。

生活垃圾由市政垃圾车密封运输进厂，经计量后送至密封垃圾储坑内。用抓斗起重机喂入垃圾破碎机，破碎后的垃圾回到储坑内。再次经抓斗起重机喂入板式喂机（均匀喂料）、皮带机送入 L 型垃圾焚烧炉内焚烧，利用水泥窑系统三次风管引入 900℃以上热风，作为 L 型垃圾焚炉焚烧垃圾的热源。垃圾焚烧后产生的高温烟气返回三次风管进入分解炉、预热器、SP 余热锅炉，经原有的窑尾废气处理系统排入大气。为防止垃圾储存和输送过程中产生的臭气外泄，储存车间和输送皮带廊全部采用封闭负压结构，由风机抽吸臭气串联入篦冷机一室风机送入水泥窑内烧掉。垃圾产生的渗滤液由专用水泵送入 L 型焚烧炉内烧掉。垃圾焚烧后产生的灰渣经储存库、喂料机、皮带机送入原料磨，成为水泥原料。

② 水泥窑协同处置工业废渣。

黄河同力水泥有限责任公司利用采矿废渣和工业废渣代替部分原材料，主要包括：石灰石采矿废渣、硅尾粉、粉煤灰、硫酸渣、脱硫石膏、转炉渣。2011 年，公司使用石灰石废渣 129 万 t、硅尾粉 37 万 t、铁矿石尾粉 12 万 t、粉煤灰 28.5 万 t、脱硫石膏 6 万 t、转炉渣及转炉渣粉 39 万 t，实现了采矿废渣和工业废渣综合利用。

505. 美国水泥窑协同处置固废的现状如何？

美国的水泥工业从 1974 年就开始利用有机废物，20 世纪 80 年代中期以来，随着美国联邦法规对危险废物处理要求的加强，危险废物焚烧处理量迅速增加，到了 1987 年这种做法已经相当普遍。美国环保署有一项政策：每个工业城市至少保留一个水泥厂，在部分满足水泥需求的同时还用于处理城市产生的危险废物。美国的水泥厂仅在 1989 年共焚烧了工业危险废物一百多万吨，是当年焚烧炉处理危险废物的 4 倍。1990 年，美国 111 家水泥厂中有 34 家使用工业危险废物作为替代燃料。1994 年美国共有 37 家水泥厂或轻骨料厂用危险废物替代燃料烧制水泥，处理了近 300 万 t 危险废物，占美国 500 万 t 危险废物的 60%。1989 年至 2000 年美国利用水泥窑处置的危险废物总量稳定在 100 万 t/a 左右。2009 年，美国总计 163 个水泥窑中有 24 个用于协同处置危险废物，协同处置危险废物的窑型包括湿法长窑、干法长窑、带预热器的干法窑、新型干法窑以及半干法窑（立波尔窑），其中大部分为湿法长窑。危险废物在水泥窑内的试烧结果显示，即使难降解的有机废物（包括 POPs 废物）在水泥窑内的焚毁去除率也可达到 99.99% 到 99.9999%。2010 年，超过 60% 的美国水泥厂使用替代燃料，水泥厂 13% 的能源消耗来自可替代燃料，轮胎消耗 322000t，固体废物 411000t，液体废物 9.09 亿升。

506. 日本水泥窑协同处置废物的现状如何？

日本的水泥工业从资源贫乏和填埋地不足的国情出发，重视废物的综合利用，贯彻可持续发展的方针。20 世纪 90 年代，日本水泥工业已从其他产业接受大量废弃物和副产品，逐渐采用的废弃物有铸造业的铸型废砂、重油燃渣、废机油、废塑料、废木材等。20 世纪 80 年代末 90 年代初，日本在全国各地新建了两千多座专用的废物和垃圾焚烧炉。这些垃圾焚烧炉都采用了先进技术装备，环保标准很高，而且具有足够的能力处置全国的可燃废物。因此，现今日本水泥工业的燃料替代率低于欧洲，而如何利用焚烧炉灰渣制造水泥成了日本水泥行业利废的一个主要研究项目。1993 年日本秩夫小野田公司首次开展用垃圾焚烧灰生产水泥的研究与设计工作，并建成了 50t/d 的试验生产线，由于该水泥原料中 60% 为城市生活垃圾，故取名为"生态水泥"。2001 年 4 月，日本建成了以焚烧炉灰渣为主要原料的年产"生态水泥"11 万 t 的生产线，2002 年 7 月制订了"生态水泥"的工业标准，为焚烧炉灰渣的有效利用创出了一条途径。日本全国共有四十多家水泥企业，其中 50% 以上的工厂均用于同时处理各种废弃物。近年来，日本水泥工业利用废弃物的种类及使用量情况见表 9-1。到 2011 年，每吨水泥的废物利用量已达 471kg，废物利用总量达到 2700 万 t。

表 9-1　日本水泥工业废弃物种类及使用量情况表（日本水泥协会）　单位：百万吨

种类	1990	1995	2000	2005	2010	2011
高炉矿渣	12.2	12.5	12.2	9.2	7.4	8.1
煤灰	2.0	3.1	5.1	7.2	6.6	6.7
污泥	0.3	0.9	1.9	2.5	2.6	2.7
副产石膏	2.3	2.5	2.6	2.7	2.0	2.2
建筑垃圾	—	—	—	2.1	1.9	1.9
煤渣、煤尘	0.5	0.5	0.7	1.2	1.3	1.4
有色金属矿渣	1.2	1.4	1.5	1.3	0.7	0.7
钢渣	0.8	1.2	0.8	0.5	0.4	0.4
木屑	—	—	0.0	0.3	0.6	0.6
废塑料	—	—	0.1	0.3	0.4	0.4
其他	2.5	3.0	2.5	2.3	2.1	2.0
合计	21.8	25.1	27.4	29.6	26.0	27.1
每吨水泥使用量（kg/t）	251	257	332	400	465	471

 ### 507. 欧洲水泥窑协同处置废物的现状如何？

　　欧洲水泥行业是使用替代燃料数量最多的工业行业。根据 2007 年《废物焚烧指令》执行评估报告，以废物作为替代燃料并获得欧盟许可证的企业中，水泥企业有 124 家，欧洲各国协同处置危险废物的水泥窑窑型大多是新型干法水泥窑。根据欧盟的统计，欧洲 18% 的可燃废物被工业行业利用，其中有一半是水泥行业，是电力、钢铁、制砖、玻璃等行业的总和。据统计，目前欧洲有大约二百五十多个水泥厂开展了危险废物作为替代燃料的业务，2000 年协同处置了约 100 万 t 的危险废物，2006 年欧洲水泥企业的燃料替代率达到了 18%，每年可减少 CO_2 排放 900 万 t，减少煤炭消耗 500 万 t，原料替代率为 5%，即每年节省常规天然原料 1450 万 t，若算上加入水泥中的替代混合材，则原料替代率可达 30% 以上。

　　德国是世界上较早利用水泥窑协同处置废物的国家。自 1980 年以来，德国水泥工业的燃料替代率保持了迅猛的增长势头。20 世纪 80 年代中后期，德国保利休斯、洪堡等公司已着手进行一系列工业性试验，研究在水泥窑预分解系统中对经过加工的垃圾、废轮胎及其他可燃性工业废弃物的利用问题，取得了一定成功并开始用于工业生产。1995 年汉堡附近的一台 4500t/d 水泥回转窑开始投产用来处理生活垃圾，柏林水泥厂因焚烧大量的垃圾及有害物，实现了水泥产品的零成本。1999 年有 18 个水泥厂以废轮胎作为替代燃料，50% 的水泥厂不同程度地利用各种可燃废物，2001 年燃料替代率达到了 30%，2005 年有 80% 以上的水泥厂开展了废物协同处置业务。2001 年德国水泥工业替代原料的使用量达到了 668.4 万 t，占全国废物利用总量的 17.1%。德国水泥工业综合利废的最大特色在于各种用途的发展较均衡，可利用的废物种类多，范围广，环保要求高。

　　法国 Lafarge 水泥公司从 1970 年开始了废物代替自然资源的研究工作，经过近 30 年的研究和发展，危险废物处置量稳步增长。2004 年，该公司在法国协同处置的危险废物占全国焚烧处置的危险废物总量的 50%，燃料替代率达到 50% 左右。

瑞士 Holcim 水泥公司在 20 世纪 80 年代开始开展可燃性废物作为替代燃料的工作。Holcim 水泥公司在比利时有一家湿法水泥厂，该厂以危险废物作为替代燃料的燃料替代率已经达到了 80%，其余约 20% 的燃料为回收的石油焦，目前该厂的燃料成本已降为 2% 左右。这些可燃性工业废物、废油、液态燃料和经过干燥粉磨的精炼厂油渣从窑头喷射入窑内燃烧，家庭和工厂自身产生的废物（废纸、废塑料、废衣物和织物）用塑料膜打包后，经窑中喂料装置从窑中喂入。

瑞典水泥工业的燃料替代率已达 20% 以上，2008 年达到 50% 以上，计划 2020 年基本实现 100%。

丹麦 Aalborg 市每年产生 30000 吨含水率 85%~90% 的城市污泥，经机械脱水和低温干燥后用作水泥原料，在污泥烘干过程中产生的沼气用于城市供热。Aalborg 水泥厂采用城市污泥配料以后，熟料热耗及 CO_2、NO_x 排放均有所降低。

在挪威，利用水泥窑焚烧处置 PCBs 已开展了十多年。

508. 国外水泥窑协同处置固废典型技术有哪些?

（1）日本埼玉水泥厂 AK 系统

"AK"是英语"Applied Klin"的字头，"AK"系统，意为把窑专用于处理城市垃圾，使其成为水泥资源的系统。也就是使家庭产生的垃圾和一般的产业垃圾，在资源化窑内产生生化分解反应——发酵，从而作为普通波特兰水泥原燃料再次进行利用的系统。

2002 年 11 月 22 日，太平洋水公司埼玉水泥厂 AK 系统开始运转，使人口约 5 万 4 千人的 Et 高市所产生的城市垃圾，全部作为水泥资源加以利用。

AK 系统及水泥生产流程为：由城市收集来的袋装垃圾不是送到垃圾焚烧场，而是直接用垃圾收集车运至水泥厂，卸到密闭的垃圾储存室地坑内，然后用抓斗经输送设备送入垃圾资源化窑内，随着窑的缓慢旋转向前行进。在第一天垃圾袋破裂并垃圾粉碎，第二天垃圾迅速进行需氧发酵，第三天由于发酵，垃圾已经成为水泥的原燃料资源。最后，资源化的原料经过提升、破碎、筛分和分选，投入到温度为 1000℃ 的窑尾内，再经过 1450℃ 的高温煅烧成熟料；而资源化窑内所产生的可燃气体，和破碎，筛分及分选阶段所产生的可燃气体一起，经过脱臭，作为助燃风和燃料一起在窑头投入到窑内。最后熟料在水泥粉磨系统添加石膏粉磨成水泥，供应水泥市场。

把垃圾脱胎换骨作为水泥原燃料在水泥窑内烧成，由于水泥窑在 1450℃ 以上的高温下连续运转，抑制了二恶恶英等有害物质的产生，防止了恶臭的散发，避免了二次污染。投入到资源化窑中的垃圾，在低速回转中垃圾袋破裂，混合，再经过需氧生化反应，使有机物分解，从而脱胎换骨成安全、无污染的资源化物料。此外，分解中产生的气体，作为水泥窑烧成用空气利用，并完全脱臭。资源化物料中的可燃成分，可作为水泥烧成燃料利用，而燃烧时所产生的灰分又可作为水泥原料利用。因此系统实现了不产生二次废物的、完全循环利用之目的。资源化物料的使用率，控制在整个原料的几个百分点以下，因此完全不会影响水泥的质量，并可以有效控制重金属含量在安全的范围内。

（2）德国 Rüdersderf 水泥厂循环流化床技术

由于黏土资源的匮乏，早在 20 世纪中叶，德国 Rüdersderf 水泥厂就开始采用粉煤灰作为黏土质配料。自 1970 年以来，吕德斯多夫水泥厂开始涉足废弃物作为水泥厂替代原燃料的利用。吕德斯多夫水泥厂采用的是循环流化床裂解炉处置废弃物，它对废弃物的品质有着一定的要求，目前该厂对废弃物作为原燃料替代物采用如表 9-2 和表 9-3 的控制指标。

表 9-2　Rüdersderf 水泥厂原燃料的重金属含量控制要求　单位：mg/kg

	石灰石	黏土	煤	替代燃料			土壤利用的上限	国际水泥界控制数据
				碎木材	塑料	可熘物		
Hg	0.005～0.1	0.02～0.5	0.1～2	0.6	0.5	1.5	10	0.05～1
Tl	0.05～1.5	0.2～1	0.1～5	<0.5	<0.1	5	10	0.05～1
Cd	0.002～0.5	0.02～1	0.1～7	0.3	1.6	10	10	0.05～5
Pb	0.3～25	10～100	5～250	7	92	250	1000	2～100
As	0.5～15	10～100	1～50	9	2	20	150	2～20
Cr	0.5～20	20～200	5～100	44	92	100	600	10～100
Cu	5～5	10～100	10～100	49	63	1000	600	5～100

表 9-3　Rüdersderf 水泥厂替代燃料废弃物品质要求

规定项目	单位	最低要求	实际值
1. 热值	kJ/kg	11000	15000
2. 湿度	M.-%	≤40	30
3. 粒径	Mm	可燃物≤50 矿物质≤5	25、 (d_{50}=0.5)
4. 灰分含量	M.-%	—	10
5. 灰分中矿物质含量		与质量管理部门协商	$SiO_2+Al_2O_3+Fe_2O_3>75\%$

和其他直接焚烧废弃物的方式相比，采用循环流化床有它独到的优势：首先废弃物在流化床内的可以达到充分的气固混合，它的停留时间很长，足够保证固体可燃物充分气化所需要的反应时间；其次借助气流和固体之间高的速度差以及充分的气固分散效果导致在流化床内有良好的气固热交换；第三在流化床内物料浓度比较大，热容量较高，因此热解气体的输出对废弃物投料量、窑的操作状况的波动不敏感。

在利用废弃物的实际运行中，还必须满足几个基本的工艺条件。首先应当确保废弃物满足规定的质量控制要求并达到成分尽可能的均匀，在利用废弃物时保证料流的稳定，这样可以尽量避免物料在流化床内进行内循环时出现堆积等异常状况。目前吕德斯多夫水泥厂通过大的储料仓漏斗和一些对机械设备的技术改造可以确保废弃物燃料和床料均匀地喂入热解气化循环流化床炉。在循环床和热解烟气管道内还存在着由于氯、硫、碱等组分存在引起的结皮的问题。目前厂方主要通过控制入窑热生料的 Cl、SO_3 含量分别不超过 0.5%、1.5% 的要求来控制废弃物的 Cl、SO_3 成分。通过循环流化床的热解，旧木材、纸张、塑料、橡胶等有机可燃物、部分生活垃圾以及具有较高含碳量的废砂、废渣、被污染的土壤等均可以通过气控热分解形成可燃气体。Rüdersderf 水泥厂还进行了不同废弃物作为燃料的烟气污染物排放的测定，结果表明使用不同的废弃物燃料都可以达到合格的排放要求。

（3）史密斯热盘炉技术

热盘炉（HOTDISC）是丹麦史密斯公司于 2000 年研发成功并推向市场的专门为新型

干法水泥窑协同全社会处置可燃固体废弃物（废轮胎、废皮革、废塑料、生活垃圾、动物骨肉、废家具、废织物等）。热盘炉底部设有可调节转速的圆形炉盘（1～4r/h），可燃废弃物（垃圾）通过计量后喂入锁风喂料阀进入炉内。高温三次风则先通入热盘炉，垃圾在旋转炉盘上燃烧，燃气温度为 1050℃左右，再全部进入分解炉，从炉盘卸出的燃烧垃圾灰渣，其中粗粒直接落下进入窑尾，细粉（飞灰）则随燃气进入分解炉。当烧成系统出现意外故障时，设在热盘炉上方的冷生料小仓可以直接放入生料进炉，阻断垃圾燃烧，使热盘炉上的火很快熄灭，避免水泥窑系统不正常时环保超标排放。在已有的新型干法窑系统中增设热盘炉烧垃圾，一般可替代分解炉原燃煤量的一半，相当于熟料总煤耗的 30%。

（4）废弃物预处理和输送系统

SMP 系统是德国普茨迈斯特公司针对工业废弃物和危险废弃物的预处理和输送系统。该系统主要由进料、破碎、搅拌和泵送部分组成。其中破碎（S）、搅拌（M）和泵送（P）最为关键，所以该系统也简称 SMP 系统。桶装的、固体散装的和其他形式包装的有害废料被全部投入破碎机进行破碎，破碎后的物料在搅拌机中与加入的废油进行搅拌，最后通过特殊的 EKO 泵直接送入转窑焚烧。

破碎系统是通过剪切、撕裂和挤压等来减小物料尺寸达到破碎的要求。根据实际破碎效果，可采用单轴、双轴、三轴或四轴。由于这种破碎机的设计很特殊，有害废料及其包装，如铁皮或铅皮桶、塑料桶、玻璃罐和陶瓷容器等，都可被直接放入破碎机并进行破碎。破碎后的最大颗粒约为 250mm×60mm。搅拌系统为连续轴流式搅拌。破碎后的废料和废油从搅拌腔的左上部进入，经搅拌桨叶搅拌后，从右下方挤出。泵送系统中泵进口上部装有两个锤型砸料器，一个负责把泵斗里的粗大物料砸碎，一个负责把物料砸进泵腔中。金属冠状头的柱塞把物料直接推入管道中，泵出口的液压闸板阀可切断任何将未进入管道的物料，以保证下一个泵送冲程的顺利进行。由于砸料器的最大冲击力为 80t，泵的进料口为 760mm×360mm，活塞缸径为 350mm，所以即使有大块未被破碎的物料进入料斗中，也能被顺利地泵送。同样由于废料采用管道泵送方式，极大地方便和简化了现场布置。管道的密封性使危险废物与环境完全隔绝，氮气充填技术大大提高了操作的安全性。该套系统真正实现全自动控制、稳定运行、免维护，单线最大年处理能力为 8.5 万 t 左右。

第十章
水泥行业固体废物综合利用

第一节　水泥行业固体废物综合利用概述

509. 水泥行业综合利用废弃物的途径有哪些？

（1）具有一定活性或潜在活性的工业废弃物可以作为水泥混合材。

（2）含有一定热值的工业固废可以作为水泥生产替代燃料。

（3）与水泥生产原料成分相似的工业固废可以作为水泥生产替代原料使用。

510. 什么是水泥混合材？

为了改善水泥的某种性能、调节水泥的强度等级、提高水泥产量、降低水泥生产成本，在生产水泥时加入的人工和天然的矿物材料，称为水泥混合材。水泥混合材分为活性混合材和非活性混合材。混合材如今已经成为水泥工业处置和利用工业废弃物的重要途径。据统计在所有适用于水泥工业处置和利用的废弃物中，70％以上是作为混合材使用的。

511. 水泥行业综合利用的废弃物种类有哪些？

我国是世界水泥生产大国，水泥工业具有消化利用固体工业废物的巨大潜力。水泥中常用的工业固体废物包括：

（1）混合材，包括部分粉煤灰、矿渣、煤矸石等。钢渣、化铁炉渣、有色金属渣等也具有一定的活性，成本与矿渣相近，在缺少矿渣的地方，可以用作矿渣的代用品。同样，煤渣、液态碴等材料与粉煤灰的性质比较接近，在有这些材料的地方可作粉煤灰的替代品。而以氧化硅、氧化铝、氧化钙等金属氧化物为主要成分的工业废渣，如锂渣、稻壳灰这些排放量非常大的工业废弃物，在采用了一定的激活技术后，都具有潜在活性。这些工业废弃物经过一定的加工后都是极好的水泥混合材料，具有非常可观的利用价值。

用作水泥缓凝剂，主要是石膏类工业废渣，如：磷石膏、氟石膏、盐田石膏、环保石膏等。这些石膏通过改性后，可全部代替水泥生产所需要的石膏。

（2）替代燃料，包括煤矸石、炉渣、石油焦等。这部分工业固废不仅可以代替化学组分，而且还可代替部分热量。

（3）替代原料，包括电石渣、金属尾矿、赤泥等。含有三氧化硫、磷、氟等天然矿化成分，如磷石膏、氟石膏、盐田石膏、环保石膏、电石渣、柠檬酸渣等可做矿化剂。

512. 哪些固体废物不能作为混合材原料？

（1）危险废物；

（2）有机废物。

国家法律、法规另有规定的除外。

513. 水泥中常用的混合材可以分为哪几类？

水泥厂常用的各种混合材归纳为以下三大类：

（1）碱性活性混合材，如矿渣、增钙液态渣等；

（2）酸性及中性活性混合材，如沸石、火山渣、粉煤灰、沸腾炉灰、煤矸石等；

（3）碱性及中性惰性混合材，如石灰石、硅灰石尾矿等。

514. 大宗工业固体废弃物综合利用现状如何？

水泥工业具有利大宗工业固体废物的巨大潜力，并具有显著的经济效益和社会效益。2012 年国家发展和改革委员会公布中国资源综合利用年度报告，报告公布了我国对产业废弃物综合利用情况。2011 年，我国粉煤灰产生量达 5.4 亿 t，综合利用量达 3.67 亿 t，综合利用率达到 68%，其中用于水泥生产约 1.5 亿 t，占利用总量的 41%。2011 年，我国煤矸石产生量约 6.59 亿 t，综合利用量 4.1 亿 t，综合利用率 62%。生产建材利用煤矸石量五千多万吨；2011 年，我国工业副产石膏产生量达 1.69 亿 t，其中磷石膏 6800 万 t，脱硫石膏 6770 万 t，其他工业副产石膏 3285 万 t。工业副产石膏年综合利用量 7789 万 t，已与天然石膏持平，综合利用率达到 46.2%，水泥生产利用工业副产石膏 6000 万 t 作为水泥缓凝剂。2011 年，全国钢铁冶金渣产生量约 4 亿 t，其中高炉渣 2.38 亿 t、钢渣 9360 万 t、含铁尘泥 5580 万 t、铁合金渣 1160 万 t，综合利用量约 3.87 亿 t，综合利用率达到 96.7%，主要用于水泥、混凝土掺合料以及钢渣砖、透水砖、免烧砖、砌块、路缘石等各种建材制品的生产。2011 年，我国电石渣产生量达 1757 万 t，综合利用率达 100%，主要用于生产水泥、碳化砖、粉煤灰砖、室内装饰材料等建材产品，近年来扩展到用于工业脱硫及生产碳酸钙、氯化钙、硫酸钙等化工产品。2011 年，有色冶炼渣产生量 7639 万 t，其中赤泥、铜渣、锌渣、铅渣产生量分别为 4260 万 t、1356 万 t、400 万 t 和 289 万 t，综合利用量达到 3700 万 t，综合利用率约 48%，其中铜渣、铅渣基本得到综合利用，赤泥综合利用率较低，仅为 5.2%。国家"十二五"资源综合利用指导意见提出，目标到 2015 年大宗固体废物综合利用率达到 50%；工业固体废物综合利用率达到 72%。

第二节　工业固废替代水泥窑原料

515. 什么是尾矿？

尾矿是选矿中分选作业的产物之一，其中有用目标组分含量最低的部分称为尾矿。在当前的技术经济条件下，已不宜再进一步分选。但随着生产科学技术的发展，有用目标组分还可能有进一步回收利用的经济价值。尾矿并不是完全无用的废料，往往含有可作其他用途的组分，可以综合利用。实现无废料排放，是矿产资源得到充分利用和保护生态环境的需要。

516. 什么是煤矸石？

煤矸石是煤炭开采和加工过程中排放出的废弃岩石。开采煤炭时，从煤层的顶板夹石层或底板部位，以及在开拓掘进中从煤层周围挖掘和爆破出的各类岩石，在采煤、选煤过程中被剔除而丢弃。一般煤矸石综合排放量占原煤产量的 15%～20%。煤矸石产生的途径有以下三种：

（1）在井简与巷道掘进过程中，开凿排出的矸石。

（2）在采煤和煤巷掘进过程中，由于煤层中夹有矸石或削下部分煤层顶底板，使运到地面中煤炭含有的原矸。

（3）洗煤厂产生的洗矸和少量人工挑选的拣矸。

517. 什么是粉煤灰？

粉煤灰是煤炭中的灰分，经分解、烧结、熔融及冷却等过程形成的固体颗粒，主要由 SiO_2、Al_2O_3、FeO、Fe_2O_3 等氧化物组成，此外还含有钼、银、铬等稀有金属。粉煤灰表面呈球形，具有粒细、质轻、比表面积大、吸水性强等优点。

我国是全球第一粉煤灰排放大国，但迄今为止粉煤灰的利用率仅为 40% 左右，粉煤灰（特别是电站粉煤灰）的综合利用工作已迫在眉睫。

518. 什么是冶炼渣？

冶炼渣是钢铁、铁合金及有色重金属冶炼和精炼等过程的重要产物之一，主要成分是 CaO、FeO、MgO、SiO_2、P_2O_5、Fe_2O_3 及 Al_2O_3 等氧化物，此外，经常含有硫化物和少量金属。

519. 什么是副产石膏？

工业副产石膏是指工业生产中因化学反应生成的以硫酸钙为主要成分的副产品或废渣，也称化学石膏或工业废石膏。主要包括脱硫石膏、磷石膏、柠檬酸石膏、氟石膏、盐石膏、味精石膏、铜石膏、钛石膏等，其中脱硫石膏和磷石膏的产生量约占全部工业副产石膏总量的 85%。

根据《工业和信息化部关于工业副产石膏综合利用的指导意见》中的数据：目前工业副产石膏累积堆存量已超过 3 亿 t，其中，脱硫石膏 5000 万 t 以上，磷石膏 2 亿 t 以上。工业副产石膏经过适当处理，完全可以替代天然石膏。当前，工业副产石膏综合利用主要有两个途径：一是用作水泥缓（调）凝剂，约占工业副产石膏综合利用量的 70%；二是生产石膏建材制品，包括纸面石膏板、石膏砌块、石膏空心条板、干混砂浆、石膏砖等。

520. 什么是赤泥？

赤泥是以铝土矿为原料生产氧化铝过程中产生的极细颗粒强碱性固体废物。每生产 1t 氧化铝，大约产生赤泥 0.8~1.5t。我国是氧化铝生产大国，根据 2010 年工业和信息化部和科学技术部联合印发的《赤泥综合利用指导意见》，2009 年生产氧化铝 2378 万 t，约占世界总产量的 30%，产生的赤泥近 3000 万 t。目前我国赤泥综合利用率仅为 4%，累积堆存量达到 2 亿 t。预计到 2015 年，赤泥累计堆存量将达到 3.5 亿 t。

目前，赤泥综合利用仍属世界性难题，国际上对赤泥主要采用堆存覆土的处置方式。

521. 什么是电石渣？

电石渣是 PVC 生产企业采用电石法生产时排出的工业废渣。电石的生产过程中，石灰和焦炭中的许多微量元素均变为气态逸出，因此在电石中 K_2O、Na_2O 的含量很低。

电石水解生成乙炔后排出电石渣，其反应过程为：$CaC_2 + 2H_2O \longrightarrow Ca(OH)_2 + C_2H_2$。在获得 C_2H_2 的同时也产生了副产物电石渣，其主要成分是 $Ca(OH)_2$，含量高达

80%以上，同时含有少量从石灰石和焦炭中带来的 SiO_2、Al_2O_3 和 Fe_2O_3，而且细颗粒较多，一般情况下 20% 的粒子粒径在 $50\sim80\mu m$ 之间，80% 以上的粒子粒径在 $50\mu m$ 以下，20% 的粒子粒径在 $10\mu m$ 以下，也有少数的电石渣干粉粒径都在 $45\mu m$ 以下。如果得不到有效处理，堆放将占用大量的土地，对周边的环境污染严重，属于难以处理的工业废渣。

目前我国生产 PVC 树脂的原料有 70% 以上来自电石，因电石法 PVC 生产的发展，再加上其他一些化工产品也要用电石法制乙炔，致使电石渣的排放量也逐渐增多，每年全国排放总量近千万吨，如果没有对电石渣及时进行处理，必将给环境造成污染，影响节能减排的实施。

采用电石法生产乙炔有湿式乙炔发生工艺和干式乙炔发生工艺之分。湿式乙炔发生工艺是用过量的水与电石反应制取乙炔，其电石渣含水量可达到 85%～95%，在沉清池沉清后含水量可到 60%～80%，如果再堆放一定时间，让水分自然蒸发后的含水量可到 50%～55%。干式乙炔发生工艺是在电石水解过程中喷入略多于理论量的雾态水，喷在粒径较小的电石上使之水解，产生的电石渣含水量为 4%～10%，电石消耗水量为湿式乙炔发生工艺的 10%。

522. 电石渣主要含有什么成分？

电石渣的主要成分是 $Ca(OH)_2$，还含有 CaS、Ca_3P_2、H_3P、Al_2O_3、$Mg(OH)_2$、SiO_2 等杂质。电石渣的钙含量都较高，其主要成分满足水泥生产的要求，属于优质钙质资源，但其中对水泥生产有害的元素也需要关注。

对新型干法水泥生产影响较大的有害元素主要有氯、硫、碱等元素。在电石的生产过程中，其高温过程使得大量的碱金属挥发，因此在电石渣中碱含量较低。在 PVC 的生产过程中，电石渣经沉淀后大量的水会循环使用，在循环使用的水中氯离子大量富集，容易造成电石渣中氯离子含量超标。生产中，有的工艺会采用 SO_2 清洗水中的氯，这样电石渣中的硫含量也大幅度增加，很难满足水泥生产中对硫含量的控制标准。集中电石渣的主要化学成分见表 10-1。

表 10-1　几种电石渣的主要化学成分（质量分数，%）

编号	烧失量	SiO_2	Al_2O_3	Fe_2O_3	CaO	MgO	K_2O	Na_2O	SO_3	Cl^-
1#	25.62	8.05	2.66	0.73	61.27	0.02	0.0000	0.0900	0.1700	0.0200
2#	25.41	2.96	2.35	0.35	65.89	0.05	0.0300	0.0300	0.0700	0.0090
3#	29.90	5.26	2.07	0.47	59.31	0.18	0.1000	0.0400	0.2700	0.0300
4#	24.65	3.41	1.60	0.48	68.44	0.12	0.0200	0.0500	0.5300	0.0000

对于有害元素氯、硫含量的偏高，在必要的情况下，化工生产企业可以通过生产过程的控制来降低有害元素的含量，达到水泥生料对有害元素的控制水平，满足水泥熟料生产的需要。

523. 电石渣与石灰石的烧结性能有何区别？

电石渣的烧结性能直接影响到利用电石渣作为钙质原料煅烧水泥熟料的工艺控制。新型干法电石渣制水泥熟料的工艺控制与电石渣自身的理化特性有较大的关系，具体表现为：

（1）电石渣与石灰石的热性能差异较大，其预热预分解过程在不同的温度段完成；

（2）利用电石渣配制的生料易烧性与具体的配料物料的性质有关，钙质原料只是影响其易烧性的因素之一；

（3）电石渣与石灰石分解后得到的 CaO 的烧结性能不同，晶体结构也不同，利用电石渣制水泥熟料得到的主要矿物的晶体形态也不同；

（4）利用电石渣生产的熟料具有较高的强度。

524. 以电石渣为原料生产水泥熟料经历了哪几个阶段？

电石渣制水泥熟料随着技术的发展经历了 4 个阶段：

第一阶段，立窑和湿法窑生产阶段，该阶段特点为电石渣处理量小，对技术经济指标的要求较低。

第二阶段，半湿法生产阶段与干法中空窑生产阶段，该阶段是应电石渣处理量的要求越来越大的情况下产生的，100％利用电石渣作为石灰质原料，同时技术经济指标较第一阶段有了一定的提高。

第三阶段，新型干法工艺生产但电石渣的掺量降低，该阶段包括湿磨干烧与干磨干烧生产工艺，在该阶段以追求技术经济优化为导向，技术经济指标得到了优化，但同时却牺牲了100％利用电石渣作为石灰质原料的目标，使得电石渣的处理量大幅度降低。

第四阶段，仍然采用新型干法工艺，石灰质原料 100％利用电石渣生产水泥熟料，该技术最终突破了石灰质原料 100％利用电石渣的同时，技术经济上达到了新型干法的同期水平，目前该技术还没有投入实际生产。

525. 什么是湿磨干烧与干磨干烧（干湿法）工艺？

（1）湿磨干烧生产工艺。湿磨干烧生产工艺是近期较为流行的生产工艺，技术成熟。其生产工艺为：除电石渣外的其他原料配料后进入湿法生料磨，与电石渣浆体配制成的生料浆通过机械脱水装置脱水，再将得到的料饼送入烘干破碎机，利用窑尾的废气余热烘干料饼，烘干后的生料随气流进入窑尾两级预热器、分解炉、回转窑煅烧水泥熟料。

采用湿法生产水泥熟料，可利用电石渣浆水分高达 60％～70％的特点，在生料制备过程中采用湿磨将其他几种原料制成料浆，与电石渣浆按体积配制成生料浆，送入湿法长窑煅烧成水泥熟料，或生料浆经机械压滤脱水使水分降为 25％～35％，再利用窑尾废气供干破碎后入干法中空窑煅烧成水泥熟料，采用湿法工艺，电石渣可 100％代替石灰石生产熟料。

云维集团水泥厂就是采用这种工艺，经过压滤后的滤饼水分可高约 35％左右，滤饼卸出后被输送到窑尾烘干破碎机，烘干后的生料经过窑尾的两级预热器和分解炉，最后入窑煅烧熟料。最高掺加量达 50％以上，运行良好。

（2）干磨干烧生产工艺。即国家产业政策支持的工艺方案——新型干法水泥生产工艺。干法水泥生产中，分为 5 级预热和 3 级预热两种方法，区别在于是否全部使用电石渣代替石灰石。如电石渣 100％代替石灰石，则只能采用 3 级预热，部分电石渣代替石灰石，就可采用 5 级预热，这是因为电石渣分解温度低，容易在 4、5 级预热器的锥体或者管道结皮堵塞。

由于电石渣供应量的限制，采用电石渣代替部分石灰石生产水泥，一般设计规模都在2000～3000t/d，设备技术比较成熟。目前在国内采用 3 级预热电石渣 100％代替石灰石的生产工艺，新疆有 4 条生产线，四川省有一条生产线，规模在 2000～3000t/d。采用 5 级预热的生产线全国有 10 条，其中四川省有 3 条生产线，其他分布在浙江、山东、云南等地，均是电石渣代替 10%～30% 石灰石生产水泥熟料。

526. 以电石渣为原料的干湿法水泥熟料生产工艺有何优缺点？

湿法生产水泥的优点是：电石渣可以不再进行粉磨，节约生料制备成本，熟料工艺简单。缺点是：生料工艺复杂，料浆质量不可靠。料浆库建设成本高，料浆必须经过压滤才能入窑，电耗高；物料要进行烘干，热耗高。湿法生产水泥的生产线总体投资比干法生产线高8000 万元左右。

干法生产水泥的优点是：工艺简单，和传统生产线一样，电石渣分解温度仅为 589℃，较之传统湿法生产采用石灰石配料，熟料烧成热耗可大幅度降低。缺点是：电石渣分解温度低，容易在锥体或者管道结皮堵塞，操作困难。

两种生产工艺的熟料质量均可以满足生产 52.5 级水泥的品质要求，但熟料的早期强度还需要进一步提高，主要原因是：显微结构表明，用电石渣代替 100% 石灰石生产的熟料，内部不致密，主要是受熟料烧成温度偏低的影响。

527. 湿法水泥窑处理电石渣，应采用何种除尘方式？

普通湿法水泥窑窑尾废气一般是采用电除尘器。但对于以电石渣为主要原料的湿法水泥窑，采用电除尘器在国内没有成功经验。其原因在于废气中硫、氯有害元素的存在及废气中湿含量的差异。湿法窑的窑尾废气温度一般在 120～200℃ 之间，废气露点温度在 60～70℃ 之间，结露的几率较小。而湿法窑处理电石渣，废气中会产生酸蒸汽，酸蒸汽的废气露点温度可能在 120℃ 左右，与废气温度很接近，温度稍一波动，将会出现冷凝水。烟气中的酸性分子遇水后形成酸性液滴，对极板、壳体的金属产生直接的酸腐蚀。另外，当废气中的酸性液滴与黏附性强的粉尘结合，沉淀在极板上，在电场的作用下，不断地吸附负离子，从而造成极强的电化学腐蚀，进一步加速极板的氧化。因此国内用于电石渣湿法窑尾的电除尘器，使用寿命都不长。

湿法水泥窑处理电石渣，宜采用湿法除尘器。湿法除尘适应湿法生产的特点。收集下的灰浆可以直接被泵回原料系统进行大循环，十分方便；而且，湿法除尘工艺适宜处理腐蚀性气体。当含尘气体与水接触后，相当一部分酸性物质将会溶于水中，因此，水除尘还兼有脱硫、氯等有害元素的作用。由于水除尘器没有任何振动部件，可以采用涂料防腐。目前较好的涂料有无机耐热防腐涂料 SZ 和有机耐热防腐涂料 GAD-GA。它们均有良好的耐热性、耐水性和耐蚀性；湿法除尘器能适应废气温度的变化，性能稳定，除尘效率虽比不上电除尘器和袋除尘器，但由于电石渣湿法窑尾烟气中含尘量较低，其排放浓度仍可以达到国家规定的排放要求。

528. 简述干磨干烧生产水泥熟料的生产工艺流程？

干磨干烧生产水泥熟料的生产工艺流程为：

①电石渣浆的脱水，将经过浓缩后含水 80% 左右的电石渣浆体通过机械脱水方式（板框压滤或者陶瓷过滤）将电石渣的水分降低到≤40%。

②电石渣料饼以一定的比例掺入和其他原料一起进入生料立磨系统，通过提高入立磨的风温和延长物料停留时间，在立磨中将电石渣烘干。

③窑尾采用预热预分解系统，由于电石渣与石灰石的性质差别很大，因此对预热与分解系统的设计影响也较大，但是其工艺流程和新型干法预热与分解系统是一致的。在该工艺中可以通过先烘干电石渣，然后进行配料来提高电石渣对石灰石的替代率。

④生料经过预热预分解系统后直接入窑煅烧。

529. 电石渣脱水有哪些方法？

从乙炔发生炉排出的电石渣浆体中含水率高达 90％以上，而且根据 CaC_2 质量的不同，电石渣浆体的沉淀性能差别很大，对电石渣处理的难度也将增大。

对电石渣的脱水处理主要方法有自然沉降法、机械分离法和烘干法。

（1）自然沉降法。自然沉降法是靠电石渣浆体中固体颗粒的自身重力进行沉降，对除去较大的颗粒较为有效。该方法占地面积大，劳动环境差，对环境污染严重，而且清液中固体含量偏高，清液回用困难。

（2）机械分离法。目前国内各厂除了采用自然沉降法，还采用离心机、板框压滤机和真空过滤机（陶瓷过滤机）等机械分离方法来分离电石渣。

离心机分离法是利用悬浮颗粒和废水的质量不同，在高速旋转时所受的离心力大小也不同，质量大的被甩到外圈，质量小的留在了内圈，并通过不同的出口被分别导走。

压滤机与普通真空过滤机相比具有数倍过滤能力，因而不仅生产能力大，滤饼水分低，滤液清澈，占地面积小，滤渣可以外运。

陶瓷过滤机是一种新型的真空过滤设备，故障率低，占地面积更小，滤饼水分更低，滤饼松散便于输送，滤液清澈可以直接回收利用，实现了自动化操作。

（3）烘干法。采用自然沉淀和机械分离法后得到的电石渣料饼的水分含量仍然很高，还不能满足生产的要求。对出压滤机的滤饼，其水分含量一般在 35％～40％，但不同于其他物质的特性，在如此高的水分下，电石渣已失去流动性，而通常生产工艺中对原料的水分大都有一定的要求，如此高的水分必然在生产和成本上给生产企业带来困难。在采用新型干法工艺电石渣制水泥的工艺中，需要将电石渣进行烘干处理，必须进一步地降低电石渣滤饼的水分至 5％以下。

烘干过程一般选用锤式烘干破碎机、回转烘干机或其他有一定烘干能力的设备。

锤式烘干破碎机具有较强的烘干破碎能力，特别是对水分含量高、软而非磨蚀性的原料效果明显。成都院生产的烘干破碎机在实践中已经证明了这一点，在目前的湿磨干烧生产线中也一般采用烘干破碎机进行烘干。

回转烘干机作为一种常用的烘干设备经常用来烘干各种原料得到了广泛的应用，山东淄博宝生环保建材有限公司的电石渣制水泥生产线就是采用回转烘干机以高温烟气为介质烘干电石渣。

在电石渣的掺量较低（15％）的情况下也可以采用立磨烘干的方法，少量的电石渣料饼在立磨中可以烘干到满足生产需要的水分要求。

530. 举例说明电石渣干磨干烧生产水泥熟料生产工艺？

淄博保生环保建材有限公司电石渣制水泥生产线

设计单位：合肥水泥工业设计院

生产线简介：该生产线为电石渣制水泥熟料干磨干烧生产线，其工艺特点为电石渣大掺量取代石灰石，于 2005 年 8 月 8 日点火。

电石渣滤饼采用回转式烘干机（$\phi 3m \times 25m$）进行烘干，烘干热源来源于该化工厂自有电石厂生产中产生的电石气，提供的烟气温度为 900～1300℃，烘干后的电石渣料水分为 15％，含水 15％的电石渣在输送、储存过程中不会发生粘堵，可以准确配料。

在窑尾系统采用 RBH5/1300（系合肥院规格，RSP 型分解炉，5 级旋风收尘器，1000t/d 的设计要求按照 1300t/d 扩大设计）型预分解系统，该生产线的干磨干烧方式较以往的干磨干烧在电石渣的掺入量上有了较大的提高，但是仍然没有实现使用电石渣完全取代石灰石的突破，在生产上仍然需要使用石灰石，而且单独烘干电石渣的处理方式需要耗费大量的热量，使总的热耗高达 1200kcal/kg. cl。

 531. 煤矸石做水泥原料的技术难点及解决措施？

煤矸石做水泥原料的技术难点是：

（1）煤矸石硬度大，对立磨磨辊磨蚀严重；

（2）预热器结皮严重，窑系统热工制度恶化，造成生产无法正常进行。尤其是预热器结皮这一问题影响最为严重，据笔者了解，多数企业由于此原因被迫放弃煤矸石在生产中的应用。

解决措施：

（1）通过考察发现，黑矸石硬度相对较小，并且经过一段时间露天放置后，会逐步风化，而白矸石则无这一特点。据此，针对硬度大的问题，可从源头控制，只进厂黑矸石，禁止硬度大的白矸石和石块等异物混杂进厂；

（2）选择使用无烟煤煤矸石，同时对挥发分、硫含量等易造成预热器结皮的质量指标进行限制，并及时监测控制。从配料参数上进行相应调整，加强预热器岗位力量，密切监控预热器及分解炉的运行情况，发现结皮及时清除。

 532. 什么是磷渣？磷渣在我国的分布情况如何？

磷渣是电炉制取黄磷时产生的一种工业废渣。当用电炉法制取黄磷时，出炉磷渣经过水淬急冷，得到灰白色颗粒废渣，粒径尺寸为 3～10mm，主要矿物成分为硅酸钙玻璃体，即为粒化电炉磷渣，简称磷渣。其中含有磷和氟等化学组分，含磷量为 2.0％左右（以 P_2O_5 计），含氟量在 2.0％～5.0％之间（以 CaF_2 计）。通常每生产 1t 黄磷大约生产 8～10t 磷渣。

我国磷矿资源分布极为集中，主要分布在云南、贵州、四川、湖北等省，四省磷渣产量合计占全国总产量的 90％以上，有"南磷北调，西磷东运"之说。统计资料表明我国每年磷渣年排放量约 1500 万 t，且大部分集中在我国云、贵、川等省区，利用率不高，目前累计堆放量已达 8000 万 t，成为继矿渣、钢渣之后又一大冶金工业废渣。这些废渣如果不得到有效利用，常年露天堆放，不仅占用土地，而且其中的磷、氟经雨水逐渐溶出、渗入地下，将会污染水源，影响植物生长，并危害人类健康。

磷渣的化学成分与高炉矿相近，我国的黄磷渣中 $CaO+SiO_2$ 的总量达 82% 以上，CaO 的含量一般高于 SiO_2，钙硅比为 1.1～1.5。磷渣中钙硅比的不同决定着其中硅灰石矿物相组成，出炉后的冷却过程决定着矿物的结晶形态及其水硬活性。急冷磷渣中大约含有 90% 的玻璃体和少量的结晶相，潜在的矿物相包括假硅灰石、枪晶石及少量的磷灰石，结晶相中有主要矿物为磷酸钙、假灰石、石英、硅酸三钙和硅酸二钙等。而慢冷磷渣中的主要矿物组成为环硅灰石、枪晶石等。只有经过急冷的磷渣才有水硬活性，慢冷的磷渣不具有水硬活性。目前，磷渣的大量应用主要还是在水泥工业中，其化学组成及水硬活性等特征使其适合用于配制水泥生料和用作辅助性胶凝材料。

533. 磷渣可用做水泥的哪类替代原料？

由于磷渣中的 CaO 和 SiO_2 的含量达到 80% 以上，可以替代水泥窑的部分石灰石与黏土类原料。

534. 磷渣作为水泥替代原料有哪些优点？

（1）磷渣作为水泥替代原料用于煅烧水泥熟料，可以节约能耗：在生料煅烧过程中，石灰石的分解需要大量热量，而磷渣中的氧化钙不是以碳酸钙形式存在，磷渣中的氧化钙和氧化硅均以玻璃体形式存在，是亚稳态的，对于固相反应是有利的。因此，当采用磷渣配料时，耗热量小，能够有效节约能源。

（2）磷渣用于配制生料，可以改善生料的易烧性：磷渣作为水泥替代原料用于煅烧水泥熟料，在水泥生料中掺加主要组分为磷渣，磷渣是水泥窑的烧成助剂，有效地改善了生料的易烧性，可制备出 28d 抗压强度为 70MPa 以上的优质熟料。

535. 磷渣在水泥熟料中的烧成作用机理是什么？

关于磷渣在水泥熟料烧成中的作用机理，可从结晶状态和杂质离子两个方面进行分析：由于其中的氧化钙和氧化硅均以玻璃体形式存在，处于一种介稳态，对于固相反应有利。玻璃态物质的熔点较低，其掺加可以降低熔点出现温度，有利于反应的进行。

磷渣在水泥生料中的具有一定的矿化作用，这主要是因为磷渣里含有 F^- 和 P_2O_5。磷渣引入生料中的 F 破坏 Si-O 共价键，降低了液相黏度和表面张力，有利于加速钙离子的扩散，促进 C_2S 吸收 CaO 形成 C_3S 的反应进行，并形成早强矿物氟铝酸钙。

微量 P_2O_5 的加入能降低熟料中熔融体的黏度，促进 Ca^{2+}、$[SiO_4]^{4-}$ 等离子的扩散与结合，即有利于熟料的烧成。另外，据晶体形成理论，当熔体中存在 P^{5+} 离子后，易于产生分相现象，从而促进了 C_3S 等矿物的出现。当硅酸盐熔体中出现分相时，由于在分析界面上 G 变大，就有利于 C_3S 等晶核的形成，从而促使其形成温度明显下降。P_2O_5 在较低温度下也与 CaO 作用而生成 C_3P_2，并主要与 C_2S 固溶，有较大的液相值，因而也能降低液相温度，增加液相含量，有利于 C_3S 的形成。故熟料可在 1400℃ 以下烧成。

当熟料中含有 0.08% 以上的 P_2O_5 就可以稳定 β-C_2S 不再向 γ-C_2S 转变，因此采用磷渣配入生料可防止熟料的粉化。与普通熟料相比，磷渣配料煅烧的熟料质量好，早强矿物含量高。利用磷渣配料可以降低理论热耗，而加入了磷渣配料，熟料烧结状态改善，降低了煤不完全燃烧而产生的热损失，生料烧失量降低使生料的实际消耗量减少，故而熟料的总热耗降低较大，节约了能源。长期废弃不用的磷渣作此用途可以给企业带来较大的经济效益。

磷的最佳掺量，一般认为 0.2%～0.5% 的 P_2O_5。磷渣在生料中的掺量为 3.2%～5.0%。

536. 用于混合材的固体废物中的硫、氯、碱金属对水泥成品有哪些危害？

（1）氯元素对钢筋混凝土的腐蚀作用

由于《通用硅酸盐水泥》（GB 175）对生料中氯元素的含量有严格的限制，所以水泥熟料中带入的氯元素不会很多，而在水泥成品磨制过程中掺合料中的氯元素成为水泥成品中氯元素的主要来源，其中一部分氯元素在水泥中以氯盐的形式存在。而氯盐是一种很强的去钝化剂，它的侵入是引起混凝土中钢筋腐蚀的最主要原因之一，氯离子能破坏钢筋表面钝化膜而引起钢筋局部腐蚀，对腐蚀过程具有催化作用。氯离子与氧离子作用而破坏氧化铁薄膜。氧化铁薄膜破坏后，铁原子与水和氧气发生化学反应生成铁锈，造成钢筋的锈蚀。铁锈的体积与铁相比可增大数倍，引起混凝土的开裂，使钢筋和混凝土的有效工作面积减小。此外，锈蚀钢筋的强度和塑性性能下降，这些都导致钢筋混凝土构件结构性能的下降。对预应力钢筋混凝土结构来说，钢筋锈蚀会对结构性能产生更加严重的影响，主要体现在预应力钢筋的应力腐蚀和氢脆两方面。

（2）硫元素对混凝土凝结时间的影响

水泥熟料中的硫元素含量不高，占主导作用的是水泥掺合料中带入的硫元素。水泥成品中硫元素主要以水合硫酸钙的形式发挥作用，当石膏类工业废物以水泥缓凝剂这种掺合料形式掺入水泥熟料中，硫酸钙含量的高低对水泥成品凝结时间的影响非常明显。

此外 SO_4^{2-} 离子在硬化混凝土中钙矾石生成导致的体积膨胀直至破坏，即延迟钙矾石生成。延迟钙矾石生成的基本机理是：当水泥浆体硬化时，硫酸盐被束缚或结合于其他组分中，尤其是存在于 C-S-H 中，后来这些硫酸盐被释放出来，形成钙矾石晶体。由于此时混凝土已经硬化，膨胀性的钙矾石将在其内部产生应力，并最终导致混凝土开裂。

（3）碱金属引起混凝土碱-骨料反应

碱-骨料反应是骨料中的活性矿物与混凝土中的游离碱之间的化学反应，反应生成的碱-硅酸盐（碳酸盐）凝胶吸水肿胀，在混凝土内局部发生体积膨胀，使混凝土产生裂纹，甚至会造成混凝土毁坏。

第三节　工业固废替代水泥生产燃料

537. 煤矸石在形成过程中有何特点？

煤矸石是在成煤过程中与煤层伴生的一种含碳量低、比较坚硬的黑色岩石。它是由碳质页岩、碳质砂岩、砂岩、页岩、黏土等岩石组成的混合物，具有一定的热值。煤矸石的矿物成分主要是高岭石、石英、蒙脱石、长石、伊利石、石灰石、硫化铁、氧化铝等。不同地区的煤矸石由不同种类矿物组成，其含量相差较大。

538. 煤矸石的主要化学成分是什么?

煤矸石的化学成分较复杂,所包含的元素可多达数十种。一般以硅、铝为主要成分,另外含有数量不等的 Fe_2O_3、CaO、MgO、SO_3、K_2O、Na_2O、P_2O_5 等氧化物,以及微量的稀有金属元素,如钛、钒、钴、镓等。其中,SiO_2 与 Al_2O_3 的平均质量分数一般分别波动于 $40\% \sim 60\%$ 和 $15\% \sim 30\%$ 之间,烧失量一般大于 10%。在煤矸石中,一般以 CaO 和 Fe_2O_3 的质量分数波动最大,往往有的煤矸石中 CaO 的质量分数不到 1%,而有的则高达 30% 以上。此外,Fe_2O_3 的质量分数也在较大的范围内波动。

539. 按照岩石的矿物成分,煤矸石可分为几类?

按照岩石的矿物成分,煤矸石可分为高岭石泥岩(高岭石含量 $>60\%$)、伊利石泥岩(伊利石含量 $>50\%$)、砂质泥岩、砂岩及石灰岩等。与此相对应的主要利用途径有:高岭石泥岩、伊利石泥岩可以用来生产多孔烧结料、煤矸石砖、建筑陶瓷、含铝精矿等;砂质泥岩、砂岩可以用来生产建筑工程用的碎石、混凝土密实骨料;石灰岩主要可以用来生产胶凝材料、建筑工程用的碎石、改良土壤用的石灰等。

540. 按照硅铝比例,煤矸石可分为几类?

煤矸石中化学成分中铝硅的比例,即三氧化二铝与二氧化硅的重量比,是确定煤矸石综合利用途径的一个重要指标。根据铝硅比的高低煤矸石可分为三个等级:铝硅比 <0.3 时,煤矸石的主要成分是石英、长石,黏土矿物含量较少,质点粒径大,可塑性较差;铝硅比在 $0.3 \sim 0.5$ 之间时,煤矸石以高岭石、伊利石为主,次要物有石英、长石、方解石等;当铝硅在 >0.5 时,铝含量高,硅含量较低,其矿物成分以高岭石为主,含有少量的伊利石、石英,质点粒径细、可塑性好、有膨胀现象,可作为制造高级陶瓷、煅烧高岭土及分子筛的原料等。

541. 按照碳含量多少,煤矸石可分为几类?

煤矸石中碳含量是决定其作为水泥窑替代燃料的重要依据之一。根据碳含量的多寡,煤矸石可分为四类:一类 $<4\%$,二类 $4\% \sim 6\%$,三类 $6\% \sim 20\%$,四类 $>20\%$。其中:一类、二类煤矸石热量一般为 $2090kJ/kg$ 以下,可作为水泥的混合材料、混凝土骨料和其他建材制品的原料,也可用于采煤塌陷区的复垦和回填矿井采空区等;第三类煤矸石的热量一般为 $2090 \sim 6270kJ/kg$,可用作生产水泥、砖等建材制品的燃料。

542. 按照硫含量多少,煤矸石可分为几类?

按煤矸石中硫元素的总重量占化学成分的比例(也称全硫量),可将煤矸石分为四类:一类 0.5%,二类 $0.5\% \sim 3\%$,三类 $3\% \sim 6\%$,四类 $>6\%$。煤矸石的全硫量,一是决定了矸石中的硫是否有回收价值,二是可以决定煤矸石的工业利用范围。全硫量达 6% 的煤矸石即可回收其中的硫精矿。而用作燃料的煤矸石,则需要根据其全硫量的多少,以在燃烧过程中采取相应的除尘、脱硫措施,以减少烟尘和二氧化硫的排放,防止由此产生大气环境污染。

543. 煤矸石在水泥企业上已经有哪些应用?

针对现有化石资源日趋减少的现状,我国已经对以煤矸石作为水泥原燃料烧制水泥做过一定的研究,也相应取得了一些成果。按照不同的水泥窑类型,总结如下:

(1) 在立窑上的应用

自 1976 年开始,我国就已经对立窑煤矸石烧水泥进行了一系列的调查和研究,在这些研究成果的基础上得出:煤矸石不仅可以广泛应用于生产普通水泥,而且还能生产特种水泥。在当时的立窑生产中,有将石灰石、煤矸石等原燃料磨制成黑生料入窑缎烧。由于煤矸石中可燃物能和配入生料的优质煤一样燃烧,而且燃烧产生的热能是以直接的传热方式传给物料的,比当时回转窑的热利用率高,所以采用煤矸石作为生料,可以达到代煤、代土、减轻污染的技术经济效果。但总的来看,立窑生产的熟料质量不及回转窑熟料,但若从生产管理、技术水平、准确配料、得当操作等方面进行改善加强,则在一定程度上对立窑的生产质量可有所提高。徐成华、胡庆文等人经过大量的生产实践研究,并最终通过在生料中掺入一定比例的粉煤灰及煤矸石在中 $\phi 3.0m \times 11m$ 的立窑中试验成功。采用粉煤灰与煤矸石在立窑上煅烧,减少了黏土的利用,同时降低了煤耗。并且,生料易烧性好,熟料的矿物组成得到了改善,提高了熟料强度,从而使混合材的掺入量得到了提高,降低了水泥成本。

(2) 在湿法回转窑上的应用

湿法回转窑生产特点为:熟料质量较好且均匀;粉尘飞扬少;熟料单位热耗高。靖远矿务局水泥厂为了解决由于黏土中 Al_2O_3 含量较低、石灰石品位差、SiO_2 含量高而造成生产中挂窑皮困难、熟料结粒细小、C_3A 含量低、早、后期强度都不理想等问题,提出了采用煤矸石全部代替黏土配料的技术路线,在中 $\phi 3.1m \times 78m$ 的湿法回转窑上生产硅酸盐水泥熟料,并取得成功。用煤矸石配制的生料,易烧性好,液相量大,物料有一定黏度,不发散,挂窑皮性能好,熟料结粒好,外观致密光滑,升重易于控制,产量进一步提高。与原配料相比,生料成本降低,熟料强度提高,熟料台时产量由 9.7t/h 提高到 10.2t/h,比煤耗由 267kg/t 下降到 252kg/t,水泥中混合材掺加量提高,大大降低了水泥的成本。

(3) 在立波尔窑上的应用

科研工作对使用煤矸石替代部分黏土质材料在立波尔窑生产水泥的技术进行攻关,取得了一些进展。由于煤矸石与黏土的化学组成有一定差异,因此,在配料上要适当提高铁粉的掺加量。实验表明:将石灰石、黏土、铁粉三组分配料改为石灰石、黏土、煤矸石、铁粉四组分配料,煤矸石掺加量为 $4\% \sim 6\%$。在这种掺量下,虽然煤矸石的易磨性相对于黏土较差,但在一定程度上煤矸石起到了助磨剂的作用,对于整个系统的产出没有产生很大的影响。同时,煤矸石带有一定热量,而料球在加热机内处于干燥、预分解状态,煤矸石放出的部分热量有助于 $CaCO_3$ 的分解,其分解率由 28% 提高到 32%。由于生料在加热机内预烧较好,且煤矸石在熟料的形成过程中进一步提供热量,因此改善了物料的易烧性同时也改善了熟料质量。

(4) 在干法回转窑上的应用

在干法回转窑内用煤矸石代黏土配料,煤矸石中可燃物入窑燃烧后产生热量可以提高生料温度、加强物料预烧。减轻烧成带的热负荷,因而能达到增产的效果。将石灰石的分解过程移至窑外进行,可以使现有的回转窑产量成倍增加,窑长缩短。若在生料配料时加入煤矸石，窑外分解过程中，由于煤矸石带入了热量，可以减少分解炉内的优质煤火油料。在国内外的水泥工业中，尚未见到将煤矸石应用于干法回转窑上的报道，所以，对于煤矸石替代黏土在新型干法回转窑内煅烧水泥这方面的技术，在很多地方还是空白。

544. 什么是石油焦？

以原油蒸馏后的重油或其他重油经延迟焦化工艺而生成的焦渣称为延迟石油焦，简称石油焦，又名生焦。石油焦的外观为形状不规则、具有金属光泽、黑色或暗灰色的多孔固体颖粒，具有发达的孔隙结构。石油焦的主要成分是炭。

545. 石油焦的产生量如何？

美国是世界上的炼油大国，每年生产约 2800 万 t 左右的石油焦。在我国，生产石油焦的焦化装置数量及规模不断增加，石油焦产量已由 1987 年的 66.47 万 t/a 上升至 2002 年的约 400 万 t。随着我国中东高硫原油和俄罗斯高硫原油引进，含硫分较多的中、高硫石油焦的产量将越来越大。我国石油焦市场出现了严重供大于求的局面，中、高硫石油焦的出路已成为石化部门迫切需要解决的问题。

546. 石油焦有哪些分类方法？

石油焦的分类方式很多。按生产工艺流程，石油焦可分为延迟焦、流化焦和釜式焦。我国石油焦的主要品种为延迟焦，流化焦和釜式焦的比例很小。按微观结构的不同，石油焦可分为针状焦和球状焦。针状焦指显微结构中，大部分为有纹理走向的纤维或针状的焦炭，其特点是易石墨化，低热膨胀系数，大多属于优质焦，一般用于石墨电极工业中的低热膨胀系数焦炭；球状焦是指显微结构中，大部分为有颗粒状或弹丸状的焦炭，其特点是不易石墨化、质硬、用途不多。目前，国际上普遍采用以硫含量为基础对石油焦进行分类，按含硫量的不同，石油焦可分为低硫焦、中硫焦和高硫焦。低硫焦的硫含量<2%，中硫焦的硫含量为 2%～4%，高硫焦的硫含量>4%。硫含量已经成为衡量石油焦价格优劣的主要指标。全世界低硫焦、中硫焦和高硫焦的产量比例大致为 1：2：2，近年来，高硫焦的比例在不断上升。

547. 石油焦作为水泥窑燃料，在粉磨时应该注意哪些问题？

水泥窑替代燃料的粉磨细度决定了燃料进入水泥窑后的燃烧特性。石油焦的燃烧特性比无烟煤略差，因此粉磨细度要求更高。根据石油焦的燃烧实验，石油焦的粉末细度一般控制在 90mm 筛余控制在 1%～5% 即可。

即使石油焦的着火温度较高，但是，在氧含量较高的情况下，还是有着火燃烧的可能，因此在设计石油焦粉磨系统时，必须控制入磨热气体的氧含量，另外在系统中必须设置 CO 在线检测仪，且配置灭火系统。燃料粉在料仓的储存中，由于输送燃料的气体容易进入燃料仓，容易引起燃料的着火，因此在设计中必须防止输送燃料的气体进入燃料仓。

548. 石油焦作为水泥窑燃料，分解炉用燃烧器应如何调整？

根据石油焦的燃烧特性，只要合理设计分解炉的结构，大部分类型的分解炉都能满足石油焦的燃烧要求。

由于分解炉操作温度一般在 $850\sim900℃$，为了保证燃料在分解炉内完全燃烧，除了要控制好燃料细度外，采用合适的分解炉用燃烧器非常重要，它要保证火焰具有一定的长度，中心火焰温度要合适，另外燃料的变化对火焰影响不能太大，即燃烧器能适应各种燃料，既能烧石油焦，又能烧烟煤。

分解炉燃烧器要根据输送空气量进行设计，最好用一次风以促进石油焦的燃烧，并设计好合适的一次风喷出速度，确定燃烧器插入深度和位置，避免分解炉局部高温。

549. 石油焦作为水泥窑燃料，窑用燃烧器应如何调整？

由于石油焦着火温度高，燃烧时间长，除了要控制好石油焦的粉磨细度外，合适的燃烧器是水泥熟料烧成的非常关键的因素。为了保证燃烧器的性能，必须进行石油焦的燃烧特性研究和燃烧器的特殊设计，以保证烧成带的火焰温度。

一般要求燃烧器选择时要满足以下三个要求：

（1）燃烧器要具有很大的推力，即喷出速度要高。

（2）必须控制好火焰的长度和宽度，要求火焰刚度要好、调节范围要宽。

（3）适应性广。石油焦的市场变化比较大，因此，要求燃烧器能适应各种燃料，除了适应石油焦外，还要适应烟煤、无烟煤等的要求。要达到这个目的，燃烧器的内外风和旋流强度都是燃烧器设计的重要指标。

燃烧器的火焰通常受入窑二次风的影响比较大，为了达到理想的火焰形状，通常需要对火焰和二次风的关系进行试验研究，获得理想的燃烧器的定位。

550. 石油焦作为水泥窑燃料，旋风预热器应如何调整？

由于石油焦难以完全燃烧，因此在设计旋风预热器时，要考虑到可能有部分燃料会在旋风筒内燃烧，为了防止局部高温结皮，必须提高气体在旋风筒内的旋流强度，增加物料流动。

551. 石油焦作为水泥窑燃料，窑尾烟室应如何调整？

由于石油焦硫含量较高，入窑热生料中三氧化硫含量通常会达到 $4\%\sim6\%$，为了防止结皮，必须按合适的气体速度进行设计，同时要控制窑尾温度、窑尾氧含量。另外采用抗结皮、抗硫腐蚀的浇筑料和铆固件也是十分重要的。

552. 与正常水泥生产线相比，烧高硫石油焦的生产线需要注意哪些问题？

与正常水泥生产线相比，烧高硫石油焦的生产线需要注意以下问题：

（1）入窑生料成分和料量要稳定；

（2）避免烧成带温度过高；

（3）降低窑尾烟室温度；

（4）设置窑灰仓，保证窑灰掺入均匀；

（5）提高二次风、三次风速度，降低热耗，减少硫掺入量；

（6）控制燃料细度在合适的范围内；

（7）控制窑内气氛，避免窑尾结皮；

（8）窑头燃烧器的角度和位置要合适；

（9）控制入窑热生料中的硫含量；

（10）窑速要快；

（11）尽可能采用自动控制回路和连锁控制程序，保证窑操作的稳定。

第四节　工业固废替代水泥混合材料

553. 矿渣粉的主要化学成分是什么？

不同产地的高炉矿渣的化学组成不同，这主要取决于矿石的成分以及所生成生铁的种类。一般情况下矿渣的主要含有氧化钙（CaO）、氧化硅（SiO_2）、氧化铝（Al_2O_3）等氧化物，其总量一般在 90％以上，还有少量的氧化镁、氧化亚铁和一些硫化物等。矿渣中还含有少量的其他物质，如氟化物、MnO、P_2O_5、Na_2O、K_2O 和 V_2O_5 等。一般情况下，含量较少，对矿渣的质量影响不大。

554. 影响矿渣活性的因素主要有哪些？

矿渣具有潜在的水硬性，其化学组成、玻璃体含量、细度和养护温度等是影响其活性的主要因素。

（1）矿渣的化学组成。矿渣化学组成因矿石的成分而异。《用于水泥中的粒化高炉矿渣》（GB/T 203—2008）中，用质量系数 $K[(CaO+MgO+Al_2O_3)/(SiO_2+TiO_2+MnO)]$ 来表征矿渣的活性并规定 $K \geqslant 1.2$。碱性系数 $B[(CaO+MgO+Al_2O_3)/SiO_2]$ 也可以用来表征矿渣的活性。B 越大，在碱激活剂存在的条件下矿渣的水硬活性越高。

（2）玻璃体含量。矿渣是结晶相和玻璃相的聚合体，前者是惰性成分，后者是活性成分。玻璃相的含量越多，矿渣的活性越高。对于玻璃相而言，玻璃网络的聚合度越小，其活性越高。

（3）细度。一般而言，矿渣的活性随其细度的增加而增大。研究表明：在矿渣低掺量（质量分数 25％）时，矿渣水泥早期（7d）胶砂活性指数与其总体细度、水泥与矿渣的细度差均有关，即：细度差愈大，总体细度愈小，活性指数愈高。当矿渣掺量大于 50％时，早期活性与细度差的关联性较大，即：细度差愈大，活性指数愈高。矿渣水泥后期（28d）胶砂活性则与其总体细度的关联性较大，即：总体细度愈大，活性愈高。水泥与矿渣的细度愈接近，活性愈高。

（4）养护温度。与硅酸盐水泥相比，矿渣的表观活化能较高，因此，对温度较敏感。矿渣砂浆的早期强度发展对温度的依赖性很高。在标准养护条件下，矿渣砂浆的强度增长比硅酸盐水泥砂浆慢，但是在较高温度下，强度增长较快，而且矿渣掺量较大时，早期强度增长更为显著。

555. 矿渣的活性激发方式有哪些？

矿渣的潜在水硬性需要一定的手段来激发。矿渣的激活手段主要有化学激活、机械激活和热激活。

（1）化学激活，指采用某些化学试剂来激发矿渣的潜在活性。碱激活和硫酸盐激活是两种最常用的化学激活方法。

（2）机械激活，指通过粉磨将机械能转化为矿渣的表面能，从而提高其活性的一种方法。例如延长粉磨时间不仅能够提高矿渣的比表面积，使其与侵蚀液之间的反应加速，而且能够增加缺陷或活性中心的数量，这些地方原子间距离异常或有杂原子嵌入，处于比正常结构能量高的状态。缺陷或活性中心越多，矿渣的活性越高。

（3）热激活，指通过提高养护温度来激发矿渣活性的一种方法。与水泥熟料相比，矿渣玻璃相具有较高的表观反应活化能，因此，矿渣水泥对温度的敏感性高于硅酸盐水泥，提高养护温度对矿渣水泥的水化更为有利。

556. 碱激活剂有哪些类？

碱激活剂分为六大类：（1）烧碱，MOH；（2）弱酸（非硅酸）盐，M_2CO_3、M_2SO_3、M_3PO_4、MF 等；（3）硅酸盐，$M_2O \cdot nSiO_2$；（4）铝酸盐，$M_2O \cdot nAl_2O_3$；（5）铝硅酸盐，$M_2O \cdot Al_2O_3 \cdot (2\sim6)SiO_2$；（6）强酸盐，$M_2SO_4$（M 代表碱金属元素）。其中，$NaOH$、$Na_2CO_3$、$Na_2O \cdot nSiO_2$ 和 Na_2SO_4 最为常用和经济。

557. 矿渣粉的粉磨的工艺有哪几种？

由于高炉矿渣易磨性差，在水泥磨的粉磨过程中，水泥熟料往往已经磨得过粉碎，而高炉矿渣还磨不到一定的细度，因而影响了高炉矿渣活性的发挥，也影响了高炉矿渣在水泥中的掺合量。大量试验证明，将矿渣进行单独粉磨是提高其细度增加活性的最好方法。矿渣粉磨主要有三种代表性的工艺系统供选择，即辊式磨、辊压机、球磨机。辊式磨有立磨和卧磨两种形式，立磨在国内已大量使用，卧磨是国际上近几年发展起来的技术，国内尚无使用。辊压机系统有单独使用辊压机的终粉磨系统、预粉磨系统、混合粉磨系统等，终粉磨系统在国外有少量使用。球磨机有开路系统和闭路系统，开路系统在粉磨成品细度较高时，电耗增加很大，属于逐步淘汰的系统，闭路系统以第三代选输机和球磨机组成。

558. 煤矸石如何作为水泥混合材？

新鲜煤矸石和风化煤矸石，具有稳定的晶体结构，其活性很低或基本没有活性，需要经过活性激活后，煤矸石具有活性。煤矸石煅烧后灰渣化学组成的成分一般为 SiO_2，Al_2O_3，CaO，MgO，Fe_2O_3，R_2O 等。

制备具有火山灰活性的烧煤矸石，使其作为水泥混合材使用，是一条能够大量再利用煤矸石的有效途径。

559. 如何激发煤矸石的活性？

煤矸石活性的激发，不仅是利用煤矸石作水泥混合材需要解决的重要问题，也是对煤矸石用作其他建筑材料所要考虑的问题。煤矸石活性的激发通常有三种途径：一是热激活，就是通过煅烧未自燃过的煤矸石，一方面除去其中的炭，另外还可以使煤矸石中的黏土质材料受热分解为具有活性的物质，从而激发其活性；二是物理激活，就是通过磨细煤矸石激发活性，同时考虑不同煤矸石的颗粒群分布特征，以及不同煤矸石颗粒与水泥颗粒搭配情况对活性的影响，找到活性最佳的配比；三是化学激活，通过一些化学激发剂，激发煤矸石的潜在活性，使水泥水化后的二次反应加速，同时增加水化产物，使煤矸石水泥强度有所提高。

560. 煅烧煤矸石主要作用是什么？

煅烧煤矸石的作用主要有两方面：一是由于煤矸石是夹在煤层中的，含有不同程度的炭，由于炭对水泥的强度、需水量、耐久性等都会有影响，因此对于未自燃过的煤矸石必须通过煅烧除去炭后才可以利用；二是通过煅烧，煤矸石中的高岭石组分在一定温度下发生脱水和分解，生成偏高岭石和无定形的二氧化硅及氧化铝，这些无定形的二氧化硅及氧化铝在 CaO、$CaSO_4$ 和水的存在下会发生反应而产生强度。

561. 煅烧煤矸石时，温度和组分对活性有哪些影响？

当煅烧温度过高（大于 1050℃）时，无定形的 SiO_2 及 Al_2O_3 重新结合莫来石晶体，又使活性降低；而当煅烧温度过低时，煤矸石中的碳燃烧不完，使水泥标准稠度用水量增大，同时，高岭土组分分解不彻底，活性组分比重相对减少，从而使活性下降。

一般来说，煤矸石中的二氧化硅、氧化铝含量越高，经过煅烧后的活性相应越高。

562. 冷却方式对煤矸石活性的影响？

在煅烧煤矸石后，冷却方式不同，对煤矸石的活性影响较大。当在高温下的煤矸石遇到急冷时，使煤矸石中的晶格扭曲变形，来不及形成规则的晶体，而呈现出大量的玻璃体。而且，温度越高，冷却速度越快，活性提高越大。例如：煤矸石在 950℃ 煅烧并保温 2h 后，采取两种不同的冷却方法，一种为放到自然环境中冷却，另一种采取水淬的方法急冷。冷却后的产品在磨成粉末后都按 30％ 的掺量成型，测定胶砂的抗压强度。结果表明，水淬的方法对煤矸石混合材的 3d 和 28d 强度都比在自然冷却方式所得的强度高，尤其对 28d 抗压强度提高较高。

563. 什么是磷渣？

磷渣是磷灰石提炼黄磷后排出的废渣，水淬电炉磷渣的性状与水淬电炉矿渣相似，是一种含钙的硅酸盐玻璃体，其中玻璃体含量占 90％ 左右。由于磷渣本身具有水硬活性，故可用作水泥混合材。

564. 磷渣的化学成分是什么？

磷渣的主要化学成分为 CaO 和 SiO_2，此外还含有少量的 Al_2O_3、MgO、P_2O_5、F^- 及微量的 MnO、TiO_2、Na_2O、K_2O、Fe_2O_3。

565. 磷渣作为水泥窑替代原料有哪些优点？

电热法制磷过程中，熔渣经过急冷处理，其粒化玻璃体可达 80％～90％，成分与假硅灰石基本类似。由于 P_2O_5、F^- 的存在，电炉磷渣的主要矿相并非纯的假硅灰石玻璃体，尚含有一定量的尖晶石、钙长石、含磷化合物和含铁化合物。正是由于这些潜在矿物的存在，当在生料中掺入 10％的磷渣代替部分石灰石和黏土配料时，可使水泥熟料的烧成温度降低，降低熟料烧成热耗 12.5％以上。除此之外，由于磷渣将 P_2O_5、F^- 带入生料中，起到助溶剂和矿化剂的双重复合作用，可以降低液相黏度和液相出现温度，使熟料矿物能在相对较低温度下形成，并加快了 C_3S 的反应速率。

566. 磷渣在水泥行业的应用有哪些方面？

磷渣在水泥行业中的应用大致分为两种：一方面，磷渣可以掺入到水泥原料中，作为生料配料用的原料或作为矿化剂；另一方面，磷渣可以掺入到水泥中作为混合材。

567. 什么是低热水泥？低热水泥有哪些特点？

低热水泥是以适当成分的硅酸盐水泥熟料加入适量石膏，经磨细制成的具有低水化热的水硬性胶凝材料。又称高贝利特水泥。

低热硅酸盐水泥是一种以硅酸二钙为主导矿物，铝酸三钙含量较低的水泥，其硅酸二钙的含量应不小于 40％，铝酸三钙的含量应不超过 6％，游离氧化钙的含量应不超过 1.0％。

低热水泥具有良好的工作性、低水化热、高后期强度、高耐久性、高耐侵蚀性等通用硅酸盐水泥无可比拟的优点。

568. 掺入磷渣生产的低热水泥性能的优缺点？

磷渣作混合材生产低热水泥，具有以下较为优越的性能：

（1）适量掺入磷渣可延长水泥的凝结时间，为大体积工程施工提供了方便；

（2）掺入磷渣，水泥的后期强度的增进率较低热矿渣水泥大；

（3）由于磷渣中含较低的 Al_2O_3，具有较好的抗硫酸性能；

（4）用磷渣生产的低热水泥，具有较小干缩率。

569. 什么是粉煤灰水泥？

凡是由硅酸盐水泥熟料、粉煤灰和适量石膏磨细制成的水硬性胶凝材料，称为粉煤灰硅酸盐水泥，代号 P·F。水泥中粉煤灰的掺加量按质量百分比计为 20％～40％。允许参加不超过混合材总量的 1/3 的粒化高炉矿渣。此时混合材总参加量可达 50％，但粉煤灰量仍不得少于 20％或超过 40％。

570. 粉煤灰水泥有哪些独特性能？

粉煤灰水泥结构比较致密，内比表面积较小，而且对水的吸附能力小得多，同时水泥水化的需水量又小，所以粉煤灰水泥的干缩性就小，抗裂性也好。此外，与一般掺活性混合材的水泥相似，水化热低，抗腐蚀能力较强等。

其独特性能如下：

（1）早期强度低后期强度增进率大。粉煤灰水泥的早期强度低，随着粉煤灰掺加量的增多早期强度出现较大幅度下降。因为粉煤灰中的玻璃体极其稳定，在粉煤灰水泥水化过程中其粉煤灰颗粒被 $Ca(OH)_2$ 侵蚀和破坏的速度很慢，所以粉煤灰水泥的强度发育主要反映在后期，其后期强度增进率大，甚至可以超过相应硅酸盐水泥的后期强度。

（2）和易性好，干缩性小。由于粉煤灰颗粒大都呈封闭结实的球形，且内表面积和单分子吸附水小，使粉煤灰水泥的和易性好，干缩性小，具有抗拉强度高，抗裂性能好的特点。这是粉煤灰水泥的明显优点。

（3）耐腐蚀性好。粉煤灰水泥具有较高抗淡水和抗硫酸盐的腐蚀能力，由于粉煤灰中的活性 SiO_2 与 $Ca(OH)_2$ 结合生成的水化硅酸钙，平衡时所需的极限浓度（即液相碱度）比普通硅酸盐水泥中水化硅酸钙平衡时所需的极限浓度低得多，所以在淡水中浸析速度显著降低，从而提高了水泥耐淡水腐蚀能力和抗硫酸盐的破坏能力。

（4）水化热低。粉煤灰水泥的水化速度缓慢，水化热低，尤其是粉煤灰掺加量较大时水化热降低十分明显。

571. 粉煤灰在水泥中的作用有哪些？

粉煤灰是由多种不同性状的颗粒混合堆聚的粒群，其中的硅酸盐或者铝硅酸玻璃体微细颗粒在 $Ca(OH)_2$ 的过饱和溶液中显示出良好的火山灰活性的物质。能与 $Ca(OH)_2$ 发生水化反应，使粉煤灰颗粒与水泥浆体的界面胶合，对水泥浆体和骨料的界面起致密作用。同时，能消除大量的化学性质不稳定的 $Ca(OH)_2$，从而有效地提高混凝土的密实度和化学稳定性。

572. 粉煤灰的活化途径？

粉煤灰主要由活性 SiO_2 和 Al_2O_3 组成，因此它可以代替黏土组分进行配料。但粉煤灰替代硅质原料进行水泥配料前，必须进行活化。

粉煤灰的活化途径主要有两种：一是物理活化，即通过机械磨细来破坏粉煤灰玻璃体的结构，同时增加比表面积，以加快与 $Ca(OH)_2$ 的水化反应速度；二是化学活化，即通过加化学激发剂与改性剂来激发粉煤灰的活性。

573. 粉煤灰常用的激发剂有哪些？

粉煤灰活化常用的激发剂有：碱性激发剂（$NaOH$、Na_2SiO_3 等）、硫酸盐（$CaSO_4$、Na_2SO_4）、纯碱（Na_2CO_3）、磷酸盐（Na_2PO_4）、卤化物（$NaCl$）等，改性剂为生石灰。对低等级粉煤灰，也可采用物理活化（机械磨细）与化学活化（加复合化学激发剂）相结合的高效复合活化技术，对低等级粉煤灰进行活化处理，制备成具有高活性的活化粉煤灰。

574. 如何解决粉煤灰的在磨头冲灰现象？

粉煤灰在水泥生产中已得到广泛的应用。但在生产实践中，由于粉煤灰的流动性太强，"冲灰"现象时有发生。为了减少和避免这一现象对生产和水泥质量造成的影响，要求有良好的机械设备和质控程序与之配合，通常要在粉煤灰缸到磨头有一段宽的缓冲带，并保持粉煤灰有一定存量以加强挤压作用减少挂缸现象。质量控制方面若冲灰影响到细度不合格，SO_3 偏低时要适当加大石膏百分比，细度太粗时要停磨机械设备。

575. 铬铁渣与掺粒化高炉矿渣作为水泥混合材的性能差别有哪些？

（1）铬铁渣依据水淬程度不同，其易磨性、活性大小不同。一般情况下，铬铁渣的易磨性、活性均比粒化高炉矿渣的差。

（2）掺铬铁渣的水泥比掺粒化高炉矿渣的水泥有较高的抗折强度和早期抗压强度，掺量10％为效果最好。

（3）单掺铬铁渣水泥的后期抗压强度及抗压强度增长率比掺同量粒化高炉矿渣水泥低。

（4）铬铁渣和粒化高炉矿渣双掺的水泥性能优于单掺铬铁渣和单掺粒化高炉矿渣的水泥性能，其最佳掺量为各掺 7.5％。

（5）铬铁渣中的 MgO 不会引起水泥安定性不良。因为氧化镁在铬铁渣中均是以镁橄榄石和镁铝尖晶石为主要成分的固溶物。因此，铬铁渣中的氧化镁不会引起水泥安定性不良。

（6）虽然铬铁渣一些性能比粒化高炉矿渣略差，但从环境保护、资源综合利用等方面考虑，仍有很大的使用价值。

（7）对六价铬离子含量，应根据有关环保规定要求严格控制不能超标。

576. 石灰石粉作水泥混合材，对水泥性能有什么影响？

（1）当人工砂副产物石灰石粉、石灰石粉单掺作为水泥混合材时，随着石灰石粉取代水泥熟料掺量的增加，水泥胶砂的强度不断降低，收缩率逐渐减小。

（2）当石灰石粉与粉煤灰复掺作为水泥混合材时，随着石灰石粉取代粉煤灰掺量的增加，水泥胶砂的早期或后期抗折、抗压强度先增大后降低，且在石灰石粉等量取代 20％～40％粉煤灰的情况下效果最好，水泥胶砂的收缩率先增加后下降。当石灰石粉取代 60％粉煤灰时，水泥胶砂的收缩达最大。

（3）当石灰石粉与矿渣粉复掺作为水泥混合材时，随着石灰石粉取代矿渣粉掺量的增加，水泥胶砂的强度不断降低，收缩率逐渐减小。

577. 什么是复合水泥？

凡由硅酸盐水泥熟料、两种或两种以上规定的混合材料、适量石膏磨细制成的水硬性胶凝材料，称为复合硅酸盐水泥（简称复合水泥，P·C水泥）。

水泥中混合材料总掺加量按质量百分比应大于 20％，不超过 50％。水泥中允许用不超过 8％的窑灰代替部分混合材料；掺矿渣时混合材料掺量不得与矿渣硅酸盐水泥重复。

578. 复合水泥有什么特点？

（1）复合水泥中掺入的混合材主要有粉煤灰、煤矸石、矿渣。优质粉煤灰由富钙的玻璃珠组成，在水泥混凝土中的作用包括滚珠效应、填充效应和表面水化效应；而矿渣具有较高的潜在胶凝性能，矿渣在水泥中潜在的水化活性，可以改善水泥混凝土中的亚微结构，显著提高了水泥基材料混合性能及激发作用。

（2）复合水泥是用硅酸盐水泥熟料和两种以上工业混合材复合而成，具有早强高、抗折强度高、耐蚀、水化热低、收缩率小等优良性能。可与普通水泥、矿渣水泥同样用于各种建筑，可加快施工进度，特别适合大体积和耐蚀工程。生产复合水泥，可以节省燃料，在最佳掺量下可得到高强度等级水泥及其他技术性能优良的水泥，而且水泥性能得到了改善。不但提高了水泥产量，而且降低了成本，还处理了大量废渣，给水泥技术革新带来新的生命力，弥补了矿渣资源不足。复合水泥有很大的发展前途，复合水泥的"复合效应"不仅是一种工业废渣高值化的途径，而且还具有显著提高早期强度、整体强度的优点，所以研究复合水泥在物理力学性能上，在宏观和微观上的"复合效应"，对水泥物理化学学科的发展具有重大意义。

（3）复合水泥成本低于普通硅酸盐水泥。由于复合水泥混合材掺量高，熟料减少，相应减少了烧成时产生的污染，改善了环境。

579. 水泥中掺入多种混合材的作用？

水泥中掺加两种或多种混合材，可不同程度地提高水泥的力学强度并增加水泥成品中的混合材掺量，有利于水泥厂实现高效益的生产运行，水泥生产中优化各种混合材组合和提高混合材掺量，是提高水泥产量，降低生产成本，生产价低质优水泥的有效措施及途径。

580. 常见的复合水泥有哪些？

（1）矿渣、石灰石复合水泥。矿渣是一种活性很好的混合材，在纯硅酸盐水泥中掺加适量的矿渣与石灰石，不仅能够提高其早期水化的速度，促进早期强度的发展，而且对后期强度的提高幅度较大。分析认为，石灰石粉微细颗粒加入水泥中，$CaCO_3$ 可作为晶核促进 C_3S 水化并与 C_3A、C_3AF 等熟料矿物的反应生成水化碳铝酸钙碱式碳酸盐，从而提高水泥的早期强度与后期强度。总掺量为 20%～50% 时，复合水泥的抗压强度随石灰石掺量增加而降低。当石灰石掺量控制在 8% 以内时不会改变原矿渣水泥的性能。矿渣水泥存在早期强度低、干缩率大等缺陷，掺入适量的石灰石可以提高矿渣水泥浆体的密实度，降低浆体孔隙率和改善孔分布，改善矿渣水泥中后期干缩性能。

（2）矿渣、煤矸石复合水泥。煤矸石是在煤形成过程中与煤层伴生的一种含碳量低、质地坚硬的黑色岩石，它的基本组分是含水硅酸盐的黏土矿物、高岭石或多水高岭石。其中，碳质页岩约占 40%～50%，经自燃后活性氧化硅、活性氧化铝总量占 69%～85%，活性较高。当矿渣与煤矸石以不同比例复合时，在常温下即可获得较好的碱激发胶凝材料。当煤矸石含量<30% 时，复合体在碱激发的作用下，可以获得强度较好的复合水泥。这是由于碱性激发剂的加入使得煤矸石的水化不完全依赖于水泥熟料水化产生氢氧化钙的速度和数量，煤矸石在碱性物质的作用下得到了较为充分的水化，其水化产物不断填充于原水空间，使结构不断致密化，故水泥石的孔隙率很小，结构致密，体现为水泥石的强度较高。

（3）矿渣、沸石复合水泥。沸石是我国常用的一种天然火山灰质混合材，用矿渣、沸石双掺可生产出 52.5 级复合水泥。矿渣与沸石在碱激发和硫酸激发（石膏）的双重作用下，到水化 28d 时，生成大量低钙硅比的 C-S-H 凝胶和钙矾石等，大量水化产物及钙矾石的膨胀作用，使水泥石结构致密，强度进一步提高。

（4）粉煤灰、矿渣复合水泥。粉煤灰与矿渣复掺时，在矿渣与粉煤灰总掺量相同时，复合水泥 3d 抗折、抗压强度均随矿渣与粉煤灰的比例增加而提高。这是由于矿渣与粉煤灰活性的差异，二者复合是符合"组合效应"的。尤其在后期 28d 强度时，矿渣与粉煤灰复合对抗折、抗压强度的影响是一种"超叠效应"，大部分试样各龄期强度都达到了复合水泥 42.5 强度指标。

（5）粉煤灰、脱硫石膏、钢渣复合水泥。粉煤灰-脱硫石膏-钢渣复合胶凝材料是一种新型绿色建材。研究表明：控制脱硫石膏的煅烧温度为 600℃ 且保温 2h，对脱硫石膏-粉煤灰复合胶凝体系的增强效果较好。在此基础上，向复合体系中引入钢渣，钢渣的掺入确实能提高脱硫石膏-粉煤灰复合胶凝体系的活性，和未掺试样相比，抗压强度有较大程度的增长。当掺量较小时，一些试样的早期强度呈现出降低趋势，而后期强度却有较好的增长，所以钢渣掺量不宜超过 20%。

（6）粉煤灰、硅灰复合水泥。充分利用粉煤灰、硅灰的不同粒径、不同形态、不同活性进行合理而有效地搭配，最终能得到比单掺情况下优越的高性能胶结材料，抗压强度和抗折强度最大，可较好地改善胶结材料的强度和工作性能。硅粉、矿渣微粉、粉煤灰三掺也可以生产出高性能胶凝材料，可应用于深海工程、大坝、机场等重要场所。

（7）磷渣、矿渣复合水泥。磷渣与矿渣混合材复掺，可在一定程度上改善水泥性能，其 3d 和 28d 强度有所提高，凝结时间也相应缩短。

（8）磷渣、粉煤灰复合水泥。将磷渣粉和粉煤灰作为掺合料掺入水泥胶砂中取代部分水泥，可不同程度降低脆性系数，提高抗裂性能。因为两种掺合料混合后，使掺合料的级配大为改善，所以强度较单掺有所提高。

（9）磷渣、窑灰复合水泥。窑灰是回转窑生产水泥熟料时从窑尾废气中经收尘设备收集下来的一种灰黄色或灰褐色的干燥粉末。对于窑灰的最好利用是将窑灰作为水泥混合材，威顿水泥有限责任公司将窑灰与工业废渣一起掺入到水泥中，获得了很好的效果。考虑到窑灰中存在高含量的碱，可利用窑灰中的碱来激发磷渣的潜在活性。研究发现：窑灰作为混合材与磷渣复合作用可一定程度提高复合水泥强度，特别是后期强度，且窑灰掺量应控制在 15%左右为宜。而且在磷渣掺量较大的情况下，这种窑灰增强效应更加显著，强度增长率平均超过 20%。在磷渣窑灰复掺水泥体系中掺入适量的硫酸钠，低混合材掺量时，体系的 3d 强度影响不大，28d 强度有较大幅度的提高。而混合材掺量较大时，3d 和 28d 强度均有显著提高。

（10）磷渣、粉煤灰、硅粉复合水泥。将磷渣、粉煤灰、硅灰进行三掺，影响多元掺合料砂浆 28d 强度的主要因素是硅灰掺量与水泥，其 28d 抗压强度随水泥掺量增加而增大，随硅灰掺量的增加而增大，但随着硅灰掺量的增加，强度的增长趋势渐缓，这说明硅灰具有很好的强度效应，其影响度超过水泥。影响多元掺合料砂浆 90d 强度的主要因素是磷渣掺量与粉煤灰。90d 抗压强度随磷渣掺量增加而增大，随硅灰和粉煤灰的增加而增大，说明磷渣和粉煤灰具有良好的后期强度增长效应。

581. 什么是烧页岩？

页岩是以 SiO_2 和 Al_2O_3 为主要成分的黏土质沉积岩，它是由疏松的黏土经长期胶结、压实、固结作用形成具有页状或薄片状构造的黏土岩，有着树叶般的薄片层理，质地松软、易碎、摸起来几乎没有颗粒感。未经煅烧的页岩各种组分多是以结晶态的铝硅酸盐矿物存在，结构稳定，几乎没有水化活性。只有在一定温度下煅烧后，页岩中的黏土矿物分解形成具有活性的无定形物质，在较高温度下还可以使铝硅酸盐矿物从外界获取能量使其化学键 Si-O、Al-O 打开，晶格发生畸变，产生大量的晶体缺陷，从而激发产生活性。

对页岩进行煅烧，激发页岩的火山灰活性，使其作为水泥混合材使用，可以改善水泥的某些性能，充分利用废弃物的同时可以提高水泥产量，降低生产成本。

582. 烧页岩活性的来源有哪几个方面?

没有经过高温煅烧的页岩,黏土矿物呈单个薄片状或呈片状集合体存在。500℃煅烧的页岩,片状黏土矿物因脱水收缩,边缘卷曲,大部分不再是薄片状结构,而变成不规则长形颗粒,较小的单个片状黏土矿物因完全脱水分解,变成了接近球形的微小颗粒;600℃煅烧的页岩,粒状结构进一步增加,片状黏土矿物进一步减少;700℃煅烧的页岩,大部分黏土矿物因脱水分解转变成了粒状结构。大颗粒表面的片状黏土矿物也因脱水分解而转变成了粒状,并黏附在大颗粒表面,但仍有少量片状黏土矿物残留;800℃煅烧的页岩,大颗粒表面的片状黏土矿物脱水分解,转变成了粒状并熔入大颗粒,大颗粒表面的小颗粒轮廓已经变得非常模糊,绝大部分片状黏土矿物已经脱水分解,只有极少量片状黏土矿物残留于烧页岩中。片状蒙脱石和伊利石在500~800℃的煅烧过程中,随着温度的不断升高,不断脱水分解,形成粒状无定形物质。这是烧页岩活性的主要来源。

583. 烧页岩作为水泥混合材有哪些优点?

烧页岩的活性指数一般在70%左右,在粉煤灰日趋紧张的情况下,烧页岩完全可以作为水泥混合材,替代部分粉煤灰。烧页岩替代粉煤灰,对水泥性能方面基本上没有负面影响,而且,烧页岩的使用对水泥粉磨有明显的助磨效果,因此,利于提高易磨性,改善水泥的粉磨性能。

584. 什么是镁渣?

镁渣是生产金属镁时排放的废渣。国内冶炼镁主要采用的是硅热还原法,其工艺过程为:白云石在回转窑中通过1100~1200℃煅烧,产生煅白(MgO·CaO),再将煅白研磨成粉后,与硅铁、萤石粉混合、制球(制球压力10~30MPa),在1200~1230℃的高温和小于10MPa的真空下发生还原反应提炼出金属镁,残留的还原渣即称为镁渣。

据统计,每冶炼产出1t金属镁大约产出5.5~10t镁渣。2007年全球原镁产量为77.3万t,故镁渣的数量已非常庞大。镁渣堆放不仅占用大量耕地,企业还要支付庞大的排渣费,且堆放的镁渣在雨水淋洗下,氟的溶出造成严重的环境污染,破坏生态环境,危害极大。

585. 镁渣在水泥行业中的应用有哪几个方面?

镁渣在水泥行业中主要应用于以下几个方面:
(1) 替代部分石灰石和黏土,提供水泥熟料中的CaO和SiO_2;
(2) 利用镁渣中含氟等微量组分,用作水泥熟料煅烧时的矿化剂;
(3) 利用镁渣的潜在活性作为水泥混合材,生产复合硅酸盐水泥。

586. 镁渣作为水泥混合材有哪些优点?

镁渣作为水泥的混合材,除了具有常规优点外,还具有一定的减水缓凝效果。当镁渣掺量为30%~40%时,对水泥砂浆的干燥收缩有抑制作用。镁渣能够抑制高碱性的水化硅酸钙生成,消耗水泥熟料水化生成的钙矾石,同时镁渣在一定程度上促进了水化产物的生成,使水泥浆体结构更加致密。

此外，不同来源地的镁渣都不同程度地含有少量的氟离子及其他杂质，这些杂质在镁渣水泥中的固化及溶出对环境有无不利影响，是否具有放射性等问题，尚需继续进一步研究。

587. 什么是钛渣？

钛渣即来自于使用钒钛磁铁矿为原料炼铁得到的熔融废渣。我国一些地区有丰富的钒钛磁铁矿资源，当地钢铁企业高炉目前所用铁精矿中含有约 12％的 TiO_2，通过高炉冶炼后，几乎全部进入高炉渣中，使其中的 TiO_2 含量达到 22％以上，成为高钛矿渣。

钛渣分为两种：经过自然冷却得到的粒状废渣称为高炉重矿渣；经过水淬急冷得到的称为高炉水渣。

588. 钛渣的特性有哪些？

钛渣的化学组成为：CaO、SiO_2、TiO_2、Al_2O_3、MgO 等。钛渣中硅酸根与铝酸根受 TiO_2 控制，比较难与碱性氧化物反应。主要矿物组成为钙钛矿（$CaO \cdot TiO_2$），钛辉石、尖晶石，巴依石和少量的碳氮化钛（TiCN）。

由于 TiO_2 含量较高，CaO 含量相对较低，即使淬冷，矿渣中也会生成较多的无水硬活性的钙钛矿（$CaO \cdot TiO_2$）等，进入玻璃体的 CaO 量较少，玻璃体中硅氧四面体聚合度较高，水硬活性较低，致使高钛矿渣的应用受到限制。因此，为了更好地回收利用 TiO_2 和降低矿渣中 TiO_2 含量，已有研究对高钛矿渣采取选择性分离技术，分离出其中的大部分 TiO_2，经提钛工艺分离出一部分钛后的尾矿虽 TiO_2 含量低于 10％，但经济效益很差。降低矿渣中 TiO_2 含量的另一方法是将这种钒钛磁铁精矿资源与普通铁精矿搭配使用，使这种高炉渣中的 TiO_2 含量降低。已有的对含钛高炉渣作为水泥混合材的应用研究大都是 20 世纪进行的。近年来水泥生产技术和水泥标准都已有了很大的演变和发展，而且部分地区矿石资源的开采利用也要求将钒钛磁铁精矿资源与普通铁精矿合理搭配使用。

589. 钛渣可分为哪几类？

含钛高炉渣一般由 CaO、SiO_2、TiO_2、Al_2O_3、MgO 等组成，根据渣中 TiO_2 含量分为三种：低钛渣（$TiO_2 < 10$％）、中钛渣（TiO_2 含量为 10％～15％）和高钛渣（TiO_2 含量为 24％左右）。

590. 水泥中常用哪类钛渣？

普通炉渣由于 TiO_2 含量低，可以直接用于生产水泥，而 TiO_2 含量高的炉渣，使它在这方面的应用变得困难。

591. 什么是镍渣？

镍渣是冶炼镍铁合金产生的固体废渣。由于镍铁合金主要被用作不锈钢生产，因此镍渣也被称为不锈钢渣或镍铁渣。

镍是重要的有色金属之一。镍生产的主要方法有火法冶炼和湿法冶炼，根据镍矿类型（硫化镍矿和红土镍矿）不同，冶炼方法各异。冶炼炉渣是红土镍矿火法冶炼过程中产生的工业废渣。近年来，随着国内镍铁项目的迅速发展，每年产生的镍渣超过1000万吨，但这些镍渣利用率极低，主要处置方式为简单堆存，这不仅浪费资源，而且占用大量的土地，破坏周边的生态环境。

镍渣从外观上看为不规则的墨绿色颗粒。因含有较多的玻璃体，脆性较好，质地坚硬，所以显现玻璃光泽。

 ### 592. 镍渣在水泥行业的应用有哪些？

镍渣在水泥行业中的应用包括：

(1) 作为水泥混合材。

镍渣中主要化学组成为 SiO_2、MgO 和 Fe_2O_3 等。镍渣具有火山灰活性和潜在的水硬性，因此，镍渣可作为水泥混合材。

研究表明：镍渣中虽然含有较高含量的氧化镁，但氧化镁一般以稳定的橄榄石结构存在，作为水泥混合材，不会对水泥的压蒸安定性造成负面影响。但是，为了稳妥起见，镍渣作为水泥混合材使用时，如果水泥中氧化镁的含量（质量分数）大于6.0%，必须进行水泥压蒸安定性试验，以防止水泥中方镁石水化可能造成的水泥体积不均匀变化。

(2) 替代铁质原料，进入水泥生料配料系统。

由于镍渣中含有较高含量的氧化镁，因此，在作为水泥生料配料时，要对入窑生料的有害元素含量进行分析，确保水泥窑的正常运行。

 ### 593. 什么是锰渣？

水淬锰渣是锰合金冶炼过程中排放的高温炉渣经水淬而形成的一种高炉矿渣，二氧化锰含量在30%左右。目前利用锰渣的技术还不是很完善，冶炼过程中所产生锰渣大部分采用堆填处理，不仅占用大量土地，增加企业成本，并且堆填锰渣中的 Mn、Cr 元素在雨水作用下很容易流失，污染水质。

 ### 594. 锰渣在水泥上有哪些应用？

锰合金渣具有潜在水硬性和火山灰活性，可作为水泥混合材利用。锰渣作为水泥原料时，锰渣中主要成分 MnO_2 分解温度为535℃，所以在高温下分解为 Mn_2O_3，取代 Fe_2O_3 生成锰铝酸四钙（C_4AM），造成三率值实际值偏低，减少了 C_3S 和 C_3A 的生成量，增加了铁相量，从而导致熟料强度尤其是早期强度下降，因此，锰渣作为水泥原料会对生料易烧性及水泥熟料的抗压强度有不利的影响，应严格控制生料中 MnO_2 的含量应小于1.3%。在水泥熟料煅烧时，锰渣具有矿化剂的作用。

 ### 595. 如何激发锰渣的活性？

锰渣具有潜在活性的原因是熔渣经水淬急冷，来不及形成矿物结晶而把其中的化学能储存于形成的玻璃体中，潜在水硬性可以通过高细粉磨和添加化学激发剂激发出来。

通过高细粉磨和添加硫酸钠作为激发剂，激发锰渣的火山灰活性作为水泥混合材使用，经激发的锰渣不仅具有很高的活性，而且可以明显改善水泥浆体的孔径分布，利用锰渣、粉煤灰和沸石配制 P·O32.5 级水泥，混合材总量可以达到50%。

596. 什么是铅锌渣？

铅锌渣是冶炼金属铅锌时在高温熔融状态下经水淬急冷后形成的工业废渣，外观呈亮黑色的细颗粒，粒度大多在 5mm 以下。

根据文献资料的数据，每生产 1t 有色金属产生废渣 13t 左右。据有色协会统计，2005年全国铅锌产量分别达到 238 万 t、271 万 t。按此计算，我国每年排出的铅锌渣不少于六千多万吨。

597. 铅锌渣在水泥行业的应用有哪些？

铅锌渣含铁量高，因此，常将铅锌渣用作铁质矫正原料，用于水泥生料配料。当采用冶炼铅锌废渣取代铁矿石进入水泥生料配料时，铅锌渣起矿化助熔作用，可以显著改善生料的易烧性，提高熟料质量、降低煤耗、提高台时产量。

铅锌渣经高温熔融、然后水淬急冷，形成玻璃态粒状物料，因此在硫酸盐或碱激发下应有一定的活性，可以作为水泥混合材使用。

598. 铅锌渣作为水泥混合材有哪些特点？

铅锌渣的化学组成以 Fe_2O_3、SiO_2、CaO 为主，其中 Fe_2O_3 含量高达 32%，与其他矿渣有所区别。铅锌渣的矿物组成以一般玻璃相为主，含有少量的 C_2S，对水泥安定性有害的方镁石等矿相含量相对较少。

铅锌渣作为水泥混合材使用，延长了水泥的凝结时间，具有改善水泥与减水剂相容性的作用。由于铅锌渣中的铁含量高，且铅锌渣中的铁以无定形形态存在，具有比较高的活性。在水泥水化过程中，氧化铁基本起着与氧化铝相同的作用，也就是在水化产物中铁置换部分铝，形成水化硫铝酸钙和水化硫铁酸钙的固融体，或者水化铝酸钙和水化铁酸钙的固融体。这种水化反应需要结合大量的水，因此，当铅锌渣作为水泥混合材掺量较多时，会增大水泥浆体的化学收缩和自收缩。虽然铅锌渣具有一定的活性，但大量铅锌渣的使用，对水泥产品早期强度的副作用比较大，但铅锌渣在水泥水化后期能够充分参与水泥的水化，提高硬化水泥浆体结构的致密性，提高力学性能，因此可显著提高水泥的后期强度。

599. 什么是增钙液态渣？

增钙液态渣是热电厂排放的一种工业废渣，是煤粉加一定量石灰石粉在立式旋风炉中经1600℃左右燃烧后，由熔融状态经水淬冷却后形成的粒状渣，属活性混合材料。由于燃烧前加入了石灰石（增钙），使渣中 CaO 含量达 20% 以上，因此，增钙液态渣活性较高。我国生产排放增钙液态渣粉的电厂有数十家，年排放渣粉几百万吨。

600. 增钙液态渣在水泥行业有哪些应用？

由于增钙液态渣活性较高，因此，可以作为水泥混合材及混凝土掺合料使用。

601. 增钙液态渣作为水泥混合材及混凝土掺合料有哪些优点？

采用增钙液态渣粉作为水泥混合材配置的水泥，砌筑砂浆和易性好、粘结强度较高、拌合易均匀、不起团块。但缺点是凝结硬化较慢，在施工中要注意养护，且存放时间不宜太长。

相对于普通矿物掺合料，增钙液态渣粉的比强度较大、需水比小、化学外加剂匹配性好、水化热低、体积安定性好。它可以改善混凝土的工作性，调整混凝土内部结构和界面状态，降低水化热，尤其是后期，表现出比普通混凝土更加出色的强度和耐久性。

602. 什么是多种混合材复掺？

水泥中掺加两种或多种混合材，可不同程度地提高水泥的力学强度并增加水泥成品中的混合材掺量，有利于水泥厂实现高效益的生产运行。但同一种混合材与不同种类的其他混合材搭配组合进行复掺，其水泥会具有极不相同的强度效应。因此寻求最佳的混合材组合方式，不仅能够最大幅度地提高水泥强度，而且可以更多地利用廉价混合材和增加混合材掺量。

603. 确定多种混合材复掺的原则是什么？

(1) 提高水泥早期（3d）强度的有利条件是：混合材的碱性和惰性同时具备。提高水泥后期（28d）强度的有利条件是：混合材的酸性与活性同时具备。

(2) 不同类别混合材的优化组合方法应以其酸性和碱性、活性与惰性的合理搭配为基础，相组合的各类混合材性质差别越大，越有利于取其优势，补其不足。

(3) 采用最佳的混合材组合方式，不仅能够使水泥的早期强度、后期强度均有提高，而且可以较多地利用廉价混合材和增加混合材掺量，借以降低成本，节能减排。

参考文献

1. 石碧清，闫振华，等. 国内外固体、危险废物概念比较研究[J]. 环境科学与管理，2006，31 (5)：55-57.

2. 周炳炎，郭平，等. 固体废物相关概念的基本特点[J]. 环境污染与防治，2005，27 (8)：615-617.

3. 蒋建国. 固体废物处置与资源化利用[M]. 北京：化学工业出版社，2007.

4. 张立剑. 固体废物的分类和环境影响及污染防治措施[J]. 硅谷，2013 (2)：223.

5. 李莉. 城市有机废物再利用的可行性分析[J]. 山西建筑，2012，38 (22)：227-229.

6. 石峰，宁利中，等. 建筑固体废物资源化综合利用[J]. 水资源与水工程学报，2007，18 (5)：39-42，46.

7. 朱祥. 浅谈固体废物的危害及污染控制[J]. 魅力中国，2011 (11)：337.

8. 蒋明麟. 我国水泥工业"协同处置"废弃物现状及未来发展的政策建议[J]. 中国水泥，2012(12)：16-9.

9. 朱雪梅，黄启飞，等. 固体废物水泥窑共处置技术应用及存在问题[C]. 水泥窑协同处置废弃物专题研讨会论文集. 北京，2006.

10. 施惠生. 生态水泥与废弃物资源化利用技术[M]. 北京：化学工业出版社，2005.

11. 乔龄山. 水泥厂利用废弃物的有关问题(五)——水泥厂利用废弃物的基本准则[J]. 水泥，2003(5)：1-9.

12. 胡芝娟，李海龙，等. 利用水泥窑协同处置废弃物技术研究及工程实例. 第7届水泥技术交流会论文集[M]. 长沙，2011.

13. 李扬. 废弃滴滴涕农药热处理特性实验及其水泥窑共处置技术适用性研究[D]. 重庆：重庆交通大学，2011.

14. 韩力. 替代燃料在水泥窑中的应用[J]. 中国水泥，2010(9)：87-8.

15. 俞刚，蔡玉良，李波，赵美江，杨学权，辛美静. 使用特殊原、燃料对耐火材料与设备的腐蚀问题[J]. 水泥工程，2010(4)：1-8.

16. 杨少臣，杜海波，等. 浅谈固体废物的危害及管理[J]. 石油化工安全环保技术，2010，26 (5)：53-55.

17. 高敏，文柏鸣. 电石渣制水泥的原料特性研究[J]. 新世纪水泥导报，2009，15 (2)：1-5.

18. 吴铭生，滕海波. 电石渣代替石灰石生产水泥熟料的技术经济分析[J]. 水泥技术，2011 (4)：40-41.

19. 包道成，单世良，等. 利用电石渣生产水泥的实践[J]. 水泥，2002 (12)：15-16.

20. 秦守婉，王惠芬，等. 磷渣在水泥行业中的资源化利用研究进展[J]. 新材料新装饰，2013 (7)：173-174.

21. 茅艳，许波. 利用煤矸石生产建筑材料及其对性能特性的分析[J]. 中国矿业，2004，13(8)：48-51.

22. 徐玉成，李安平，朱晓彬. 高硫石油焦作为水泥燃料的应用[C]. 第二届中国水泥企业总工程师论坛暨水泥总工程师联合会年会论文集. 南京，2009：231-236.

23. 高长明. 可燃废料在水泥工业中的处置与循环利用[J]. 新世纪水泥导报，2001，1(1)：16-9.

24. 王长成. 用废塑料作水泥窑燃料之技术[J]. 中国资源综合利用，2002(10)：27-8.

25. 张雄，鲁辉，张永娟，赵明. 矿渣活性激发方式的研究进展[J]. 西安建筑科技大学学报(自然科学版)，2011，43(3)：379-84.

26. 詹克平. 高炉矿渣粉磨技术的研究[C]. 2000 全国矿产资源和二次资源综合利用学术研讨会. 成都，2000：386-389.

27. 张长森，许钢. 热活化煤矸石对水泥力学性能的影响[J]. 水泥，2004 (1)：13-15.

28. 赵鸿胜，张雄. 煤矸石作水泥混合材的活化方法[J]. 新世纪水泥导报，2004(4)：23-7.

29. 马艳芳，李宁，常钧. 硅灰性能及其再利用的研究进展[J]. 无机盐工业，2009(10)：8-10.

30. 于洋，曹杨，等. 硅灰对碱集料反应抑制效果的研究[J]. 砖瓦，2008 (6)：53-55.

31. 颜子博，彭佳，等. 磷渣在水泥工业中的应用[J]. 中国非金属矿工业导刊，2013 (5)：19-20.

32. 蒋青青. 工业废渣复合制备高性能水泥的研究[D]. 南京：南京工业大学，2007.

33. 陈树哲. 水泥混合材生产实践中的几个问题[J]. 广东建材，2007(1)：33-4.

34. 李增高，彭昭胜，孙建智，颜世涛，张云飞. 石灰石粉作为水泥混合材的试验研究[J]. 新型建筑材料，2012，39(10)：4-7.

35. 陈丹. 利用磷渣制备环境友好型水泥的研究[D]. 南京：南京工业大学，2010.

36. 苗琛，冯春花，李东旭. 烧页岩作为水泥混合材的研究[J]. 硅酸盐通报，2010，29(6)：1397-1401.

37. 彭小芹，王开宇，等. 镁渣硅酸盐水泥的性能[J]. 土木建筑与环境工程，2011，33 (6)：140-144.

38. 施惠生，赵立萍. 含钛矿渣制备及其对水泥性能的影响研究[J]. 水泥，2005 (11)：1-4.

39. 苗琛，沈振球，等. 锰渣和沸石作为水泥混合材的研究[J]. 混凝土，2011 (9)：74-76，80.

40. 肖忠明，王昕，霍春明，宋立春，席劲松，郭俊萍，等. 焦作铅锌渣用做混合材料对水泥性能的影响[J]. 广东建材，2009，25(10)：22-5.

41. 赵晶，李学英，等. 增钙液态渣无熟料水泥的研制[J]. 建筑技术，2002，33 (8)：603.

42. 李卫明. 城市生活垃圾分类评价、收费标准与卫生处理技术规范实用手册[M]. 北京：北京科大电子出版社，2005.

43. 潘琦，王艳，等. 水泥窑协同处置生活垃圾的可行性[J]. 中国资源综合利用，2012，30 (6)：40-43.

44. Caruth. D, Klee. A. J.. Analysis of Solid Waste Composition：Statistical Technique to Determine Sample Size［M］. Washington：U. S. Department of Health, Education and Welfare, Public Health Service，1969.

45. Bindu N，Lohani S M Ko. Optimalsampling of domestic solid waste[J]. Journal of Environment Engineering，1998，114(6)：1479-1483.

46. 李国学，周立祥，李彦明. 固体废物处理与资源化[M]. 北京：中国环境科学出版社，2005.

47. 聂永丰. 三废处理工程技术手册——固体废物卷[M]. 北京：化学工业出版社，2001：217-302.

48. Manser A G R，Keeling A. Practical handbook of processing and recycling municipal solid waste [M]. America：CRC Press，Boca Raton，FL，1996.

49. 陈盛建，高宏亮，余以雄，等. 垃圾衍生燃料(RDF)的制备及应用[J]. 节能与环保，2004，4：27-29.

50. 苏铭华，陈晓华. 城市垃圾处理与RDF-5衍生燃料技术[J]. 可再生能源，2004，117：57-58.

51. 中川靖博. 日本水泥工业废弃物利用[J]. 中国水泥，2002 (9)：2l-23.

52. 汪恂，姜应和，李行家. 炭化污泥与煤合成型煤的试验与研究[J]. 武汉工业大学学报，2000，22(1)：37-40.

53. 陆永琪，徐康富，马永亮，等. 生物质型煤固硫添加剂的固硫增强作用[J]. 环境科学，2002，1(23)：26-29.

54. 吕向阳，黄丽萍，等. 城市生活垃圾处理方法及相关技术综述[J]. 企业科技与发展，2013 (10)：57-60.

55. 杨倩，吕宙峰. 新型干法水泥窑协同处置城市生活垃圾的技术分析[J]. 化学工程与装备，2012 (7)：195-197.

56. 李广明，刘延伟，等. 浅谈水泥窑协同处置生活垃圾技术及装备[J]. 中国水泥，2012 (3)：57-60.

57. 李燕乔. 利用水泥厂煅烧设备处理污水厂污泥及综合利用研究[D]. 长春：长春理工大学，2010.

58. 饶姗姗，汪喜生，等. 干法水泥窑处理市政污泥的运行分析[J]. 给水排水，2008，34 (22)：152-155.

59. 周炳炎，郭平，王琪. 固体废物相关概念的基本特点[J]. 环境污染与防治，2005，27(8).

60. 向丛阳，何永佳，等. 水泥窑协同处置危废生产熟料的性能研究[J]. 环境科学与管理，2013，38 (9)：81-86.

61. 何允玉. 谈污染土壤的水泥窑共处置技术[J]. 北方环境，2011 (11)：47-47.

62. 曾学敏，狄东仁. 吕德斯多夫水泥厂废弃物利用考察报告[J]. 中国水泥，2002(10)：38-43.

63. 刘砚秋. 变城市垃圾为水泥资源——日本埼玉水泥厂 AK 系统简介[J]. 水泥技术，2009(6)：86-7.

64. 秦鹏. 德国普茨迈斯特(PM)公司水泥窑废弃物处置技术和装备介绍[C]. 2010'中国国际水泥峰会论文集. 北京，2010：242-252.

65. 富丽. 我国水泥窑协同处置废弃物现状分析与展望[J]. 居业，2012(4)：67-70.

66. 陈晓东，陈美谞，郝利炜. 水泥窑批量协同处置生活垃圾技术[J]. 中国水泥，2014：61-6.

67. 胡芝娟，李海龙，赵亮，沈序辉，郑金召. 水泥窑协同处置废弃物技术研究及工程实例[J]. 中国水泥，2011(4)：45-9.

68. 周治平. 水泥工业与城市环境和谐发展的途径——北京市琉璃河水泥有限公司环保产业技术[J]. 中国水泥，2013(10)：47-50.

69. 高长明. 专用于水泥厂烧可燃废弃物的新装备——热盘炉[J]. 新世纪水泥导报，2009，15(6)：3-4.

70. 铜陵海螺水泥公司. 铜陵海螺5000t/d生产线垃圾污泥处理系统[J]. 中国水泥，2012(12)：60-61.

71. 王焕忠，张江. 利用水泥窑协同处置三峡库区漂浮物的实践体会[J]. 中国水泥，2011(5)：49-52.

72. 蔡木林，李扬，闫大海. 水泥窑协同处置DDT废物的工厂试验研究[J]. 环境工程技术学报，2013，3(5)：437-42.

73. 杨雷，马保国. 利用水泥工业处理医疗危险废弃物[J]. 河南建材，2007(2)：50-53.

74. 朱桂珍. 利用水泥回转窑焚烧处置危险废物的评价研究[J]. 环境科学学报，2000，20(6)：810-812.

75. 曹幼平. 危险废物处置常用方法及其适用性分析[J]. 现代农业科技，2011(23)：312-313.

76. 樊佳磊. 利用水泥处理危险废物的研究[D]. 长春：长春理工大学，2006.

77. 郭平，王京刚，周炳炎. 我国工业危险废物产生量的预测研究[J]. 环境科学与技术，2006，29(2)：56-57.

78. 凌永生，金宜英，聂永丰. 焚烧飞灰水泥窑煅烧资源化水洗预处理实验研究[J]. 环境保护科学，2012，38(4)：1-5.

79. 谢泽. 利用可燃性危险废弃物作燃料生产水泥[J]. 水泥工程，2000(1)：1-3.

80. 杨福云，吴国防，刘清才，刘艺，黄本生. 城市垃圾焚烧飞灰理化性质及处理技术[J]. 重庆大学学报（自然科学版），2006，29(9)：56-59.

81. 岳战林. 新型干法水泥窑焚烧技术在危险废物处置中的应用[J]. 节能与环保，2010(2)：39-41.

82. 张玉燕，倪文，李德忠，谢婷婷，延黎. 垃圾焚烧飞灰的处理技术现状[J]. 工业安全与环保，2009，35(1)：1-3.

83. 蔡玉良. 水泥工程技术与实践[M]. 北京：化学工业出版社，2012.

84. 曹伟华. 污泥处理与资源化应用实例[M]. 北京：冶金工业出版社，2010.

85. 李鸿江. 污泥资源化利用技术[M]. 北京：冶金工业出版社，2010.

86. 王罗春. 污泥干化与焚烧技术[M]. 北京：冶金工业出版社，2010.

87. 翁焕新. 污泥无害化、减量化、资源化处理新技术[M]. 北京：科学出版社，2009.

88. 张灵辉，苏达根. 水泥窑处置污泥烘干废气污染与防治[J]. 水泥技术，2011(6)：33-35.

89. 马勇，匡鸿，王诚，卢波. 污泥深度脱水和水泥窑协同处置技术应用[J]. 上海建材，2012(3)：14-17.

90. 潘泂，杨学权，刘渊. 污泥改性脱水和水泥窑协同处置新工艺介绍及经济和环保性评价[J]. 水泥，2011(7)：1-8.

91. 乔龄山. 国外水泥窑共烧污水厂污泥情况的介绍[J]. 水泥，2008(10)：1-4.

92. 宋忠元，廖正彪，王云龙. 水泥窑协同处理城市污泥[J]. 中国水泥，2013(4)：55-58.

93. 张灵辉，苏达根. 利用污水污泥煅烧水泥对氮氧化物排放的影响[J]. 华南理工大学学报（自然科学版），2012，40(4)：90-94.

94. 郑慧. 有机危险废物水泥窑协同处置工艺. 中国，201210011332.0[P].

95. 葛印军，刘其诚. 煤矸石在生料配料中的应用[J]. 水泥，2007(7)：40-41.

固废资源化利用与节能建材国家重点实验室
STATE KEY LABORATORY OF SOLID WASTE REUSE FOR BUILDING MATERIALS

网址：http://www.swr-lab.com.cn/

固废资源化利用与节能建材国家重点实验室（以下简称"重点实验室"）依托北京建筑材料科学研究总院有限公司，是国家科技部批准建设的国家重点实验室，本着"开放、流动、联合、竞争"的总方针，开展共性关键技术研究、增强技术辐射能力、推动产学研相结合，以科技进步引领行业发展。

重点实验室以工业固废与节能建材研究、生活固废与节能建材研究、建材工业协同处置危险固废研究、固废制备节能建材评价技术研究为主要研究方向。近年来，重点实验室投资数千万元，先后建设了扫描电镜实验室、放射性实验室、固体表面分析实验室、固废利用评价研究室、抗菌实验室、化学分析室、生活垃圾研究室、物化实验室等专业实验室，拥有数百套先进的实验仪器设备，科研实验条件达到国内领先水平。

重点实验室积极申报承担国家、省市级科研项目，不断研发转型技术，推进科技成果产业化，形成了系列拥有自主知识产权的技术和产业，如生活垃圾焚烧飞灰处置技术、脱硫石膏综合利用技术、生活垃圾零填埋技术、粉煤灰制备加气混凝土技术、城市污泥水泥窑处置技术、干粉砂浆成套技术等。重点实验室现拥有高强石膏、酚醛保温板、水泥窑协同处置生活垃圾、水泥窑协同处置污泥等中试生产线，具有较强的技术研发和成果转化能力，有力推动了我国固废资源化利用领域的技术进步和相关产业的发展。

BBMA 北京建筑材料科学研究总院
BEIJING BUILDING MATERIALS ACADEMY OF SCIENCES RESEARCH

中国建材工业出版社
China Building Materials Press

我们提供

图书出版、图书广告宣传、企业/个人定向出版、设计业务、企业内刊等外包、代选代购图书、团体用书、会议、培训，其他深度合作等优质高效服务。

编辑部	宣传推广	出版咨询	图书销售	设计业务
010-88385207	010-68361706	010-68343948	010-88386906	010-68361706

邮箱：jccbs-zbs@163.com　　　网址：www.jccbs.com.cn

发展出版传媒　服务经济建设

传播科技进步　满足社会需求